空管系列丛书

ANTI COLLISION THEORY OF AIR TRAFFIC CONTROL AND ITS APPLICATION

空管防相撞理论及其应用

杨 婕 等 著

人民交通出版社股份有限公司
北 京

内 容 提 要

本书根据国内外航空领域防相撞理论与技术的最新研究发展动态,系统论述了防相撞的基本理论和技术设备体系。在介绍防相撞工作基本情况和基本概念的基础上,通过对航空器与航空器、航空器与地面障碍物相撞过程的描述和事故成因分析,提出了做好防相撞工作的一系列方法、策略和技术途径。全书共分8章,内容包括:绪论;防相撞的基本问题;航空器相撞过程分析;航空器相撞成因分析;防相撞工作制度与机制、防相撞方法与策略;防相撞技术与应用;我国防相撞工作回顾与展望。

本书立意新颖,彰显防相撞工作特色;有理有据,思辨与实证相结合,说服力强;图文并茂,知识性、趣味性、可读性强。本书适用于航空领域飞行安全管理人员、运行人员、运行监控人员、工程技术人员,以及国家航空管理机关、航空单位、相关科研院所、院校教学和广大航空爱好者使用。

图书在版编目(CIP)数据

空管防相撞理论及其应用/杨婕等著. —北京:人民交通出版社股份有限公司,2025.3. —ISBN 978-7-114-20166-0

Ⅰ. V355.1

中国国家版本馆 CIP 数据核字第 2025ZC6526 号

Kongguan Fangxiangzhuang Lilun ji Qi Yingyong

书　　名:空管防相撞理论及其应用
著 作 者:杨　婕　等
责任编辑:吴燕伶
责任校对:孙国靖　龙　雪
责任印制:张　凯
出版发行:人民交通出版社股份有限公司
地　　址:(100011)北京市朝阳区安定门外外馆斜街 3 号
网　　址:http://www.ccpcl.com.cn
销售电话:(010)85285857
总 经 销:人民交通出版社股份有限公司发行部
经　　销:各地新华书店
印　　刷:北京建宏印刷有限公司
开　　本:787×1092　1/16
印　　张:15.5
字　　数:370 千
版　　次:2025 年 3 月　第 1 版
印　　次:2025 年 3 月　第 1 次印刷
书　　号:ISBN 978-7-114-20166-0
定　　价:95.00 元

本书编写委员会

主任委员：杨　婕

编　　委：戴江斌　吴明功　乔　柯　王新语　万路军

余付平　高文明　吴亚荣　甘旭升　魏潇龙

任晓岳　黄阿倩　董　鑫　李　超　霍　丹

屈　虹

总序

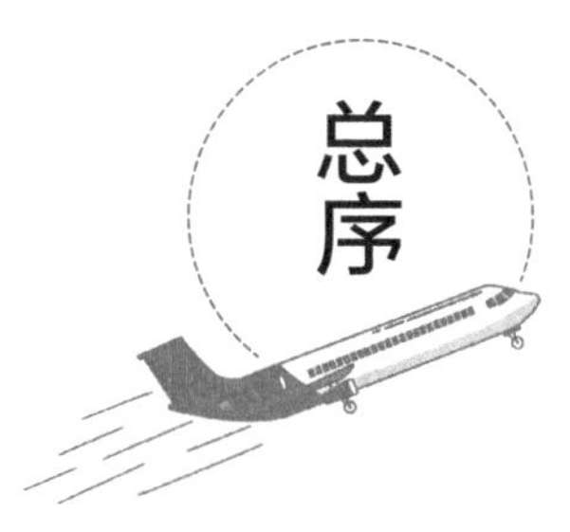

空中交通管制体系是国家综合交通运输体系、国土防空体系和应急保障体系的重要组成部分,是航空事业发展的重要基础。在原国务院、中央军委空中交通管制委员会(现中央空中交通管理委员会,简称“中央空管委”)的正确领导下,一代又一代的新中国空管人,始终牢记党和人民赋予的神圣职责,满怀着对祖国万里长空的殷殷深情,坚持服从服务于国家经济社会发展的基本方针,扎实工作,拼搏进取,饱蘸激情彩绘蓝天,在维护国家航空权益、规划管理空域资源、提供空管服务保障、确保飞行安全顺畅和推动空管改革建设等方面取得了举世瞩目的辉煌成就,探索出了一条具有中国特色、军民融合式发展的空管道路,为促进国家经济建设、国防建设和航空事业发展做出了重要贡献。

空管工作责任重大,事关军民航飞行安全和人民群众生命财产安危,但空管人朴实无华,他们的事迹鲜为人知,担当的是“幕后英雄”的角色。当气势恢宏的国庆阅兵式上威武的机群梯次通过天安门广场上空时,当抢险救灾飞机循着“空中生命线”争分夺秒抢运伤员物资时,当人们轻松惬意地享受空中旅行的畅通便捷时,正是我们的管制员,手握话筒、紧盯屏幕,兢兢业业、一丝不苟,忠诚地守护着祖国的天空,为翱翔蓝天的每一架飞机提供空管服务保障,以实际行动诠释“忠于职守、精于指挥、甘于吃苦、乐于奉献”的空管精神,向党和人民交出一份份合格的答卷。

空管事业发展离不开社会公众的理解和支持。为培育和发展空管特色文化,促进空管理论和科技创新,提升空管系统的凝聚力、辐射力和社会影响力,在中央空管委办公室统一策划、统一组织和全额资助下,经过空管系统有关院校和科研院所的院士、专家、学者多年的艰辛编撰,空管专业丛书即将与广大读者见面了。这是我国第一套具有空管行业特色、系统介绍空管专业知识和科学技术的丛书,凝练了近年来国际空管领域的新概念、新理论、新技术和新方法,涵括了我国空管的组织体系、管理模式、运行方法和支撑技术等。这套丛书,既是社会公众了解空管、认知空管的窗口,也将为从事空管的同行们研究空管问题、推动空管建设提供权威参考和有益借鉴。

参与这套丛书编撰的主要人员均为长期从事空管工作、具有很高学术造诣和丰富实践经验的空管专家、学者,丛书内容主要源于近年来国家空管科学技术研究的成果。丛书的编撰得到了中央空管委成员单位及军民航空管部门的大力支持。首批出版发行的书共10册，包括南京航空航天大学编撰的《世界空管发展概况及趋势》、空军装备研究院某研究所编撰的《空域管理理论与方法》、北京航空航天大学编撰的《协同空管的导航监视新技术》《国外空管体制概论》《空管法规标准体系构建及应用》、中国民航大学编撰的《空管行业术语》《军民航空管联合运行》《空管教育研究》、空军工程大学编撰的《空管防相撞理论及其应用》《空管文化研究》。后续，中央空管委办公室还将根据空管理论文化建设和社会宣传需要，遴选空管专业特色鲜明的题材，组织编撰并出版发行空管专业丛书第二批图书，以飨读者。

鸿鹄高飞，一举千里。当前及今后一个时期，是我国航空事业发展"由大做强"的重要时期，公共运输航空、军事航空、通用航空发展及全球空管一体化发展对空管工作提出更高要求。我国空管发展已经进入转型的关键期、矛盾的凸显期、改革的攻坚期，战略机遇和现实挑战并存。我们衷心希望通过本套丛书的出版发行，能够吸引更多的有志青年加入"空管人"这支光荣而神圣的队伍，与我们共同携手关注空管、热爱空管、研究空管、创新空管，瞄准世界空管强国的宏伟目标，勇于探索，大胆创新，积极作为，努力把我国空管事业推向更加辉煌的明天！

中央空管委
2020年10月

前言

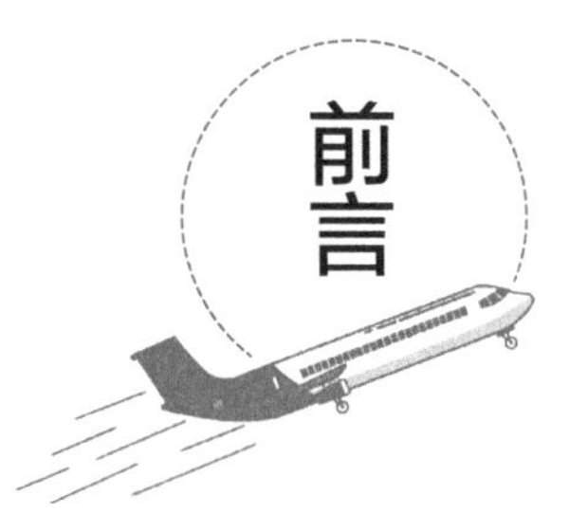

安全是航空系统的永恒主题，防相撞是航空安全工作的重中之重。航空器处于高空、高速的环境中，并装载大量的燃油及其他可燃材料，在操纵非失效状态下，航空器与航空器、航空器与地面障碍物相撞所产生的巨大重力势能和撞击动能突然释放，必然引起航空器解体、燃烧、甚至爆炸，因而，绝大多数航空器相撞事故是机毁人亡，其损失往往是其他飞行事故的数倍。尤其是随着航空业快速发展，交通量急剧膨胀，跑道侵入、空中危险接近和低于安全高度飞行已成为全球范围突出的航空安全问题，防相撞理论与应用成为研究重点。就防相撞理论而言，海因里希理论、事故链理论、Reason 模型、SHEL 模型、墨菲定律及海恩法则等，是人们把握空中交通系统"人—机—环境"与管理因素的复杂作用过程，以及认识和预防航空器相撞事故的基础；系统安全观念、本质安全思想、安全系统工程、人为因素理论等成为人们建立"深层防护"的屏障，阻止差错产生，引领防相撞工作逐步迈向本质安全的根本。这些基本理论实现了防相撞工作从"安全即是无事故"的绝对安全观向"安全包括危险识别和风险控制"的科学安全观的根本转变；从"头痛医头、脚痛医脚"的"亡羊补牢"式经验管理向科学的目标管理的根本转变；从"事后"调查处理的"秋后算账"式纵向单一管理向"事后"安全管理、"事前"安全评估和安全文化建设的系统管理的根本转变。就防相撞技术而言，国际民航组织的全球空中交通管理运行概念将防相撞技术分为三个层次，即战略冲突管理、间隔保障和防止相撞；开发了一系列空域管理、空中交通管制和流量控制技术；卫星通信导航、全球定位和自相关监视等新航行技术正逐步投入使用；航空器上安装空中交通告警与防撞系统、近地告警系统以及机场安装场面监视与控制设备成为许多国家的强制要求。

为加强空管基础理论研究，加大防相撞工作宣传力度，建立具有我国特色的防相撞应用理论体系，进一步增强防相撞工作人员的主动性和安全意识，保证飞行安全，在中央空管委办公室统一安排和丛书编撰资助下，空军工程大学空管领航学院教员及军民航管制员、飞行员积极参与，以对防相撞工作高度负责的使命感和极大热忱，以勇于探索求实的精神，按照系统安全思想和安全科学原理，运用定性与定量、思辨与实证、岗位访谈与实时岗位工作调查等方法，系统总结国内外防相撞成熟的方法措施和技术途径，全面剖析100多起航空器相撞事故案例，把其归纳升华为应用理论，形成《空管防相撞理论及其应用》，敬献给国家航空管理机关、航空单位、相关科研院所和院校，以及航空领域飞行安全管理人员、运行人员、运行监控人员、工程技术人员和广大航空爱好者。

在本书编撰过程中，中央空管委办公室领导和专家们给予了具体指导和帮助，多次提出宝贵的编写和修改意见建议，对保证编撰质量起到了重要作用；同时本书参考和借鉴了国内外同行专家、学者的研究成果，在此，向所有关心和支持本书编写和出版的单位和个人，表示深切的谢意。

防相撞既是一项实践性极强的工作，也是一个多学科、多领域知识和理论交叉应用的过程。虽然课题组进行了深入研究和不懈努力，但因认识和研究水平所限，书中论证不精细、表述不准确之处在所难免，敬请读者不吝赐教。

作　者

2020年12月

目录

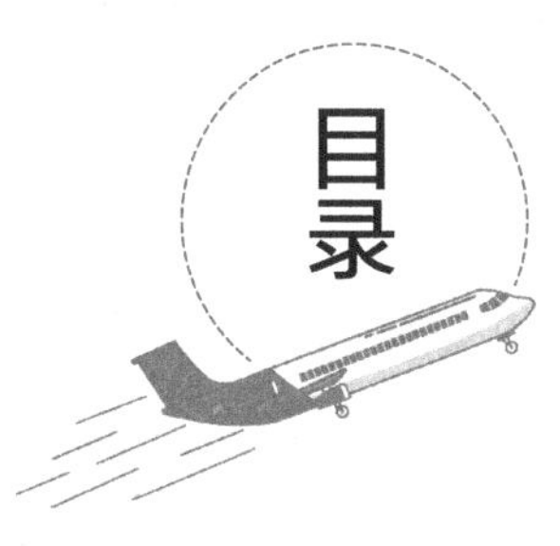

第 1 章　绪论 ……………………………………………………………… 1

1.1　防相撞的实践基础 …………………………………………………… 2

1.2　防相撞的理论基础 …………………………………………………… 4

1.3　防相撞的技术基础 …………………………………………………… 7

1.4　防相撞的地位作用 …………………………………………………… 9

1.5　防相撞的发展趋势 …………………………………………………… 10

1.6　本书内容安排 ………………………………………………………… 13

本章参考文献 ……………………………………………………………… 14

第 2 章　防相撞的基本问题 ……………………………………………… 15

2.1　航空器相撞的内涵、特点与事故类型 ……………………………… 16

2.2　防相撞的内涵、安全目标与基本原则 ……………………………… 29

2.3　防相撞工作职责 ……………………………………………………… 34

本章参考文献 ……………………………………………………………… 36

第 3 章　航空器相撞过程分析 …………………………………………… 37

3.1　空中交通系统及相关要素 …………………………………………… 38

3.2　飞行阶段与间隔标准 ………………………………………………… 40

3.3　空中相撞与风险模型 ………………………………………………… 45

3.4　空中相撞事故的数理统计特征 ……………………………………… 53

本章参考文献 ……………………………………………………………… 61

第 4 章　航空器相撞成因分析 …………………………………………… 63

4.1　影响航空器相撞的因素 ……………………………………………… 64

4.2　航空器相撞的人为因素 ……………………………………………… 69

4.3　航空器相撞的设备因素 ……………………………………………… 75

4.4　航空器相撞的环境因素 ……………………………………………… 78

4.5　航空器相撞的管理因素 …… 86
本章参考文献 …… 88
第 5 章　防相撞工作制度与机制 …… 89
5.1　安全定律对防相撞工作的启示 …… 90
5.2　防相撞工作制度 …… 93
5.3　防相撞工作机制 …… 95
5.4　防相撞工作制度与机制的支持架构 …… 100
本章参考文献 …… 104
第 6 章　防相撞方法与策略 …… 105
6.1　人为差错的识别与控制 …… 106
6.2　飞行员防相撞策略 …… 124
6.3　管制员防相撞策略 …… 130
本章参考文献 …… 144
第 7 章　防相撞技术与应用 …… 145
7.1　驾驶舱自动化系统 …… 146
7.2　管制中心自动化系统 …… 150
7.3　防相撞安全告警设备 …… 152
7.4　防相撞辅助技术设备应用 …… 165
本章参考文献 …… 170
第 8 章　我国防相撞工作回顾与展望 …… 171
8.1　我国防相撞工作的发展历程 …… 172
8.2　我国航空器相撞事故统计分析 …… 178
8.3　我国防相撞工作经验教训 …… 190
8.4　我国防相撞工作未来展望 …… 196
本章参考文献 …… 200
附录一　国外典型航空器相撞事故成因分析 …… 201
附录二　我国典型航空器相撞事故成因分析 …… 213
附录三　我国航空器相撞事故与事故征候简表 …… 225
附录四　专业名词缩写中英文对照表 …… 235

第1章 绪论

防相撞（全称为防止航空器相撞），是指航空单位（包括辖有航空器的个人）、航空管理部门及其人员，综合运用技术和管理手段，按照一定的程序、标准和制度，对飞行活动、有关人员、技术设备及其运行环境等进行计划控制、监督管理和运行协调，最大限度地减少或降低航空器相撞事故发生的防范活动。它既是一项实践性极强的工作，也是一个多学科、多领域知识和理论交叉应用的过程。防相撞理论与应用研究的目的在于：总结防相撞工作经验，揭示航空器相撞规律，预测防相撞发展趋势，研究并提出解决问题的方法和策略，为保证飞行安全和提高航空效益服务。

1.1 防相撞的实践基础

防相撞工作几乎是伴随着有动力航空器的诞生而出现的,并随着航空器性能以及与之相配套的机载、地面设施设备的发展而逐步从简单走向复杂、从低级走向高级、从单一走向综合,有着极其丰富的实践基础。因此,研究防相撞理论与应用问题,应首先研究防相撞工作的历史,从实践中考察防相撞工作的各种表现形态,探索防相撞理论与技术形成的轨迹。

1903 年,人类第一次有动力飞行成功。但当时的航空技术水平较低,航空器不仅数量少、速度慢且大都是木质结构,几乎很少发生航空器相撞事故,人们还没有防相撞的安全意识。1910 年 9 月 24 日—10 月 3 日,在意大利米兰市举办的世界航空博览会期间,发生了人类有记录的第一次空中相撞事故。10 月 3 日当天,法国飞行员勒内·托马斯在米兰市上空,驾驶着一架 Antoinette Ⅳ单翼飞机从尾后撞向了英国陆军中尉伯特勒姆·迪克森驾驶的“农夫Ⅲ”双座飞机,两架飞机毁坏,飞行员受伤[1],从此,防相撞工作进入人们的“视野”。

20 世纪 20 年代初,随着世界第一个目视飞行规则(VFR)的出台,飞行员在目视条件下,依据“看见与规避”(See-and-avoid)规则,判断航空器与航空器之间、航空器与地面障碍物之间的安全间隔。该规则要求飞行员在飞行过程中应进行严密的空中观察,一旦发现与其他航空器或地面障碍物有相撞风险,应立即实施紧急规避。在航空业发展的早期,航空器飞行时速不超过 220km,又缺乏空中交通管制服务,“See-and-avoid”规则对防相撞工作发挥着巨大的作用。1975 年,美国联邦航空局(Federal Aviation Administration,FAA)的一项研究结果表明[2],当飞行速度在 101 ~ 199 节(约 187 ~ 370km/h)时,遵循“See-and-avoid”规则,可以发现和避免 97% 的空中相撞事件;而当飞行速度大于 400 节(约 740km/h)时,遵循“See-and-avoid”规则仅可能发现和避免 47% 的空中相撞事件,在此情况下,“See-and-avoid”规则的剩余风险是不可接受的。更重要的是,飞行员在遵循“See-and-avoid”规则时需要几个关键的条件和步骤:一是天气条件要良好;二是飞行员必须时刻向驾驶舱外观察;三是飞行员要能够及时搜索到周围需警惕的目标;四是探测到的目标必须经过快速识别,如果判定是一架航空器,飞行员必须快速决断,控制自己的航空器,采取紧急机动措施。然而,在整个过程中,不仅需要珍贵的时间,而且在不同飞行阶段,由于受天气、环境、驾驶舱视界、工作负荷、心理压力、注意力分配等因素影响,都有可能降低“规避”成功的概率。

20 世纪 20 年代后期,无线电通信导航技术的迅速发展为空中交通管制实现飞行动态的掌握、科学调配航空器之间的安全间隔,提供了相应的物质条件。

1929 年,世界上第一个管制塔台在美国圣路易斯兰伯特机场建立,随后,各国相继建立了机场管制塔台,配备有专职管制员。飞机上普遍安装了无线电通信和导航设备,机场塔台也装备了无线电通信设备和地面导航设备。飞行员利用简单的机载导航设备实现在夜间和全天候气象条件下航空邮政飞行,使飞机沿着正确的航向飞行,并保持飞行高度。到 1935 年,飞机与地面之间已基本实现双向无线电通信,管制员利用无线电设备获取飞机的位置数据,并在地图上标出每架飞机的位置,用简单的计算尺,计算出飞机预达时刻;根据风向、风速计算出飞机偏流、地速和预飞航迹。1935 年 12 月,美国在新泽西的纽瓦克(Newark)建立了世界上第一个航路交通管制中心。1936 年,美国航空署(BAC)建立了第一个仪表飞行规则。随后,各航空大国也制定了使用仪表进行安全飞行的规则,并建立起全国规模的航路网和相应的航站、塔台和航路管制中心。随着1938年美国民航局空中交通规则确定“仪表飞行必须严格遵守空中交通管制的指令”的发布,程序管制至此建立。原先仅靠飞行员按照“See-and-avoid”规则发现飞行冲突、调整安全间隔和规避相撞风险的防相撞工作,演变为由飞行员和管制员(飞行指挥员)依据飞行间隔标准,共同完成。

从航空发展史可以看出,最早的航空器之间的飞行间隔标准实质上是时间间隔标准[3]。在简易机场,管制员通过安排航空器的起降顺序,用时间来控制航空器之间的间隔。航路上航空器之间的纵向间隔是根据航空器速度和飞行员位置报告推算出来的。即使有了航路助航设备后,管制员也是依据飞行员位置报告、速度和航向数据,借助信标灯或无线电信标台等导航设备,以时间作为基本的间隔工具,判断与调配航空器之间的纵向间隔。不同航路之间的横向间隔主要通过高度来调配。航路上同向飞行的航空器之间垂直间隔通常为2000ft(1ft=0.3048m),反向飞行的航空器之间的垂直间隔为1000ft[4]。甚高频全向信标(VOR)投入使用后,美国采用一种基于“系统使用误差”的航路宽度和间隔估算方法,即在“95%的控制概率”下,航路宽度等于地面导航台误差、机载导航系统、显示误差和飞行驾驶因素误差的“方和根”(RSS)❶。美国对飞行间隔标准方面的理论研究和实践探索,对现行国际上执行的飞机最小间隔规定的制定,起到了参考作用,且为国际民用航空组织(International Civil Aeronautics Organization,ICAO)制定一系列的间隔规定提供了借鉴。2002年5月18日,我国参照ICAO相关间隔标准,制定并发布《飞行间隔规定》,明确了目视飞行、仪表飞行和进离场飞行、航路飞行等各个飞行阶段的最低间隔标准,为防止航空器相撞提供了依据,2007年又进行了修订。

1944年,第一部地面管制进近雷达投入使用。1946年,美国民航局(联邦航空局前身)在印第安纳波利斯建立了第一个雷达管制塔台。1948年5月28日,美国航空无线电技术委员会(RTCA)提供了一份SC-31报告,并向美国民航局建议:在繁忙机场和空中交通管制中心采用机场监视雷达。报告还建议开发和使用雷达信标应答机系统,其目的是当地面雷达询问航空器时,能够报告航空器识别码、高度以及位置信息。此后不久,美国《雷达程序手册》颁布并指出,雷达管制员可指挥航空器飞向所需要的航线,并要求该航空器与所有等待航空器至少保持3n mile(1n mile=1852m)的侧向间隔直至加入起落航线。同时其还规定,航空器在最后进近航段可采用2n mile的纵向间隔。1953年,美国的《机场管制塔台雷达程序》(第三版)规定,在距雷达站40n mile以外的航空器采用5n mile间隔标准。自20世纪40年代以来,美国关于雷达管制问题进行了长期的理论研究和实践,其间隔标准也经历多次修改和补充,但具有现代意义上的雷达管制及其间隔的应用,是20世纪60年代中期二次雷达(SSR)及计算机技术普遍应用后的事情。在此之前,雷达仅作为空中交通管制的一种“工具”。到固定航空动态网络(AFTN)建立,飞行动态信息与一、二次雷达显示自动相关后,雷达才最终应用于调配航空器之间的间隔。1967年2月和1977年11月,ICAO 4444号文件先后增加了关于“雷达在空中交通服务中的使用”和供缔约国参考的雷达管制间隔标准等方面的内容。同时,该文件规定了雷达管制间隔标准为5n mile,但在雷达天线中心40n

---

❶ “方和根”(Root Sum Square,RSS),即在规定范围内各数值的平方之和的平方根。

mile、进近管制区范围内,20000ft 以下可缩小为 3n mile;直线进近最后航段 10n mile 内、同一航迹的前后两机之间可减小至 2.5n mile。雷达管制间隔标准完全脱离了与航空器性能、地面导航精度的关联,航空器与雷达天线的距离决定了适用的最低间隔标准,这大大缩减的雷达最低间隔标准为管制员充分发挥各种调配手段提供了条件。1997 年 12 月 31 日,我国民航在北京进近管制区首先开始实施雷达管制,从而拉开了我国民航由程序管制向雷达管制过渡的帷幕。从此,雷达间隔标准成为飞行冲突调配的主要依据之一。

需要强调的是,飞行间隔的作用在于使航空器之间保持安全的距离,确保航空器空中飞行不存在任何相撞风险。但飞行活动具有高度的机动性、随机性和复杂性,空中情况又经常处于变化之中,更为重要的是"人会犯错",因而航空器空中活动无相撞风险是相对的,冲突才是绝对的。鉴于此,人们不断开发各种安全与告警设备,研制与装配各种助航设施,积极改善航空器运行环境,开辟了从技术角度防止航空器相撞的新领域。20 世纪后半叶,在航空器的安全性、稳定性和飞行控制功能不断完善的同时,甚高频全向导航、罗兰系统、精密仪表进近系统、自动飞行高度保持系统、飞行高度预选/告警系统、自动相关监视系统、机载空中交通告警与防撞系统(TCAS)、近地告警系统(GPWS)及机场跑道监视系统等飞行安全和告警设备研制成功并得到广泛应用,使航空器空中相撞事故、可控飞行撞地(CFIT)事故和跑道侵入事故及事故征候大幅度降低。

然而,这种着眼于技术改善安全的努力在 20 世纪 70 年代遇到了严重挑战。尽管安全技术得到了广泛应用并不断改进,但航空事故率下降却极为缓慢。人们对此进行了深入研究,其结果使得航空界大为震惊:80% 以上的航空事故居然不是由于技术或天气原因造成的,而是人为因素[5]。航空器相撞事故统计分析结果亦如此。许多航空器相撞事故看似技术或环境原因,深入分析发现其根源却是人为差错,或者飞行员精力分配不当、警惕程度不够,或者管制员(飞行指挥员)发生"错、忘、漏",抑或监察管理不到位,才导致技术或环境问题的发生。于是防相撞工作领域掀起了重视人为因素、强化安全监督、弥补管理漏洞的热潮。早期源于工业安全生产领域的海恩法则、墨菲定律、海因里希理论、事故链理论及 SHEL 模型、Reason 模型等,成为航空器相撞事故致因和预防分析的基础理论;"系统安全"思想、本质安全理论及 ICAO 倡导的航空安全管理,成为指导防相撞工作的理论依据;机组资源管理、航线运行安全审计和空管知识、技能、态度训练,成为防相撞工作教育培训的主要手段。自此,防相撞工作进入到一个从组织角度全面考虑设备技术、人、管理和外部环境的系统综合防范的新时期。

1.2 防相撞的理论基础

防相撞理论,是人们在防相撞工作中概括出来的具有严密内在联系和层次结构的多种观点所组成的理论整体。自 1910 年意大利米兰市上空第一次发生航空器空中相撞事故以来,人类关于防止航空器相撞的研究已有百年的历史。在科学技术尤其是航空技术飞速发展的强劲推动下,人们在对航空器相撞事故血的教训的认识过程中,纵向传承和不断吸取工业事故理论和其他学科的有用知识,横向整合航空领域安全理论和学术思潮,并注入防相撞最新实践的同步性的理论探讨内容,确立防相撞理论体系的逻辑起点和研究对象,将长期分散包容在航空安全管理体系中有关防相撞的概念、知识和理论分离出来，逐步形成了一个包含逻辑起点、研究对象、概念框架、基础理论和应用理论等多层次、独立的系统整体学说。

①逻辑起点。防相撞理论体系的逻辑起点是“飞行间隔”。飞行间隔是航空器飞行时相互之间的距离，通常包括垂直间隔和水平间隔，还可包括安全高度、滑行安全间距和尾流间隔等。其最大作用就在于隔离空中交通，判断航空器之间的空中位置关系，确保航空器在飞行过程中不存在任何相撞风险。2002 年 5 月 18 日，经原国务院、中央军委空中交通管制委员会(简称“国家空管委”)批准，我国发布了《飞行间隔规定》，适用于中华人民共和国境内辖有航空器的单位、个人和飞行有关的人员，以及所有飞行活动。

飞行间隔是防相撞理论体系中最简单、最基本、最普遍的一个概念，包含着防相撞理论体系中一切矛盾、关系中的胚芽，并贯穿于防相撞理论研究全过程，由全部范畴组成的理论体系就是它的展开。作为逻辑起点的飞行间隔概念，它向着内在规定性方向逻辑展开，便形成了飞行间隔理论的范畴体系；它向着外在规定性方向逻辑展开，便形成了对跑道侵入、低于安全高度飞行以及飞行冲突或危险接近事故征候的致因分析理论范畴体系；它向着内在机制方向展开，便形成了对“人—机—环境”与管理缺陷不安全因素进行识别、评估与控制的方法论体系；它向着外在机制方向展开，便形成了制度防、岗位防和技术防“三位一体”防相撞实践环节中的一系列法规、制度范畴体系。

②研究对象。防相撞理论体系的研究对象是航空器相撞过程。航空器相撞过程是指在航空器操纵非失效状态下，从航空器与航空器、航空器与地面障碍物之间，从无相撞风险逐步向相撞状态的演进过程。作为一种特殊的研究对象，航空器相撞过程具有事发突然性、后果灾难性和原因复杂性等明显的特征。这些特征既是防相撞理论体系独立存在的基本依据，也是区别于其他安全理论的重要标志。具体涉及：研究航空器相撞过程的形成、发展及变化规律；研究航空器相撞风险及危险因素的辨识与评价；研究航空器相撞事故的整体特征及内隐的数理统计规律；研究航空器相撞过程中“人—机—环境”与管理等不安全因素在特定时空中演变遵循的因果律；研究基于系统安全理论的防相撞运行机制、方法策略、技术应用等。

③概念框架。防相撞理论体系的概念框架由安全目标和与之相互联系的一系列基本概念组成。防相撞的安全目标，即所要达到的境地，是整个防相撞概念框架的核心，也是防相撞工作的标杆。目前，ICAO 将 1×10^{-7} 次事故/飞行小时规定为现阶段总的安全目标等级。其中，空中相撞要求的安全目标等级为 1.5×10^{-8} 次事故/飞行小时；侧向、纵向和垂直间隔的安全目标等级均为 5×10^{-9} 次事故/飞行小时。我国作为 ICAO 成员国之一，直接运用 ICAO 规定的 1.5×10^{-8} 次事故/飞行小时作为防相撞的安全目标等级。多年来的航空安全状况表明，我国确立的 1.5×10^{-8} 次事故/飞行小时防相撞安全目标等级是合理的，并经业内专家多方论证是科学的。防相撞的基本概念是构成防相撞理论体系的基本知识单元，它决定着防相撞理论体系的结构、功能和发展。这些基本概念在防相撞工作领域具有独特性，能够精确地描述、解释和分析防相撞实践中的“问题域”。其通常包括：航空器相撞的内涵、特点、事故与事故征候类型以及防相撞概念、基本原则、工作职责等。这些基本概念紧紧围绕安全目标，相互依存联系，共同揭示出防相撞工作的本质和整体特征，细致地勾勒出防相撞理论体系的轮廓并支撑理论体系的存在，是整个防相撞理论体系的基础结构。

④基础理论。防相撞理论体系的基础理论主要有三个结构层次：一是安全理念层次。它是关于安全的理念、思维、价值取向和行为习惯的高度概括。防相撞工作的根本目的是保证飞行安全，而飞行安全不仅仅是一种技术状态或动态过程，更是一个哲学命题，并最终渗透、浸润为“安全第一”的哲学观、重视生命的情感观、预防为主的科学观和安全效益的发展观。该层次主要体现为各级、各部门、各单位防相撞工作人员，尤其是广大飞行指挥员、飞行员和管制员对安全活动的总体看法和根本出发点，包括精神理念和价值规范等。二是事故致因和预防理论层次。它是从实践中抽象概括出来的对事故诱因一般规律的阐述，以及消除事故致因因素，采取防范措施，避免事故发生的策略。该层次理论主要用于指导航空器相撞事故调查，预防事故发生，揭示在特定时空环境中航空器相撞过程所遵循的因果律，为防相撞工作提供理论依据和具体方法，并成为人们建立“深层防护”屏障，阻止差错产生，引领防相撞工作逐步迈向本质安全[1]的根本。其主要有：Reason 模型、SHEL 模型、事故链理论、墨菲定律及海恩法则，以及系统安全理论、人为因素理论等。这些事故致因理论来源于实践，又在实践中得到验证，已被证实对保证飞行安全和防相撞工作有着重要的指导作用。三是飞行间隔理论层次。它是关于航空活动中，航空器飞行安全间隔及其标准方面知识的理解和论述，是防相撞理论体系的基石，决定着空域与流量管理理论、防相撞法规、规章、标准和程序以及航空管制手段方式等应用理论的研究方向，并影响着防相撞技术理论的发展方向。飞行间隔理论的研究重点是飞行间隔的概念、种类、影响因素和飞行调配方法；飞行间隔标准的确定、模型计算和安全评估；以及随着通信导航监视技术性能的不断完善，飞行间隔不断缩小，间隔标准也随之修订。当前，飞行间隔理论研究前沿动态主要集中于两个方向：一是从概率论的角度入手，分析在特定航路结构、特定的导航条件、特定的航空器之间发生相撞危险的概率；二是航空器在航路上飞行时，从为航空器在空间上提供一个保护区的方法入手，来研究如何制定这样的一个保护区，使得航空器在空中飞行时的相撞概率最小。以上两种研究方向所要达到的目的都是一样的，就是在保障空中交通活动的安全，防止航空器与航空器、航空器与地面障碍物之间发生相撞危险的前提下，控制空中交通流量，保证空中交通运输活动的效益。

⑤应用理论。防相撞理论体系的应用理论主要包括四个方面。一是飞行安全管理。即按照组织实施飞行的客观规律，针对飞行活动中安全工作的特点，运用科学管理的理论、原则和方法，使飞行过程中的“人—机—环境”系统达到最佳协调和安全运行所进行的一系列工作。二是机组资源管理（CRM）。其目的是管理飞行员的差错。CRM 的核心是机组成员之间的密切配合。CRM 可建立三道防护屏障：第一道防护屏障是事前防错，即事前机组合理排班、成员之间能力互补；运行中明确操纵与监控分工、配合默契。这是最根本的避免差错发生的措施。第二道防护屏障是事中防错，即当出现错误征兆时，及时控制和阻止正在发生的差错。第三道防护屏障是事后防错，也是最后的、最关键的措施，即将业已发生的错误的后果降到最低，并控制那些还没有发生的错误。三是空中交通管理。ICAO 将空中交通管理分为空中职能和地面职能。空中职能包括通信导航监视（CNS）、空中交通告警与防撞系

[1] 本质安全，是指通过设计等手段使生产设备或生产系统本身具有安全性，即使在误操作或设备发生故障的情况下也不会发生事故。

统和近地告警系统。地面职能包括空域管理(ASM)、空中交通流量管理(ATFM)和空中交通服务(ATS)。空中交通服务由空中交通管制、飞行情报、告警和空中交通咨询四部分组成。四是冲突管理。冲突管理的作用是把航空器与障碍物相撞的风险限制在一个可以接受的水平。冲突管理理论可分为四个层次:第一层为飞行计划预先调配,第二层为飞行实施阶段的中期冲突探测和解脱,第三层为飞行中的短期冲突探测和告警,第四层为机载冲突检测和避撞。

1.3 防相撞的技术基础

防相撞技术是一种直接用于防相撞领域的综合性技术,具有领域广泛、专业繁多、知识密集等特点。它与通信、导航、监视、气象、计算机、信息处理和自动控制技术以及系统工程、人机工程、安全管理技术等密切相关。防相撞技术与防相撞工作实践和理论发展之间总有一种不可分割的必然联系,而这种联系反映了防相撞领域特有的规律。

早期的航空器航程短、时速低,而且航空器一般只在良好气象条件下飞行,飞行员在机场上空、航行途中通过目视观察基本能够避免空中相撞。1922 年 4 月 7 日,一架法国航空邮政“农夫”F-60 与一架英国客机德哈维兰德 DH18 在法国皮卡第上空相撞,两架飞机毁坏,机上 7 人全部死亡。这是人类有记录的第一次客机空中相撞事故,引起各航空国的震惊。人们在检讨目视规则局限性的同时,将最新的无线电通信和导航等技术引入航空领域,从而开创了通过技术途径解决航空器相撞问题的新时期。1929 年,第一台无线电导航系统问世并投入使用。此后,支撑防相撞工作的导航设备、监视设备、通信设备、气象设备等不断更新换代,极大地增强了飞行的安全性。

1935 年 5 月 8 日,美国参议员布朗森·卡丁在密苏里州亚特兰大附近的一次空难中不幸遇难。这次事故后,各国加速了空中交通管制系统的研制和开发,并建立起全国规模的航路网和相应的航站、塔台管制中心或航路管制中心,以此为标志的第一代空中交通管制系统出现。后来,随着雷达技术、计算机技术、信息处理、卫星通信、网络技术以及微电子技术迅速发展,空中交通管制系统经过第二代和第三代的发展,基本实现了自动化,能快速、准确地向地面管制中心和航空器提供包括飞行情报在内的飞行活动综合信息,管制能力有了很大提高。然而,随着空中交通流量不断增长,机场和航路越来越拥挤,世界各国现有的空中交通管制系统出现了不同程度的超载或饱和,原先的管制手段越来越不适应航空发展的需要。于是,一种基于现代卫星、信息、网络和自动化技术,将星基系统与现行陆基系统高度集成,实现天地空通信、导航、监视的一体化已成为空中交通管制系统发展的必然,使飞行员、管制员和各级管理部门、决策机构可以实时地了解飞机的准确位置并进行通信,为防止航空器相撞奠定了坚实的技术基础。

1956 年,美国一架 DC-9 与洛克希德“超级星座”运输机在科罗拉多大峡谷空中相撞(死亡 128 人),引起本迪克斯航空电子公司 J. S. Morrell 博士的极大关注。随后,他发表了“相撞物理”一文,提出关于计算飞机接近率的概念。该论文为空中交通告警与防撞系统(TCAS)的开发研制提供了理论依据和数学模型。1978 年,美国加利福尼亚州圣迭戈又发生了一架波音 727 与塞斯纳 172 双机空中相撞事故,舆论哗然。美国联邦航空局(FAA)立即成立专家组，着手 TCAS 的开发与研制。3 年后，第一代 TCAS 开发成功，并获首次鉴定，随后装备于航空器。1986 年，美国再次发生一架私人飞机与 DC-9 客机相撞事故，FAA 应国会的严正要求，着手对防相撞工作进行立法。1989 年，联邦航空法规定，在美国空域飞行的国内和国外民用航空器必须安装 TCAS。从 1993 年 12 月 31 日开始，美国规定 30 座以上的客机必须配备 TCASⅡ。1989 年 4 月，ICAO 成立二次雷达改进和防撞系统专家组，决定在全球范围评估 TCASⅡ(6.0)。1999 年，TCASⅡ(7.0)进入使用，ICAO 发布了 TCASⅡ标准，并在《国际民用航空公约》附件 6“航空器的运行”中，明确“建议所有飞机应装备机载防撞系统 TCASⅡ”。欧洲也开发和研制了与 TCAS 功能相似的机载防撞系统(ACAS)，并要求：2000 年 1 月 1 日后在 30 座以上的客机或最大起飞质量超过 15000kg 的飞机上强行装备 ACASⅡ。我国民航使用的客机比较先进，绝大部分已预先安装了最新版本的 TCAS。我国民航规定，从 2002 年开始对其他未安装 TCAS 的客机进行强制安装，并要求从 2004 年 1 月 1 日起，所有最大审定起飞质量超过 5700kg 或批准载客数超过 19 座的涡轮发动机飞机，应当装备机载防撞系统(TCASⅡ)。

20 世纪 60 年代，世界航空界平均每年要发生 3.5 起可控飞行撞地(CFIT)事故。这些事故夺去了数百人的生命，人们开始重视和研究可控飞行撞地事故。世界上第一台近地告警系统(GPWS)是由加拿大工程师 C. Donald Bateman 开发研制成功的。1974 年，FAA 规定所有在美国空域飞行的航空公司都要在飞机上安装 GPWS。2000 年 8 月，FAA 进一步修订了运行规则，要求所有 6 座及以上的涡轮发动机飞机必须安装经过 FAA 批准的 GPWS。此后，因 CFIT 造成的飞行事故明显减少。

20 世纪 90 年代以来，因为跑道侵入引发多起严重的航空器地面相撞事故，仅美国就发生了 6 起航空器地面相撞事故，造成 63 人死亡。预防跑道侵入已被列为美国国家运输安全委员会(NTSB)的改革计划。2003 年，FAA 在美国最繁忙机场中的 34 家安装了机场场面监视设备或机场活动区安全系统(ASDE/AMASS)。这些设备可使管制员能更好地监视机场活动，有效降低了航空器地面相撞事故。

综上所述，我们将防相撞技术按其作用可粗略地分为以下几个方面。

①总体技术，即围绕着防相撞工作开展的系统论证、建设、管理和评估过程中使用的技术，是多学科技术的综合体现。其包括：空域的规划设计、航路(航线)设计、交通流量控制、飞行程序设计、基础设施设备建设、系统操作流程和设备使用等诸多方面，以及针对航空器相撞影响因素和可控诱因进行监测、识别、诊断及预先控制的各种管理制度和手段。

②基础技术，即飞行驾驶舱自动化系统、空中交通管制系统和地面通信导航监视系统等。飞行驾驶舱自动化系统在降低机组工作负荷、增加操纵有效性的同时，也可减少人为差错，大大提高飞行安全性；空中交通管制系统借助雷达、通信和计算机系统，可以快速、准确、高效地处理与飞行有关的各种数据，探测冲突并告警，保证飞行安全；地面通信导航监视系统能够为空中飞行安全、正常、有效和经济地运行提供技术保障。

③主体技术，主要有机载空中交通告警与防撞系统(TCAS)、近地告警系统(GPWS)、地面活动引导及控制系统和地面管制中心冲突告警系统等。这些设备都是 ICAO 极力推荐和使用的自动化安全技术，对于防止航空器相撞起着重要的支撑作用。

④辅助技术，主要有飞机机身照明系统及目视助航设施等。这些设施设备是防相撞技

术体系的有机组成部分,为“打断”航空器相撞事故链提供了另外的机会。

1.4 防相撞的地位作用

安全,是航空活动永恒的主题。飞行安全管理是对飞行安全各项工作进行的计划、组织、协调和控制活动[6]。防相撞作为飞行安全管理的重要组成部分,既具有飞行安全管理的共性,又具有其安全工作的特殊性。二者的共性在于它们都是通过法规、标准、程序及技术、管理和教育诸多方面进行全方位的综合防治和预控。防相撞工作的特殊性主要表现在两个方面:一是防相撞工作压力巨大,“责任重于泰山”;二是防相撞工作涉及面广,事故原因十分复杂,常常涉及军民航协调问题。防止军用飞机与民用飞机相撞,特别是防止军用飞机与专机、民航班机相撞,是防相撞工作的重点。防相撞工作的这些特殊性决定了它是飞行安全管理最核心的一项主官工程和群体工程,在保证飞行安全和人民生命财产安全中发挥重要作用。

①防相撞事关人民群众生命和财产安全,虽然航空器相撞事故是小概率事件,但其一次造成的人员伤亡通常是单机事故的数倍,一旦发生,往往伤亡惨重,震动全球。例如,1977 年 3 月 27 日,分属美国泛美航空公司和荷兰航空公司的两架波音 747 客机在西班牙特那里夫岛洛斯德斯机场起飞时,在地面相撞,共有 583 人同时罹难,造成航空史上最大的空难。可见,充分认识人的生命与健康的价值,强化“善待生命,珍惜健康”的理念,是从事防相撞工作的每一个人都应该建立的情感观。在防相撞工作中,不同的人应有不同层次的情感体现,飞行员防相撞工作的情感观主要是通过“爱人、爱己”“八该一反对❶”等看似老套、耳熟能详的教育内容体现出来的,懂得在飞行过程中严格自律,爱护他人生命,爱护自己生命,严格执行飞行规则和有关规定,正确处理飞行中遇到的各种情况,杜绝飞行差错,是飞行员的基本职业道德。而对于管制员(飞行指挥员),重视生命的情感观则应通过落实“安全第一”,倡导“团队精神”以及空管知识、能力、态度训练等,深怀对生命的敬畏之心,常有“如履薄冰”之感,规范“掌、监、协、指、调”❷管制活动的内容、程序和方法,杜绝“错、忘、漏”,减少人为差错,用“热情”做好防相撞宣传教育,用“真情”建立军民航防相撞工作机制,用“绝情”纠正飞行员差错,用“无情”发现、识别和处置飞行冲突。

②航空器相撞事故最显著的特征之一就是灾难性与危害性,除造成惨重的人员伤亡和巨大的经济、财产损失外,更重要的是,给国家政治和公众心理造成难以估计的影响。在 21 世纪的今天,专机已作为重要的交通工具,乘坐的多是军界领导、国家要人或贵宾,甚至是国家元首,一旦发生航空器与专机相撞事故,其损失之大不堪设想,有的甚至可能成为引起政府更迭、国家动乱或国与国之间纠纷的“导火索”。同时,航空器相撞事故会给广大公众带来心理上的“无形伤害”,失去对航空业的信心,造成人员(乘客)流失甚至航空公司的倒闭,直接影响航空经济及相关产业发展。近年来,我国航空事业持续快速发

---

❶ 即“该复飞的复飞、该穿云的穿云、该返航的返航、该备降的备降、该绕开的绕开、该等待的等待、该提醒的提醒、该动手的动手,反对盲目蛮干”。

❷ 即“掌握飞行情报、监督飞行活动、航空管制协调、实施飞行指挥和调配飞行冲突”。

展,低空空域改革稳步推进,通用航空飞行逐年扩增;机场规模越来越大,许多繁忙机场实行双跑道或多跑道运行;国外民用航空飞行活动日益增多,正常定期航班、加班包机架次在逐年增加,飞行流量进一步增大,但是我国航空安全的基础还不十分牢固,不安全事件依然居高不下,危险接近或严重飞行冲突时有发生。这些都对我国军民航防相撞工作提出了更高、更迫切的要求,全行业必须充分认识做好防相撞工作的极端重要性,全力以赴抓好防相撞工作。

③防相撞事关国家形象和政治声誉,是国家安全体系建设的重要内容。随着社会的不断发展进步和公众认识水平的不断提高,社会和公众必然会对航空安全水平提出更高的要求。在信息快速传递、网络实时交流和媒体肆意渲染的当代,某个国家、某航空公司出现了本不该发生的、可以避免和防范的航空器相撞责任事故,随即就会传遍全世界,成为网络热议的话题。现在世界上许多著名的通讯社、报纸、电视台每年初列举上年度的十大重要新闻时,也常将重大飞行事故,尤其是航空器相撞事故列在其中。20世纪 50 年代,美国发生 4 起两机相撞事故,引起美国总统和参众两院的严重关切;20世纪 70 年代,美国一架 DC-9 与三叉戟空中相撞;1994 年,以色列军用直升机撞上广播天线(搭乘的以色列中部军区司令及其随行人员和飞行员全部遇难);1996 年,一架波音 747 与伊尔 76 飞机空中相撞;2006 年,波音 737 型客机与小型商务飞机在巴西雨林上空相撞;2008 年,两架医用直升机在美国亚利桑那州上空相撞等,经媒体的报道,世界震惊,舆论哗然,不同程度地给有关国家声誉和政治形象造成不良影响,也给事发航空企业带来不可估量的损失。近年来,一方面,随着我国航空业飞速发展,机场密度大幅提高,军民航飞行量持续增长,军民航飞机违规飞行导致的飞行冲突次数逐年增加;另一方面,随着我国国际地位的提高和国家建设需要,我国专机和重要飞行任务逐年增加,各种专业飞行和航空体育飞行急剧增多,空中航空器型别繁杂、数量剧增,空域资源使用的矛盾突出,防相撞工作面临严峻形势。这些情况已引起国务院、中央军委等部门的高度重视,要求将防相撞工作纳入国家安全体系建设的重要内容,将其当作维护国家形象的一项严肃的政治任务。

1.5 防相撞的发展趋势

为了防止航空器与航空器、航空器与地面障碍物之间相撞,航空界从早期依靠飞行经验遵循“See-And-Avoid”规则应对、利用时间间隔控制起降,到开发通信导航监视(CNS)助航和空中交通管制(ATC)设备、利用飞行间隔标准调配冲突,一步一步发展到开发安全和告警设备,直至利用人因工程、系统安全工程、本质安全等事故预防科学与技术,把“头痛医头、脚痛医脚”的“亡羊补牢”式经验管理变为科学的目标管理;把事后调查处理的“秋后算账”式纵向单一管理变为系统管理;把“安全即是无事故”的绝对安全观变为“安全包括危险识别和风险控制”的科学安全观,使防相撞工作的“关口”前置,实现防相撞工作从事后到事前、从个体到系统、从局部到全局的三个根本转变,最终形成制度防、岗位防和技术防“三位一体”的系统安全管理趋势。

①安全认识论进入本质论阶段,防相撞工作重心向超前的“危险识别和风险控制”转变。

的确,发生了航空器相撞事故或空中危险接近事故征候,不能说“安全”,但逆命题“无事故即是安全”并不成立,而且还会带来很大的负面效应;现代系统科学和安全科学认为,安全是指客观事物的风险程度能够为人们普遍接受的状态[7],是以降低所有人类活动中的风险等级为目标的[8]。这些观点在阐释安全的内涵中,都引入了“风险”概念,将安全看作风险管理,并将其建立在预防和控制风险的基础之上,既揭示了安全的本质含义,又使安全可以量化,易于掌握,是一种先进的、科学的、主动的安全本质论。其安全的内涵包括了危险识别和风险控制两个方面。风险指在特定客观情况下,在特定时期内,某一系统或事件的预期结果与实际结果间的变动程度,程度越大,风险越大;反之,则越小。航空活动是航空器按照飞行计划、规则和程序在空中的有序流动,但由于存在着诸多潜在的不安全因素,包括人的不安全行为、机的不安全状态和环境的不良变化,以及潜在的组织风险和管理缺陷。这些因素相互作用,发展变化,并在一定条件下有可能转化为系统的直接危险,甚至引发事故。因此,防相撞工作不能仅仅停留在对航空器相撞事故及空中危险接近、跑道侵入、低高度飞行等事故征候的调查上,而应在此基础上,将防相撞“关口”前置到飞行差错、严重不安全事件、一般差错及其以下更小的不安全事件,甚至那些影响航空安全的危险因素上,按照“风险—意识—控制”的思路,主动洞察防相撞工作中存在的风险和不安全因素,始终如一地拥有安全至上的风险意识,合理地运用控制风险的方法和手段。

②人为因素研究从个体拓展到系统,防相撞工作向差错管理和建立防错体系转变。1999 年,ICAO 理事会主席柯台博士在一次演讲中说道:“我们航空业考虑安全问题经历了 3 个时期,20 世纪 70 年代以前从技术角度,70—90 年代从人的角度,90 年代以后从组织角度。”从莱特兄弟第一架有动力航空器飞行之日起,人类一直致力于从技术方面改善航空安全。然而,到了 20 世纪 70 年代,对航空安全的技术投入出现了收益递减的转折点,事故率下降变得极为缓慢甚至不下降。分析原因发现,技术已不是影响航空安全的主要因素,而人为因素已经悄悄上升为航空事故发生的主要原因。1976 年,ICAO 以大会决议的形式,号召成员国重视人为因素的宣传与研究,并随后出版了一系列有关人为因素的指导性资料,于是航空界掀起了重视人为因素的热潮。早期航空人为因素研究对象主要为个体,即运用心理学、生理学、工效学等方法分析航空领域中个体的人为失误类型、形式及个体各种行为的可靠性,并通过培训广泛传播相关知识,希望能够提高航空人员的自我调控能力。随着对航空活动中人为因素的深入探讨,人们发现仅仅对个体的人为因素问题进行研究,尚不能满足现代航空业对安全的需要,并且相当一部分安全问题无法用个体人为因素的相关理论予以解释和指导。这是因为航空事故往往是多因素共同诱发的,航空系统的安全度不仅取决于个体的不安全行为、机的不安全状态和运行环境的不安全因素,还取决于制约这三项要素的管理原因。

人为因素问题的核心是“人会犯错”。防相撞工作中的人为因素主要涉及飞行员和管制员(飞行指挥员),其不安全行为有两类:一是差错,二是违规。出现差错或违规的不安全行为既可能是物理环境或技术环境导致的,也可能与他们的状态有关(精神、生理、身体或智力等);同时也与不安全的监督有关,即监督不充分、运行计划不适当、没有及时纠正问题或监督违规;从管理层面上,不恰当的决策直接影响实践,同时也影响飞行员和管制员(飞行指挥员)的状态和行为,这些管理层面的差错包括:资源管理、组织氛围、组织过程、安全文化、任务压力等缺陷或缺失。因此,需要从人所处系统环境中考虑人的安全行为,包括考虑“人—机—环境”之间,人与人之间的相互作用;考虑工作条件、任务要求、资源状况、组织管理、规章制度、方针政策、文化氛围等对人的制约和影响;考虑系统缺陷的变化与发展,进行差错管理,并建立防错体系,已经成为今后防相撞工作的发展趋势之一。

③系统科学催生“系统安全”思想,防相撞工作向制度防、岗位防和技术防“三位一体”转变。系统安全思想兴起于20世纪末的航空业、核工业、化工业等安全关键行业。1996年,瓦卢杰(Valujet)航空公司的DC-9飞机坠地、造成110人遇难后,FAA重新审视传统的安全管理模式,第一次在航空领域引进系统安全思想,建立了安全管理体系(SAS),这一举措被认为是FAA安全管理方面的一次革命。根据《国际民用航空公约》附件1、6、8、11、13、14以及ICAO有关文件要求,各缔约国应将安全管理体系纳入国家安全纲要(SSP),并要求相关单位强制执行并实施。

防相撞工作,作为安全管理体系的核心内容,充分体现ICAO要求,不再孤立考虑安全工作,而是把安全放在系统的全局考虑,谋求整个系统的优化与和谐发展;不再仅仅着眼于技术方面,而是要强调人的主导作用;不再要求飞行员、管制员(飞行指挥员)被动“符合”,而是鼓励他们“主动”负起安全责任,提高“自调控”“自规范”的能力。因此,防相撞工作应建立起以“系统安全”思想为战略指导的制度防、岗位防和技术防“三位一体”的安全屏障。

所谓制度防,就是通过建立普遍遵循的、具有稳定性的规章规定,强化人员配置、业务运行、执行跟进三项核心流程,加大监督管理力度,加强宣传教育,确保落实到位、责任到人,把一切事故的隐患和苗头及早排除。制度的生命力在于执行。在防相撞工作中,制度是一种根本性的东西,一旦有人打破“制度之窗”,致使制度落实出现“口子”和漏洞,必然导致事故征候乃至事故的频发。我国防相撞工作制度主要包括:安全教育制度、形势分析制度、协同工作制度、信息通报与报告制度、登记统计制度、检查考核制度等。这些制度是我国飞行安全管理和防相撞工作的基本措施、依据和重要保证。

所谓岗位防,就是按照岗位职责要求,以人为主体,通过飞行员、管制员(飞行指挥员)及其他保障人员直接参与防相撞工作,发挥人的主观能动作用,来达到防范的目的。人既是防相撞工作中最基本、最活跃、最关键的因素,同时,也是最不稳定、最容易受到其他因素干扰、最难以标准化的因素。防相撞工作中最关键的岗位有两个,一是飞行员岗位,二是管制员岗位。据统计,在飞机驾驶舱资源中,因机组分工不明确、机组协调配合不好、程序混乱、机长决策与操纵失误等而造成的航空器相撞事故约占70%。管制员岗位负责航空器间的高度、位置和速度等方面的调配。管制员岗位由于“陆空通话”“环境意识”“管制协调”“管制口误”“进程单使用”“错报气压表”“工作责任心”等原因都会造成飞行冲突。飞行员和在岗管制员稍有疏忽和大意就会酿成重大悲剧。

所谓技术防,就是利用机载或地面安全和告警设备,及时识别和发现不安全因素,减少直至消除航空器相撞事故或事故征候。20世纪50—60年代,航路设施设备有了重大改进,雷达广泛应用,机场安装了仪表着陆系统(ILS),飞机上安装了近地告警系统,使得可控飞行撞地事故大大降低,但空中危险接近和跑道侵入事故征候成为当时突出的安全问题。航空界以空中交通管理技术研究为重点,开发了一系列空域管理、空中交通管制和流量控制技术;研制了交通警戒与防撞系统、场面监视与控制系统;引入卫星通信导航、全球定位和自动相关监视等新航行技术。飞机上安装空中交通告警与防撞系统(TCAS)已成为许多国家的强制要求。

1.6 本书内容安排

本书围绕防相撞理论与应用两个核心问题进行重点论述,形成既包含基于科学和实证的概念与理论体系,也包含建立在实践基础上的防相撞经验与方法,并结合我国60多年的防相撞工作,给出了制度防、岗位防和技术防"三位一体"防相撞策略。

全书共分为8章,其主要内容安排如下:

第1章 绪论

介绍防相撞的实践、理论和技术基础,阐述防相撞工作的地位作用,并重点介绍防相撞的发展趋势及"三位一体"防相撞内容。

第2章 防相撞的基本问题

主要阐述防相撞的概念框架。在分析航空器相撞的内涵、特点与事故类型的基础上,给出防相撞的内涵、安全目标与基本原则,并明确主要部门和各类人员防相撞工作职责。

第3章 航空器相撞过程分析

主要阐述航空器相撞事故发生、发展和形成规律。从剖析空中交通系统及相关要素入手,阐述飞机在不同阶段的飞行状态与安全间隔;以航空器空中相撞为例,定性描述航空器从无相撞风险、飞行冲突、危险接近逐步向相撞状态的演进过程;依据相撞风险模型,分析航空器空中相撞发生机理;运用数理统计方法,揭示空中相撞事故的整体特征。

第4章 航空器相撞成因分析

主要阐述航空器相撞事故发生"人—机—环境"与管理因素的复杂作用过程及其随时空的因果演变规律。介绍事故链模型、多米诺骨牌模型和ICAO事故起因模型,阐述影响航空器相撞的因素及其组合方式;重点阐述航空器相撞的人的不安全行为表现形式,以及人的不安全行为的前提条件;介绍航空器相撞的设备因素、环境因素和管理因素。

第5章 防相撞工作制度与机制

主要阐述防相撞工作制度与机制的内容。介绍破窗理论、墨菲定理和海恩法规,用于说明建立防相撞工作制度与机制的重要性;阐述我国防相撞工作制度与机制的内容,重点论述我国防相撞工作制度与机制的支持架构体系。

第6章 防相撞方法与策略

主要阐述飞行员和管制员人为差错的识别与控制。介绍SHEL模型及其四个界面,针对跑道侵入、危险接近、低于安全高度飞行、TCAS告警等典型事故征候中的人为差错表现形式,提出人为差错控制方法;重点阐述地面和空中防止航空器相撞过程中飞行员的处置策略,以及基于管制岗位工作任务全过程,阐述管制员防相撞工作的策略。

第7章 防相撞技术与应用

主要阐述防相撞工作领域涉及的主要技术、系统设备及其应用过程。介绍飞行驾驶舱系统、自动飞行控制系统、飞行管理系统、驾驶舱告警系统的功能和人机交互界面;管制中心自动化系统结构和功能、显示界面和人机交互;重点阐述空中交通告警与防撞系统(TCAS)、近地告警系统(GPWS)、管制中心冲突告警系统设备的组成原理、人机界面和交互、告警方式和运行规程;介绍飞机机身照明系统、目视助航设施和地面活动引导及控制系统的应用。

第 8 章　我国防相撞工作回顾与展望

主要阐述我国航空器相撞事故的数理统计特征。介绍我国防相撞工作的发展历程,重点阐述了 60 多年以来我国可控飞行撞地、空中相撞和跑道侵入事故、事故征候的整体规律、主要特征及发生原因;总结我国防相撞工作经验教训,基于形势分析和判断,提出我国防相撞工作应对策略。

本章参考文献

[1] VILLARD H S. Contact! The story of the early birds: man's first decade of flight from Kitty Hawk to World War I[M]. New York: Thomas Y. Crowell Co., 1968.

[2] Australian Transport Safty Bureau. Limitations of the see-and-avoid principle[R]. Sydney: Australian Transport Safty Bureau, 2004.

[3] Federal Aviation Administration, Eurocontrol Experimental Centre. Concept paper for separation safety modeling: an faa/eurocontrol cooperative effort on air traffic modeling for separation standards[R/OL]. (1998-5-20)[2020-01-05]. https://trid.trb.org/view/654347.

[4] THOMPSON S D. Terminal area separation standards: historical development[J]. Technological Innovations, 1997: 15.

[5] 刘汉辉. 民用航空安全之道[M]. 北京:中国民航出版社,2008.

[6]《中国空军百科全书》编审委员会. 中国空军百科全书:上卷[M]. 北京:航空工业出版社,2005.

[7] 王洪德. 安全管理与安全评价[M]. 北京:清华大学出版社,2010.

[8] 杰费里 R 麦金太尔. 安全思想综述[M]. 王永刚,译. 北京:中国民航出版社,2007.

第2章

防相撞的基本问题

防相撞的基本问题，主要包括航空器相撞的内涵、特点、事故类型以及防相撞概念、安全目标、基本原则、工作职责等，这些基本问题既是构成整个防相撞理论框架的基石，也是进一步研究其应用问题的前提。

2.1 航空器相撞的内涵、特点与事故类型

防相撞理论与应用研究首先需要弄清什么是航空器相撞?航空器相撞概念的内涵界定是否科学,直接关系到航空器相撞事故与事故征候的分类,进而影响到防相撞工作内容。

2.1.1 航空器相撞的内涵

航空器,是指凡能从空气的反作用而不是从空气对地面的反作用在大气中获得支撑的任何机器[1]。《汉语大词典》称:相撞,即两个以上物体之间以一定的速度相互接触且其空间位置相互占用的过程。虽然目前航空理论界尚未给出专门的航空器相撞定义,但从ICAO和我国相关航空法规条款表述中,可以把握"航空器相撞"概念的内涵。

ICAO将航空器相撞分为"航空器之间"相撞和"在机动区内航空器与障碍物之间"相撞。其中,机动区(Manoeuvring Area)指"机场供航空器起飞、着陆和滑行的部分,但不包括停机坪。"显然,ICAO"航空器相撞"概念并没有将机动区"外"的航空器与障碍物相撞包括进去,如航路上发生的航空器与山峰、山脉、水域和其他复杂地形相撞,取而代之的是应用CFIT概念,即航空器在非失效状态下与山峰、山脉、水域和其他复杂地形相撞。近年来,随着机场交通量的增加,跑道侵入已成为机场发生航空器地面相撞事故的主要征候之一,引起ICAO的高度重视。ICAO专门制定和颁布了《跑道侵入预防手册》,并指出:"跑道侵入是在机场的任何航空器、车辆或人员错误进入指定用于航空器着陆和起飞的地面保护区的情况"。可见,航空器空中相撞(Midair Collision)、CFIT和跑道侵入,是ICAO三个相对独立的概念。

《中华人民共和国飞行基本规则》将航空器相撞分为"航空器与航空器、航空器与地面障碍物相撞",并强调指出:"通常情况下,准备起飞的航空器,……,经空中交通管制员或者飞行指挥员许可,方可滑进跑道;跑道上无障碍物,方准起飞。"《中华人民共和国民用航空法》指出:"航路上影响飞行安全的自然障碍物体,应当在航图上标明;航路上影响飞行安全的人工障碍物体,应当设置飞行障碍灯和标志,并使其保持正常状态。"可见,我国对航空器相撞概念是一种综合性的理解,既包括航空器与航空器空中相撞,也包括航空器与山峰、山脉、水域和其他复杂地形相撞,还包括机动区内航空器与障碍物相撞。

综合ICAO和我国对航空器相撞概念的认识,本书在防相撞理论与应用研究中,不涉及航空器非正常失控情况。借鉴ICAO关于航空器事故的定义格式,我们给出"航空器相撞"概念内涵的阐释如下:

从航空器发动机开车滑行至航空器着陆后滑行到指定停机位置的整个过程中,在航空器操纵非失效状态下,发生航空器与其他航空器、航空器与地面(水面)障碍物之间相撞的飞行事故。

正确地理解航空器相撞概念的内涵需要把握以下几点:

①航空器运行过程中,发生相撞,不论损失架数多少,一律按一次飞行事故计算。事故等级按人员伤亡总数和航空器损坏最严重者确定。

②根据航空器相撞发生机理、空间范围、事故致因和飞行阶段不同分类标准,航空器相

撞事故有不同的类型。航空器相撞既可能发生在同一水平面或同一垂直面,也可能发生在任意平面内;航空器与地面障碍物相撞,既包括航空器与机动区内其他航空器、建筑物或车辆、动物等相撞,也包括航空器与山峰、山脉、水域和其他复杂地形相撞(即 ICAO 可控飞行撞地)。

③航空器相撞事故既可能是大型飞机与大型飞机、小型飞机与大型飞机(尤其是歼击机、轰炸机、强击机与运输机)、小型飞机之间相撞,也可能是大型飞机与直升机、小型飞机与直升机、直升机与直升机之间相撞,抑或无人驾驶飞机与有人驾驶飞机之间的相撞。

④航空器相撞不是瞬时就会发生的,而是经历了从安全到危险的过渡之后才会发生的从量变到质变的过程。以空中相撞为例,其实质就是两架航空器从无相撞风险、飞行冲突、危险接近逐步向相撞状态的演进,是航空器之间的间隔连续突破了"飞行间隔标准"和"危险接近标准",最终越过了两道"度"的关口而导致的。

⑤根据我国有关规定,执行战斗任务时所发生的事故称为"战斗损失",一般不归入飞行事故。本书所指航空器相撞不包括执行战斗任务期间发生的相撞事故,也不包括诸如因恐怖活动造成的相撞事件(如"9·11"航空器撞楼事件)。同时,诸如飞行表演期间发生的航空器空中相撞也不是本书研究的内容。

2.1.2　航空器相撞的特点

根据对 1987—1996 年间世界商用大型喷气机亡人飞行事故的统计[2],该期间共发生 15 类飞行事故,造成 7504 人死亡。其中,涉及航空器相撞的可控飞行撞地(2396 人)、空中相撞(506 人)和机动区内与地面障碍物相撞(45 人)事故共造成 2947 人死亡,约占总死亡人数的 39%,如图 2-1 所示。

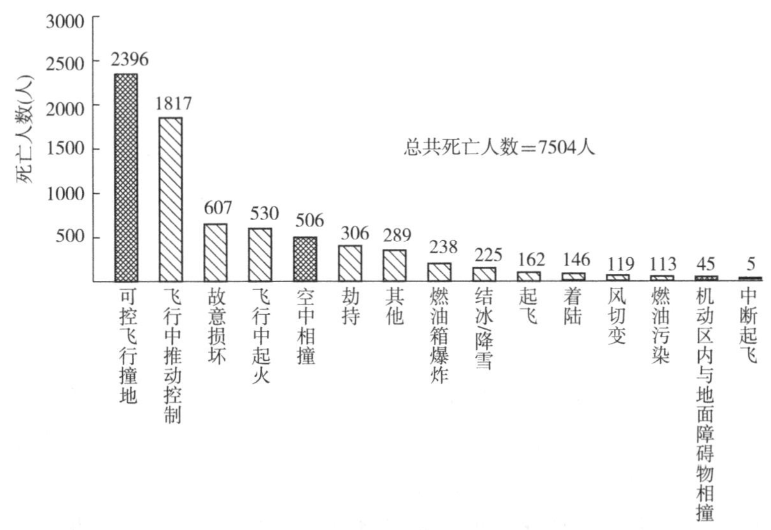

图 2-1　1987—1996 年间世界商用大型喷气机亡人事故类型统计

与其他 12 类飞行事故相比,航空器相撞事故具有以下四个特点:

1. 发生比较突然

无论是仪表飞行还是目视飞行,但凡是航空器相撞,都是在对方(其他航空器、障碍物)意外进入自己(飞行员)视力范围之后,或者空中交通告警与防撞系统(TCAS)和近地告警系统(GPWS)发出告警之后短促的时间内突然发生的。其突然性主要受人的视觉局限性、心理负荷限制、缺少相对运动以及复杂背景等因素影响。

(1)人的视觉反应局限性

研究结果表明,人的视野虽有160°~170°,但视网膜的敏感度分布并非均匀的,辨析能力最强的地方分布在视网膜正中凹。如果偏离视网膜正中凹一点,视网膜的辨析能力就会显著下降,因而人可以用来识别物体、确定距离或接近速度等信息的中心视力只有6°圆锥范围。医学界将视网膜上视觉最敏锐的这个6°范围称作黄斑区,而将黄斑区之外的视野称为周边视力,如图2-2所示。周边视力可用来确定与周围物体的位置关系,并感知周围物体的姿态。离开黄斑区越远,视力分辨能力越差。

1973年,美国曾做过在一架飞机上探测另一架DC-3飞机的试验,用于研究飞行员在视距内以不同角度和不同距离探测到DC-3的概率。试验结果表明:DC-3飞机离中心视力越远,其被探测到的概率将急剧减少。如果DC-3偏离试验飞机飞行员中心视力6°且距离 *R* 为6n mile时,DC-3被试验飞机飞行员探测到另一架DC-3飞机的概率仅为0.42;如果DC-3偏离试验飞机飞行员中心视力10°且距离 *R* 为6n mile时,DC-3被试验飞机飞行员探测到的概率仅为0.18;如果DC-3偏离试验飞机飞行员中心视力10°且距离 *R* 为10n mile时,DC-3被试验飞机飞行员探测到的概率几乎为0,如图2-3所示[3]9。

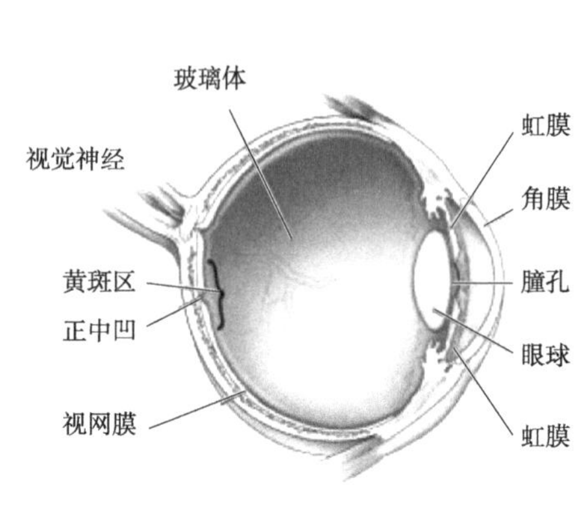

图2-2 眼部解剖图

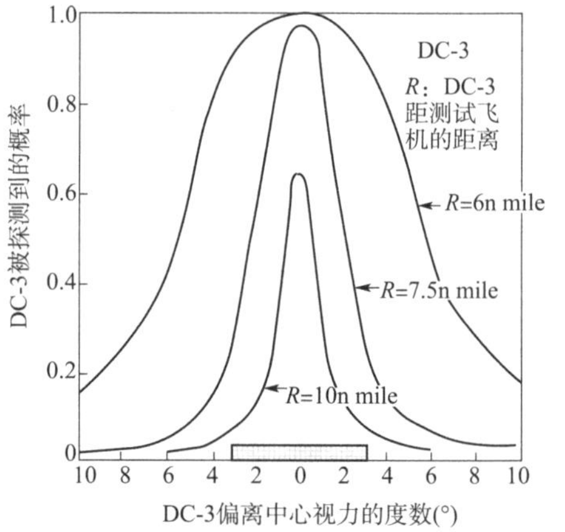

图2-3 飞行员以不同角度和距离探测到DC-3的概率

(2)心理负荷限制

在毫无征兆情况下,对突然出现的险情或危险状态,人难免出现应激状态。恐慌、混乱和不充分的信息常常使人不知所措、情绪失控、判断失误,极易造成人决策失误或操纵错误。尤其在飞行过程中,当飞行冲突/危险接近信息出现后,飞行员或管制员心理状态的演变过程是极其复杂的。他们能否从承受心理状态过渡到应变心理状态,在转变过程中的思维、情绪、判断、动作协调准确性是否准确、规范,这都值得人们研究和深思。有专家曾对此进行过研究,并提出处置空中特情过程中,人的心理负荷计算模型:心理负荷=(空中险情价值×空中险情数)/(可供处置的有效时间×综合处置能力)[4]。其中,飞行员或管制员所面临的"空中险情价值"是指处置该起空中险情的难易程度以及其对飞行安全所构成的威胁度;"可供处置的有效时间"是指当前的处境氛围中,容许飞行员或管制员做出判断、决策和实施处置的有效时间,也就是飞行员或管制员处置完主要险情、引发的相关其他险情并使航空器脱离危险转入安全运行而可供利用的时间;“综合处置能力”是指飞行员或管制员整体应对空中险情的综合实力,也是表征他们基础理论、技术、心理素质、价值取向、机组资源管理或班组管理的综合指数。显然,空中险情越多牵涉面越广,飞行员或管制员面临的心理负荷就越大;空中险情的处理难度越大或者对安全构成的威胁越厉害,那么它的价值也就越高,给飞行员或管制员造成的压力也就越大;飞行员或管制员综合处置能力越弱,遇到的空中险情越生疏(即与预想的险情情景的吻合程度越低),则飞行员或管制员心理负荷越重。与此类似,在特定的飞行冲突/危险接近环境中,飞行员或管制员能够处置险情的时间越短,他们的工作负荷也就越高,所承受的心理压力也会越大。在较高的负荷状态下,飞行操作能力或指挥能力会明显下降:

①注意范围锥形收缩或注意涣散,不能集中。飞行员或管制员注意往往固着于某一情境、某一仪表或告警信号上,对于其他信息视而不见或充耳不闻,注意范围呈现出管状收缩状态。另一种情况则正好与此相反,当处于过度心理负荷状态下,飞行员或管制员表现出注意涣散,思维不能集中在寻找解决问题的方案上,而是飘忽在后果与当前情境之间,从而贻误处置特殊情况的时机。

②思维困难、犹豫不决。不能迅速、准确地分析当前情境和备选方案,表现为犹豫不决,举棋不定。

③工作程序性混乱。飞行员或管制员往往过高地估计情境的危险性,表现出一些冲动性动作,工作计划性不强、程序混乱,在行为上体现出“手忙脚乱”的状态。

④行为反应失误。人的行为反应是否正确主要取决于正确思维决策。由于发生特殊情况后,飞行员或管制员过度紧张和情绪不稳,操纵动作或指挥方法失去主动性和灵活性,其准确性也随之下降。

⑤省略或遗漏检查单。由于思维不清晰和注意力不集中,常出现省略或遗漏检查单项目以及其他飞行程序的情况。

⑥在极度的紧张状态之下,飞行员或管制员还可能出现发呆、肌肉震颤、语速过快或过慢甚至结巴、情绪失控等现象。2002 年,德国博登湖上空图 154 客机与波音 757 货机空中相撞事故中,管制员罗切维奇在值班过程中,违反规定替他人照看扇区,在将他人扇区内一架进近着陆飞机移交机场后,突然发现自己扇区内有两架飞机以同一高度汇聚的空中险情后,没有准确分析和判断情况,情急之中错误地指挥图 154 客机下降(没有同时指挥波音 757 货机上升),并情绪激动、以严厉的语气发出与空中交通告警与防撞系统(TCAS)相反的指令,最后导致两架飞机空中相撞。详情见附录一(2)。

(3)缺少相对运动

处于运动中的目标最能吸引人的“眼球”。人的视角系统对运动目标敏感度较高,只有该物体的运动范围和相对位置变化较大或光的强度足以引起大脑的反应,大脑才会指挥眼睛去注意那个区域并能够分辨物体。但在飞行员的视觉范围内,处于相撞飞行路径上的航空器通常显示为一个相对“静止”的目标。一种情况是两架航空器相对飞行,即两架处于冲突中的航空器相距较远时,从座舱看上去,彼此只是一个没有横向移动的小点,处于相对“静止”状态,很难引起无意识注意。随着两机沿直线高速接近,原来的小点像花开一样瞬间变大，飞行员已没有时间做出反应。这种现象称作“开花效应”，如图 2-4 所示。开花效应常会使人大脑一片空白，不知所措。1986 年 7 月，美国洛杉矶机场附近，一架私人航空器与一架墨西哥航空公司客机迎面飞来，私人飞机驾驶员没有来得及采取规避措施而与那架客机正面相撞，致使两架航空器上的 50 多人丧生。

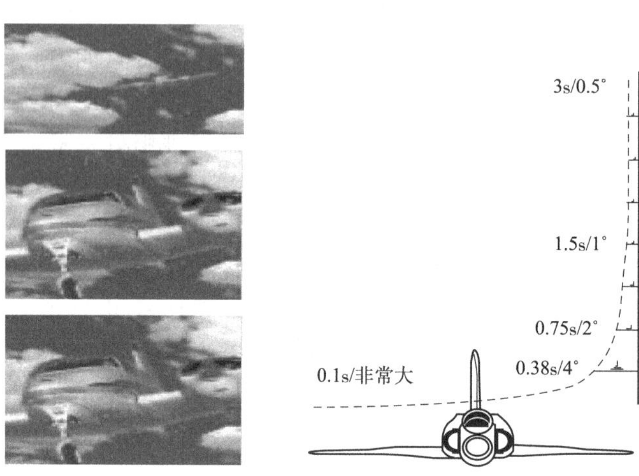

图 2-4　相对飞行“开花效应”

另一种情况是两架航空器交叉飞行，即两架航空器带汇集角以固定的速度向某一点相撞汇集，那么两架航空器上的飞行员仅将对方的航空器看作风挡上一个由小变大的点，但变化的速度却要小得多。两架航空器间的视角变化是如此之小，以至于航空器 A 几乎感觉不到航空器 B 在向自己逐渐靠近，如图 2-5 所示。

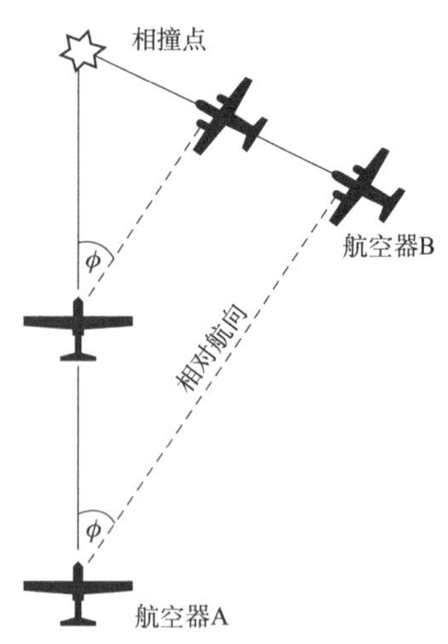

图 2-5　交叉飞行

这样两架航空器飞行员便很难觉察到对方的存在，即便觉察到了，也往往引不起重视，因此，当飞行员发现有另一架带汇集角的航空器向自己飞来时，需要几秒时间才可能确认。1944—1968 年间，美国发生的 105 次空中相撞的事故中，有 37 次相撞事故发生在一架飞机以 0° ~ 10°汇集角超越另一架航空器。

(4)复杂背景

由于受云层或地形影响，飞行员在空中要找到一架航空器是相当困难的。飞行员很可能在周边视力范围内先注意到了一架航空器，但只有将该航空器锁定在中心视力范围内时才能识别清楚。飞行员需要在复杂的目标背景中提取航空器的特征信息，需要在航空器与背景之间探测出航空器的轮廓。图 2-6 描述了无背景轮廓和有背景轮廓两种情况下，飞行员识别航空器时的背景轮廓效果。

2. 处置时间仓促

人的反应时间的长短取决于经验、态势的复杂性和有无预先告警。如果没有预先告警，一方面飞行员发现和识别相撞威胁的可能性非常低，同时，能够留给飞行员反应和规避的时间相当短。在没有预先告警的情况下，人的反应包括四个时间段：

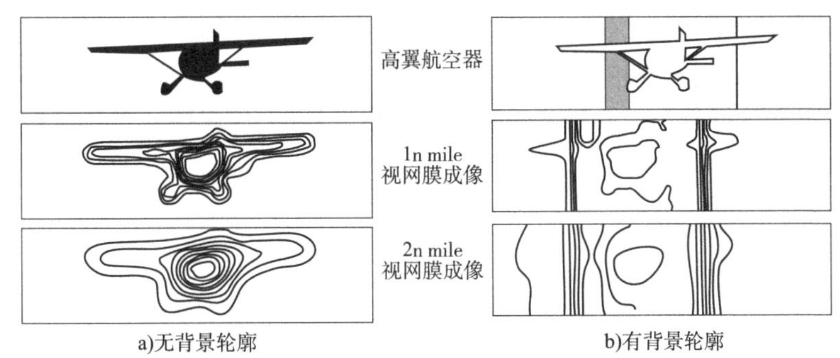

图 2-6　航空器识别背景轮廓

①飞行员从舱外转向仪表再从仪表转向舱外远方，由于亮适应效应，人眼需要调节，整个时间约为 2.35s[5]，如表 2-1 所示。

从舱外转向仪表再从仪表转向舱外远方的时间　　表 2-1

动　作	时间(s)	动　作	时间(s)
头和眼转向仪表	0.225	头和眼转向舱外	0.255
视线对准仪表	0.07	把焦点对准远方	0.50
对准焦点	0.50	合计	2.35
判读仪表	0.80		

②飞行员对舱外搜索与探测也需要时间。FAA 向飞行员建议：为了确保能够探测到冲突航空器，飞行员在目视搜索舱外目标时每次定影范围不得少于 10°。如果扫描一个 10°的定影范围需要花 1s，那么要完成一次扫描驾驶舱风挡上水平 180°、垂直 30°的范围，大概需要 54s[3]12。飞行员要在这么短的时间内完成舱外扫描，不仅工作繁重，而且更为糟糕的是每完成一次扫描后，空中场景和态势又发生了变化。

③发现航空器到视神经形成清晰图像的时间。人的视力不能瞬间形成，从航空器进入飞行员的视力范围，视神经形成图像感知通常需要 0.1 ~0.2s。

④当一架航空器图像形成于飞行大脑之中，大脑还需要时间分析判断航空器距离、接近速度以及预定的飞行轨迹，确定两架航空器间距离，采取最佳方案，指挥肌肉动作，操纵飞机规避相撞，这一过程大约需要 12.5s[6]。

综合上述四个阶段，在没有预先告警的情况下，飞行员从对舱外观察扫描到某一架航空器进入视力范围并形成图像的时间约为 56.5s，而飞行员从识别、判断、决策直至最终采取规避机动需要的总时间约为 12.5s，飞行员总的反应时间约为 69s。然而，现代民航运输飞行，绝大多数都属于仪表气象条件下的高亚音速飞行。即使在中心视力区、探测概率为 1 的情况下，飞行员能够及时观察和发现突然出现的航空器的有效距离不会超过 6n mile[3]9。

美国国家运输安全委员会（NTSB）曾建立了 DC-9 与 Piper PA28 之间相撞威胁目视搜索与识别的数学模型，研究了其中一架航空器飞行员在空中相撞前目视发现另一架航空器的概率，如图 2-7 所示。当 DC-9 飞行员目视搜索发现 Piper PA28 的概率为 1 时，其发现距离不到 0.25n mile，飞行员反应时间也不到 2s；而当 DC-9 飞行员目视搜索（1 名飞行员搜索）发现 Piper PA28 的距离为 4n mile 时，虽然飞行员的反应时间可达 54s，但其发现概率仅为

0.02,已超过或接近飞行员的有限视力距离,几乎发现不了 Piper PA28。因此,在没有预先告警的情况下,飞行员从发现相撞威胁到相撞的处置时间仓促,再加上受紧急回避指令的及时性、准确性,以及飞行员个人心理素质和航空器机动性能、操纵响应等因素影响,避让的成功率极其低微,相撞的可能性极大。

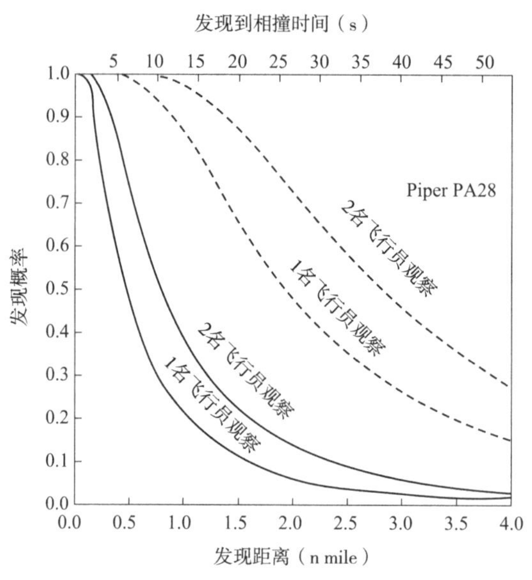

图 2-7　DC-9 与 Piper PA28 空中目视相互发现概率

在有预先告警的情况下,飞行员知道搜索和识别的重点区域,可极大提高发现和识别相撞威胁的可能性。1972 年,Edwards 和 Harris 研究发现,来自空中交通服务(ATS)或无线电台的交通告警可使飞行员搜索和发现相撞威胁的概率提高 8 倍。同样,FAA 研究结果显示,从飞行员探测到航空器相撞威胁后,其识别正在接近的航空器、判断相撞航线、定下决策和实施规避机动的时间也需要 12.5s,如图 2-8 所示。

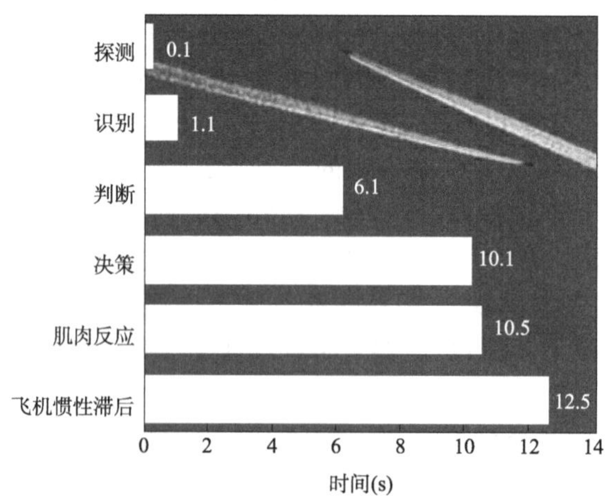

图 2-8　飞行员识别和规避机动累计时间

3. 后果非常严重

灾难性与危害性是航空器相撞事故最显著的特征,也是人们关注和研究航空器相撞事故的一个主要原因。一方面，航空器相撞事故一旦发生，往往伤亡惨重，震动全球，其一次造成的人员伤亡通常是单机事故的数倍。国际互联网发布了《商用航空运输历史上最惨重的 10 次空中相撞事故排名》，见表 2-2。另一方面，航空器相撞事故经济和财产损失巨大。航空器相撞事故财产损失包括直接损失和间接损失两部分：直接损失包括航空器毁坏、设备损失、伤残赔偿、人员培训投资等。现在大型飞机动辄千万美元，有的甚至上亿。目前，世界各航空公司普遍使用的波音 737、MD-82、空客 310 等中短程喷气式客机，其单价为 3200 万～4000 万美元，波音 747 远程宽机身大型喷气式客机单价约为 1 亿多美元，空客 380 客机单价高达近 3 亿美元。间接损失包括飞行员培训、事故搜索救援、寻找残骸和事故调查等费用。例如，美国培养一名飞行员需要 200 多万美元，我国民航培养一名优秀机长的周期在 10 年以上，总费用约为 150 万美元。

商用航空运输历史上死亡人数排前 10 位的双机空中相撞事故　　表 2-2

排名	空中相撞地点	死亡人数(人)	机　　型	时间(年份)
1	印度新德里以西杰尔基达德里	349	波音 747⟷伊尔 76	1996
2	乌克兰第聂伯罗捷尔任斯克	178	图 134⟷图 134	1979
3	南斯拉夫萨格勒布弗尔博韦茨	176	Hawker Siddeley Trident 3B⟷DC-9	1976
4	日本雫石地区	162	波音 727⟷F-86	1971
5	利比亚的黎波里	159	波音 727⟷米格-23	1992
6	巴西雨林	154	波音 737⟷Embraer Legacy 600	2006
7	加利福尼亚圣迭戈	144	波音 727⟷Cessna 172	1978
8	纽约上空	134	DC-8→LOCkheed L-1049	1960
9	伊朗德黑兰	133	图 154⟷苏-17	1993
10	美国科罗拉多大峡谷上空	128	DC-7⟷LOCkheed L-1049	1956

4. 原因十分复杂

空中交通系统是以物质为基础、以人为中心、由人操控航空器在特定的时空环境中运行的复杂系统。在“人—机—环境”因素扰动下，可随机突现事故征候和事故状态。其原因错综复杂，既有偶然性，又有一定的必然性；既表现出“事出有因”的因果关系，有时也显现出“风马牛不相及”的非因果关系。

①偶然性与必然性交织在一起。说航空器相撞事故是偶然的，是因为航空器相撞事故在酝酿、发展和进行过程中各种原因错综复杂所呈现出来的不确定性、摇摆性和弹性，完全雷同而重复出现的情况极少。例如，1977 年在西班牙特那里夫岛洛斯德斯机场上，两架波音 747 客机跑道相撞是众多偶然因素集中在一起造成的结果：偶然因素之一，荷兰的波音 747 型飞机在起飞前，机长在计算了飞机载重量和自重之后，觉得还可以再加 2.1 万 UKgal（1UKgal = 4.546dm^3）的燃油，以便在飞抵荷兰首都阿姆斯特丹之后，无须在那里再加油，致使其推迟了起飞时间；偶然因素之二，地面塔台对荷兰飞机放行时，天气略见晴朗，谁知飞机起飞的时候，天气情况突变，云雾剧增；偶然因素之三，出事当天，在本岛另外一个吞吐量较大的拉斯帕尔马斯机场，候机楼出口处的鲜花店里发生了一起爆炸事件，扰乱了飞行秩序，迫使该机场临时关闭，原本在该机场降落的美国泛美航空公司的波音 747 型客机，因而临时

改变降落地点,一直临时停靠在洛斯德斯机场,而当获悉拉斯帕尔马斯机场重新开放后,泛美航空公司的波音 747 获准滑行准备起飞时,便发生了不该发生的撞机事件。

说航空器相撞事故是必然的,是因为每起事故的发生都是有原因的,存在确定的因果关系,属确定性事件。事件可分为两类,一类是确定性的,另一类是不确定性的。后者多发生在生物、人类、社会、思维、精神、情感之类的复杂系统当中。而航空器相撞事故则属于前者,即属于"人—机—环境"因素构成的确定性系统。在这个确定性系统中,尽管因素复杂多样,也包括人的精神因素,但是最后都是通过航空器来造成后果的。在上述西班牙特那里夫岛洛斯德斯机场跑道相撞事故中,虽然造成两架波音 747 相撞悲剧有三个各不相干的偶然因素巧合,但究其最根本的原因,既有洛斯德斯机场管制中心指挥员浓重的西班牙腔调英语发音不准的原因,也有无线电联络上发生的差错,还有不良天气的原因。

②因果性与关联性混杂在一起。因果性,是指一切事故的发生都是有原因的,存在一定的因果事故链。关联性是指系统中各要素和各子系统之间存在着这样或那样的联系和相互作用,这种相互作用使得系统中某个要素或子系统的变化总会在一定程度上引起其他要素和子系统的变化。无论引起航空器相撞事故的原因表现出因果性还是关联性,这些原因都是潜伏的不安全因素。这些不安全因素,有来自"人"的不安全行为,也有来自"机"的不安全状态和"环境"的不安全成分,以及管理缺陷。这些不安全因素在一定的时间和空间内相互作用,要么形成环环紧扣的事故链或依序而倒的"多米诺骨牌",要么便是多组织、多层面的缺陷和漏洞共同穿透的"瑞士奶酪"。

引起航空器相撞事故的原因众多:既有飞行员空中没有保持规定的高度、速度、航向等航行诸元,注意力分配不当,空中情景意识差;没有严格执行空中探测、观察、避让规则,空中没有及时发现和处理影响航行诸元的机载仪表设备故障等。也有管制员没有按照规定调配和控制;或调配指令有误或出现差错;通话语言不标准、不规范;紧急处置不果断,犹豫不决,惊惶失措;空域划分和飞行程序设计等问题。此外,还有飞行保障和机载安全设备不完善,机场管理和天气等原因。例如,1995 年 6 月 9 日新西兰安塞特航空公司一架 DHC-8 飞机在仪表气象条件下向帕默斯顿北郊机场进行非精密进近,机组试图在进近中纠正起落架的不安全状态时,由于飞行员没有注意飞机的飞行高度,飞行高度低于最低进近高度并撞山坠毁,造成机上 18 人中 4 人死亡,14 人严重受伤[7]。新西兰事故调查委员会在事故最终的报告中,认定造成 DHC-8 飞机撞山坠毁的原因至少有 7 条。其中,人的不安全因素包括:机长没有保证飞机在非精确仪表进近中切入并保持在进近航道上;机长坚持在放起落架的同时,继续进行仪表进近;机长在副驾驶排除起落架放不下的故障时没有集中精力操纵飞机;副驾驶在排除起落架故障时,没有执行快速检查手册上的程序。飞机的不安全状态包括:近地告警系统没有及时发出警报(大约飞机撞山之前 4.5s 才发出近地警报);该架 DHC-8 飞机曾多次发生起落架支柱放不下的故障。管理缺陷或失效包括:新西兰民航局没有足够的检查人员对运营者的标准操作程序进行检查。

2.1.3 航空器相撞事故与事故征候

飞行事故有两个发展阶段:第一阶段,也是最重要而又不为人们所理解的阶段,即事故征候阶段;第二阶段,就是事故本身。事故征候阶段包含一系列不安全事件或事故隐患,但征候本身不一定会造成事故。ICAO 和我国相关法规对航空器事故和事故征候都有明确的定义,据此我们给出航空器相撞事故分类,并对其事故征候进行分析。

1. 航空器相撞事故的分类

《国际民用航空公约》附件 11“空中交通服务”指出:航空器事故,即“在任何人登上航空器准备飞行直至所有这类人员下了航空器为止的时间内,所发生的与该航空器的运行有关的事件。”世界各国对航空器事故的分类虽然不完全一样,但也大同小异,基本与 ICAO 的划分是一致的,主要根据人员伤亡、飞机损坏、经济损失以及修复时间来划分。这样划分的目的有两个:一是采取统一的标准确定每起飞行事故的严重程度,该分类标准的制订具有客观性,又容易操作;二是便于飞行事故的统计、分析、研究和管理[8]。显然,航空器相撞事故的分类标准和目的与一般的航空器事故不同。这是由于绝大多数航空器相撞事故都是“机毁人亡”的严重飞行事故,用一般飞行事故中的“人员伤亡、飞机损坏、经济损失以及修复时间”的标准很难揭示航空器相撞事故的本质,也无法表征其特点。鉴于此,我们从增强防相撞工作的有效性、部门职能和人员职责角度出发,综合考虑航空器相撞事故发生对象属性、空间范围和飞行阶段,将航空器相撞事故分为航空器空中相撞、可控飞行撞地(CFIT)和机动区内航空器与障碍物相撞事故,如图 2-9 所示。应当指出,将航空器相撞事故分为这三大类,既彰显我国防相撞工作的特色,又符合 ICAO 惯例。

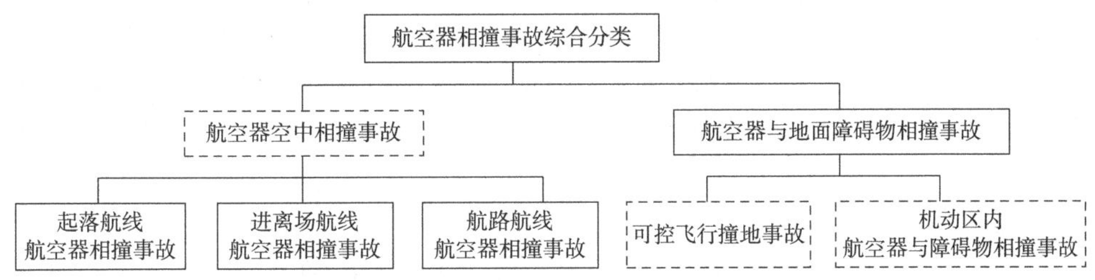

图 2-9　航空器相撞事故分类

具体分类如下:

(1)航空器空中相撞事故

航空器空中相撞事故,即离地飞行的两架或两架以上航空器以一定的速度差、在某一特定时间发生航空器机身直接接触的飞行事故。其主要包括:作战飞机与民用飞机、直升机相撞;作战飞机与军用运输机、直升机相撞;军用运输机与军用直升机相撞;军用运输机之间相撞;军用运输机、直升机与民用飞机相撞;民用飞机之间相撞;民用飞机与民用直升机相撞,等等。

(2)可控飞行撞地事故

根据飞行安全基金会的定义,CFIT 事故是指能够正常运行的航空器,在飞行员控制之下,由于飞行员的疏忽而与障碍物、地面或者水面相撞的事故,而飞行员对将要发生的相撞通常事先没有觉察[9]。它既可发生于仪表飞行气象条件,也可发生于目视飞行气象条件,其关键点是航空器在撞地的时候并不是处于一种不可控制的状态(如螺旋)。可控飞行撞地事故包括[10]:

①航空器操纵非失效状态下,离地飞行阶段由于机组的疏忽而与障碍物、地面或者水面相撞的事故。

②航空器操纵非失效状态下,离地飞行阶段由于机组受视觉/幻觉影响与障碍物、地面

或者水面相撞的事故。但不包括:由于机组、天气或设施失效导致航空器失去控制状态下的坠机事故;故意飞行撞地事故;未达跑道着陆或冲出跑道事故。

(3)机动区内航空器与障碍物相撞事故

该类事故主要包括:机动区内航空器与航空器相撞;航空器与机动区内建筑物等固定障碍物相撞;航空器与车辆、人员、动物等地面移动或停止障碍物相撞。

2. 航空器相撞事故征候

《国际民用航空公约》附件13《航空器事故和事故征候调查》指出,事故征候,即"不是事故而是与航空器的操作使用有关,会影响或可能影响飞行安全的事件";严重事故征候,即"涉及可表明几乎发生事故情况的事故征候。"关于事故、事故征候与严重事故征候之间的区别,我国与ICAO基本是一致的,即都是以死亡人数、人员受伤程度和航空器损失或修复费用等结果区分的。同时,ICAO《事故/事故征候报告手册》(Doc 9156)中也列出了ICAO为研究预防事故所主要关心的事故征候类别,其中包括:"为避免相撞或不安全情况,必须做出规避机动或本应做出规避动作的危险接近""几近发生的可控飞行撞地""在被关闭或占用的跑道上进行的与障碍物间隔微小的起飞"和"在被关闭或占用的跑道上进行的或企图进行的着陆"等。我国《民用航空器飞行事故与飞行事故征候标准》中列出了86条飞行事故征候,其中,"航空器起动、滑行、飞移、起降过程中与障碍物相撞""飞行员飞错、管制员给错指令或其他原因造成航空器间纵向、侧向、垂直间隔小于规定的间隔数据的二分之一""超低空飞行撞障碍物"等都属于航空器相撞事故征候。根据ICAO事故/事故征候分类,结合我国防相撞工作实际,可将航空器相撞事故征候分为三种类型,即跑道侵入、空中危险接近和低于安全高度飞行。

(1)跑道侵入

跑道侵入是一种严重影响机场安全,容易导致灾难性相撞和人员伤亡事故的不安全事件类型。由于世界各国空中交通量急剧增加,跑道侵入事故征候和严重事故征候的报告数量明显增加。加拿大运输部的一项研究结果表明:一个机场的交通量增加20%,将使跑道侵入可能性增大140%[11]。跑道侵入已成为在机场发生航空器地面相撞事故的主要征候之一,引起了ICAO和各国航空界的广泛关注。

①ICAO的跑道侵入。ICAO《跑道侵入预防手册》中将跑道侵入定义为:在机场的任何航空器、车辆或人员错误进入指定用于航空器着陆和起飞的地面保护区的情况。ICAO将跑道侵入严重程度划分为A~E 5类。

A类:勉强避免发生相撞的事故征候。

B类:间隔缩小至存在显著的相撞可能,只有在关键时刻采取纠正或避让措施才能避免发生相撞的事故征候。

C类:有充足的时间或距离采取措施避免发生相撞的事故征候。

D类:符合跑道侵入的定义但不会立即产生安全后果的事故征候。例如,航空器、车辆或人员误入指定用于航空器起飞或着陆使用的保护区内。

E类:信息不足无法做出结论,或证据矛盾无法进行评估的情况。

②美国联邦航空局(FAA)的跑道侵入。2003年9月22日,在蒙特利尔召开的第11次航行会议期间,FAA希望同ICAO在降低跑道侵入风险方面达成一致,提交了一份《制定全

球性跑道侵入风险管理资料》。该文件给出了美国正在使用的跑道侵入定义,即"在机场跑道环境内涉及地面航空器、车辆、人员或物体对正在起飞、准备起飞、正在着陆或准备着陆的航空器产生相撞危险或导致丧失所需间隔的所有事件。"早在 2001 年,美国就召集空中交通管制、机场、飞行标准、人的因素以及系统安全等方面专业人员,对 1997—2000 年间美国发生的跑道侵入事故征候进行全面分析,按后果的严重程度,将跑道侵入事故征候分为四类,即 A 类、B 类、C 类、D 类,如图 2-10 所示。

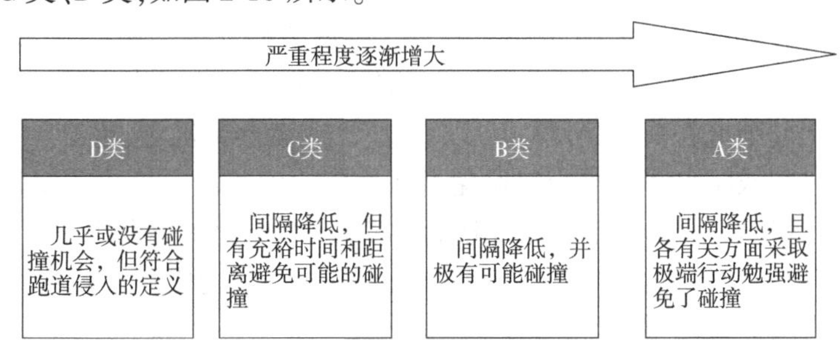

图 2-10　美国按严重程度分类的跑道侵入

美国将跑道侵入事故征候按失误类型分为:运行失误、飞行员偏差、车辆或行人偏差,如图 2-11 所示。按失误分类有助于界定和测算有关跑道侵入的风险。

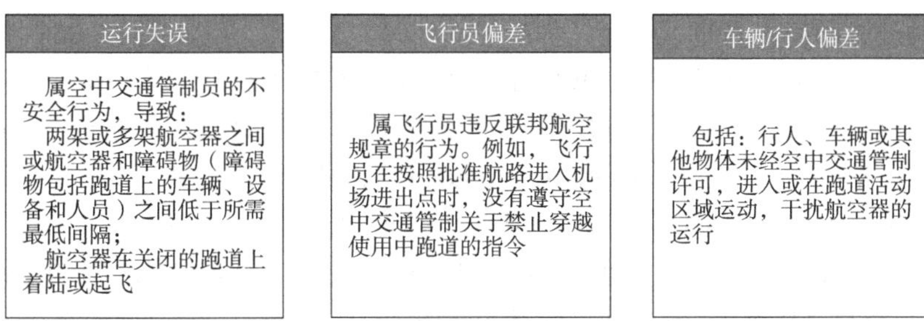

图 2-11　美国按失误类型分类的跑道侵入

③我国的跑道侵入。跑道侵入是一个普遍的问题,每个机场都存在跑道侵入的风险,而且随着交通流量的增长,跑道侵入事件也将不断增加。1982 年,我国曾发生过严重跑道侵入事故征候,一架执行广州—桂林加班任务的飞机在桂林机场着陆过程中,与闯入跑道的水牛相撞,飞机受损,所幸无旅客或飞行员伤亡。根据中国民用航空安全信息网公布的数据,2005 年全年及 2006 年 1—2 月份我国总共发生了 12 起跑道侵入事件,其中严重事故征候 4 起,其他不安全事件 8 起。对这 12 起跑道侵入事件进行分析,发现基本上都是由于车辆或行人差错引起的,其中有 4 起事件发生在军民合用机场,3 起事件是因为动物侵入跑道。由此可见,我国跑道安全形势较为严峻。

我国《民用航空器事故征候》(MH/T 2001—2018)和"民航华东地区机场跑道侵入事件调查处置程序"中都涉及跑道侵入相关内容,并按照事故征候的分类将跑道侵入划分为严重事故征候与一般事故征候。

a. 间隔减小以至于双方必须采取极端措施,勉强避免相撞发生的跑道侵入严重事故征候。一是航空器必须采取极端紧急避让措施或造成与障碍物间隔微小的中断起飞,几乎酿成航空器与障碍物相撞。例如,2008 年 4 月 30 日,一架波音 737 飞机未经塔台许可擅自进入被占用的跑道，与正在起飞滑跑的空客319飞机发生冲突，险些造成两机地面相撞，构成严重飞行事故征候[12]。二是造成航空器与障碍物间隔微小的起飞或着陆。例如，2005年10月18日，由于塔台管制员工作疏忽，在允许机场场务车辆进入西跑道检查后，又指令一架波音777飞机进入该跑道起飞，造成该飞机在跑道上有车辆对头行驶的情况下不正常起飞。车辆驾驶员发现对头方向有飞机起飞后、立即采取了避让措施，车辆与飞机最接近时的距离约为35m。

b. 间隔减少存在相撞的重大隐患的跑道侵入严重事故征候。例如，在关闭或被占用的跑道上起飞或中断起飞，以及在关闭或占用的跑道上着陆或试图着陆。典型情况有：在被关闭或占用的跑道上着陆或在决断高度（高）以下复飞，或者落错机场、跑道。

c. 有充足的时间或距离采取措施以避免潜在相撞的跑道侵入事故征候。一是侵入行为发生时，跑道上的其他航空器未处于起飞滑跑阶段，但需要管制员发出中止起飞、滑行的指令进行避让，或需要航空器机组采取适当的避让措施。二是造成航空器在决断高度以上复飞或中止进近。

d. 未产生其他后果的跑道侵入事件。一是从尚未脱离跑道的航空器或车辆后方通过，未造成其他后果。二是侵入行为发生时跑道上无其他航空器，仅发生车辆、航空器或人员误入指定用于航空器着陆和起飞的地面保护区。

（2）飞行冲突与危险接近

飞行冲突与危险接近都属于飞行事故征候。ICAO《空中规则和空中交通服务》（Doc4444）根据航空器之间有无相撞风险，将航空器在空中的位置关系分为：有相撞风险（Risk of Collision）、安全无保证（Safety Not Assured）、无相撞风险（No Risk of Collision）和危险尚待确定（Risk Not Determined）四个等级。其中的"有相撞危险"概念，类似于我国的"危险接近"；而"安全无保证"概念，类似于我国的"飞行冲突"，即航空器之间的三维间隔同时小于现行的安全间隔标准，但未达到危险接近标准。

根据ICAO基本原则，我国制定和颁布相应的飞行间隔标准，并建立危险接近与飞行冲突事故征候标准及相应的核查机制。我国行业标准《民用航空器事故征候》（MH/T 2001—2018）指出，航空器之间的纵向间隔、横向间隔、垂直间隔同时小于下列距离时为飞行冲突：

①航路（航线）飞行阶段。纵向间隔，顺向飞行距离小于后机速度乘以1min，逆向飞行距离小于两机速度之和乘以1min；横向间隔小于3000m；垂直间隔小于150m。穿越高度层：逆向小于30000m，顺向小于15000m（航路、航线交叉时，两机预计航迹夹角等于或小于90°，按顺向标准；预计航迹夹角大于90°，按逆向标准）。雷达管制条件下不分纵向、横向，两机间隔小于5000m。

②进近飞行阶段（包括雷达管制）。纵向间隔小于3000m；横向间隔小于1000m；垂直间隔小于100m。

③着陆、起飞阶段（包括雷达管制）。纵向间隔小于2000m；横向间隔小于500m；垂直间隔小于100m。

④起落航线飞行阶段（包括雷达管制）。纵向间隔小于1000m；横向间隔小于200m；垂直间隔小于50m。

航空器之间的纵向间隔、横向间隔、垂直间隔同时小于下列距离时为危险接近：

①航路(航线)飞行阶段。纵向间隔小于 3000m;横向间隔小于 3000m;垂直间隔小于 100m。

②进近飞行阶段。纵向间隔小于 2000m;横向间隔小于 1000m;垂直间隔小于 100m。

③着陆、起飞阶段。纵向间隔小于 500m;横向间隔小于 200m;垂直间隔小于 50m。

(3)低于安全高度飞行

安全高度是避免航空器与地面障碍物相撞或防止可控飞行撞地的最低飞行高度。低于安全高度飞行,是航空器在非失控飞行情况下,距山峰、山脉、水域和其他复杂地形的高度低于飞行间隔规定的安全高度的事故征候。我国《民用航空器飞行事故与飞行事故征候标准》中列出了与低于安全高度飞行有关的事故征候类型有:

①几近发生的可控飞行撞地。例如,飞行中,挂碰障碍物;由于低于安全高度,或严重偏离进离场程序轨迹,需采取措施避开地形。

②仪表飞行低于安全高度。

③仪表进近,未看到跑道(跑道标志)或进近灯光,航空器下降到决断高度或最低下降高度以下。

④超低空飞行撞障碍物。

⑤未按高度视察作业区,进行超低空作业飞行。

⑥超低空飞行,航空器从电线下方穿过。

⑦超低空飞行,航空器机轮或任何部位擦地。

⑧直升机航行、飞移、起降过程中,旋翼、尾翼、尾桨打地或打障碍物等。

2.2 防相撞的内涵、安全目标与基本原则

航空器相撞事故虽然具有突然性,但并非无缘无故,毫无征兆,而是有一定的因果关系,是可以预防和化解的。两千多年前,我国伟大的思想家荀子有言:"一曰防,二曰救,三曰戒。先其未然谓之防,发而止之谓之救,行而责之谓之戒。防为上,救次之,戒为下。"荀子古老而朴素的智慧一语道破事故预防的本质,也为揭示防相撞概念的内涵,明确防相撞的安全目标,把握防相撞的工作原则,提供了理念和指导。

2.2.1　防相撞的内涵

关于防相撞概念的内涵,目前国内外理论界给出明确定义的尚不多见。而且在为数不多的表述中,大多是基于航空器相撞的类型和空中交通管制的任务来表述和认识的。主要观点有以下三种:

①《国际民用航空公约》附件 11"空中交通服务"指出,防止相撞就是防止"航空器之间"以及"在机动区内航空器与障碍物之间"相撞。

②《中华人民共和国飞行基本规则》第二十九条指出,飞行管制的基本任务之一是"防止航空器与航空器、航空器与地面障碍物相撞"。

③《中华人民共和国民用航空法》第八十二条指出,提供空中交通管制服务,旨在防止民用航空器同航空器、航空器同障碍物相撞,维持并加速空中交通的有秩序的活动。

上述三种描述,各自从一个侧面反映了防相撞的内容。但是,要全面、准确地认识防相撞概念的内涵,揭示其本质,应当把握以下几点:

①在主体上,防相撞工作的实施者通常包括:航空单位(辖有航空器的个人)及航空管理部门。航空单位,是指拥有航空器并从事航空飞行活动的机关或者单位,包括航空企业、飞行俱乐部、飞行部队、飞行院校等。航空管理部门,是指对从事飞行活动的航空单位具有管理职能的机关或者单位,包括中国民用航空局、国家体育总局等。

②在客体上,防相撞工作的对象涉及所有与空中交通活动有关的资源、设备、部门及其人员,是防相撞工作命令、指示、计划的作用对象。防相撞工作的客体是相对于主体而言的,主体与客体之间相互依存、互为一体。

③在途径上,防相撞工作不仅强调"行而责之"和"发而止之",更加强调"先其未然",即查找隐患,控制风险,寻求以最小的成本最大限度地降低、消除相撞风险,达到预期的安全效果。

④在机制上,防相撞工作是一项系统工程,实行统一领导、按级负责,应做到思想认识上警钟长鸣、制度保证上严密有效、技术支撑上坚强有力、监督检查上严格细致、问题处理上严肃认真。

综合上述考虑,防相撞概念的内涵界定为:防相撞(全称为防止航空器相撞),是指航空单位、航空管理部门及其人员,综合运用技术和管理手段,按照一定的程序、标准和制度,对飞行活动、有关人员、技术设备及其运行环境等进行计划控制、监督管理和运行协调,最大限度地遏制、减少或降低航空器相撞事故发生的防范活动。

关于防相撞的上述理解,从以下方面体现了防相撞的显著特点:

①安全是相对的。绝对的安全是不存在的。防相撞只能是将相撞风险控制在能够接受的安全水平(ALoS)或其下。评价防相撞工作好坏的重要指标是安全目标等级(TLS)。

②防相撞工作是一种更主动、更积极、更前沿的飞行安全管理,需要将预防飞行冲突(危险接近)、跑道侵入和低于安全高度飞行事故征候的"关口"前移至减少或消除飞行差错、不安全事件以及其他影响安全的危险因素。

③防相撞工作既需要不断提高飞行员、管制员及各类保障人员素质,改进完善有关飞行安全的技术设备设施,也需要建立健全法规制度并狠抓落实,从技术、岗位和管理角度综合防范。

④防相撞工作由若干个不可或缺的、紧紧围绕安全目标的要素或子系统构成。通常包括:组织结构、法规标准、资源配置、信息管理、教育培训、科技支撑和安全文化等。它们之间相互依存、相互作用,形成具有特定管理功能和安全目标的有机整体。

2.2.2 防相撞的安全目标

防相撞的安全目标,是指一个国家或地区在对本国或本地区航空器相撞风险及间隔标准做了大量的研究分析后,确立的能够接受的最大相撞风险值。通常用安全目标等级(TLS)来衡量,并用安全状态来描述。

安全目标等级是衡量空中交通运行安全的重要指标,通常用每飞行小时发生航空器事故的次数来表征,即次事故/飞行小时。它最早出现于 1977 年出版的《空中交通系统中的相撞风险》中。该专著由英国克兰菲尔德大学 Brooker 和 Ingham 撰写,他们认为安全目标等级是用于描述航空安全或风险水平的一个量化概念,是空中交通管理系统或子系统所需要达到的可接受的安全水平(ALoS)。ICAO《安全管理手册》指出:“尽管消除事故(严重事故征候)是人们渴望的,但百分之百的安全率是达不到的。即使尽最大的努力来避免,还是难免发生失效和差错。没有任何人类活动或人造系统能保证绝对的安全,即无风险。”既然风险总是有的,那就要看风险的大小。过大的风险人们不能接受,这种情况必然是不安全的;另一方面人们又必须接受一些相对小的风险,否则什么事也干不了。鉴于此,ICAO《安全管理手册》将风险分为三大类:一是不可接受的高风险;二是可接受的低风险;三是介于以上两类之间的风险。用风险容忍度(TOR)三角形进行形象的描述,如图 2-12 所示(图中,用三角形的宽度来表示风险程度)。

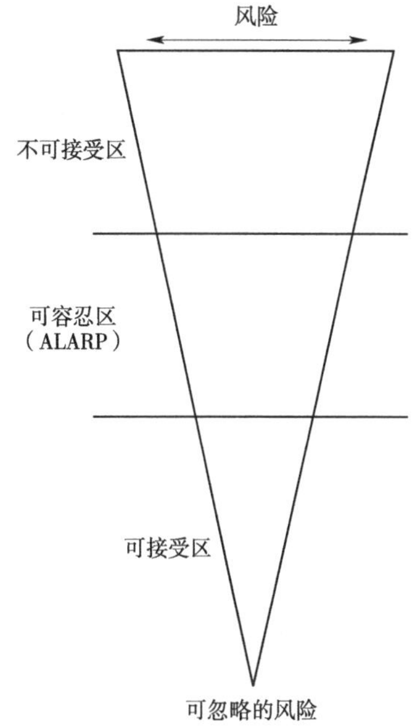

图 2-12　风险容忍度(TOR)三角形

众所周知,航空是安全敏感行业,要求安全水平越高越好。然而过高的安全要求,有的在技术上达不到,有的代价太高经济上不可行。航空业必须在可接受与不可接受风险之间做出抉择,采取航空业公认的原则,即“在实际可行的条件下,尽量达到高的安全水平。”[13] 这里的“实际可行”意味着技术上可行,经济上能承受,发展上有利。早在 1977 年,Brooker 和 Ingham 通过相撞风险模型确立的安全目标等级为 6.5×10^{-8}次事故/飞行小时,其中侧向失去间隔所导致的相撞风险所要达到的安全目标等级为 2×10^{-8} 次事故/飞行小时[14]。1995 年,ICAO 间隔总概念审查专家组(RGCSP)通过建立数学模型及运用对比分析方法,研究确定了 2010 年航空总的安全目标等级为 1×10^{-7}次事故/飞行小时,空中相撞安全目标等级为 1.5×10^{-8}次事故/飞行小时,并提出各面(纵向、侧向和垂直)造成的空中相撞致命事故的安全目标等级为 5×10^{-9} 次事故/飞行小时。该安全目标等级已写入新版 ICAO 附件 11:“如果认为‘每飞行小时的致命事故’是适当的衡量标准,那么,在确定将于 2000 年以后执行的未来空中交通服务航路系统的接受度时,应采用每面每飞行小时 5×10^{-9}次致命性事故的安全目标水平。”后来,ICAO 又将 1×10^{-8}次事故/飞行小时作为 2020 年安全目标等级的基准。

除此之外,欧洲联合航空局(JAA)、英国民航局(CAA)和我国也开展了安全目标等级研究。JAA 通过对 20 世纪 60 年代世界范围内的严重飞行事故综合分析,将安全目标等级确定为 1×10^{-6}次事故/飞行小时,并将其写入 JAR25.1309 号文件,作为欧洲各国航空器设计和鉴定的标准之一。2000 年,英国 CAA 使用 1990—1999 年期间世界航空器事故摘录数据库,预测 2020 年的航空安全目标等级为 7.4×10^{-8}次事故/飞行小时。我国专家学者根据国内 50 多年的事故数据,运用趋势外推法拟合确定我国 2010 年和 2020 年的空中相撞安全目标等级分别为 0.62×10^{-8}次事故/飞行小时和 0.23×10^{-8}次事故/飞行小时[15]。研究结果表明,运用国内数据所确定的安全目标等级与 ICAO 规定非常接近,说明我国民航安全状况已经达到了ICAO规定的安全范围,因而直接运用ICAO规定的 1.5×10^{-8} 次事故/飞行小时进行飞行间隔评估是合理的[16]。

从上述分析可见,TLS概念的引入既为各国根据具体国情设定可接受的安全水平提供量化依据,又为世界各国衡量本国空中交通运行安全,尤其是防相撞工作是否达到目标,提供了一个重要指标。然而,安全目标等级的计算和推导是以事故率(Accident Rate)为基础的,存在两个明显的局限性:一方面由于航空事故很少,如果要论证某个国家或地区航空安全状态是否满足ICAO现行规定的 1×10^{-7} 次事故/飞行小时的安全目标等级,就需要多年的时间搜集大量的事故数据才能获得可信的结论;另一方面,事故率不是描述防相撞工作好坏的理想指标。这是因为事故是"事后"的状态,不能全面、深入、准确地反映航空活动的安全要求。实际上,系统里总是存在潜在的风险,这些风险有可能由潜在状态转化为现实状态,直接威胁航空活动安全,甚至引发飞行事故。正如ICAO《安全管理手册》指出的那样:"安全是一种状态,即通过持续的危险识别和风险管理过程,将人员伤害或财产损失的风险降至并保持在可接受的水平或其下。""没有事故也许会掩饰系统中的许多'具备事故发生条件'的不安全状况。当将事故率应用于个别机场或飞行情报区时,把它作为安全指标的用处甚至更小。"

安全是由风险界定的,风险包括两个方面:一是要考虑危险发生的可能性;二是要考虑风险后果的严重性。ICAO《安全管理手册》运用"1:600"航空法则描述了致命事故、严重事故、事故、事故征候之间符合1:10:30:600的比例关系,并强调指出:"事故征候率是描述空中交通服务安全绩效的更有用的指标,如报告的危险接近、技术原因引起的失去间隔、TCAS告警信息等。"为此,要准确地描述防相撞的安全目标,所建立的一套完整的指标体系应包括:航空器相撞事故与危险接近、跑道侵入、低于安全高度飞行的事故征候以及飞行冲突、飞行差错、不安全事件、一般差错及其以下更小的不安全事件等。同时,还应包括那些影响航空器相撞的危险因素,如不安全的监督、组织的缺陷、资源管理问题、规章手册不完善、人员素质低下、教育培训不足、安全投入不到位、安全文化缺失等。这种基于安全状态的指标体系,既包括了航空器相撞事故及危险接近、跑道侵入、低于安全高度飞行的事故征候等结果层面的指标,还包括了组织机构、规章标准、培训教育、安全投入、安全文化等管理因素。通过这样一整套指标体系,可判断目前的防相撞工作状态是否"安全"。

例如,某一地区多年来,航空器相撞事故与危险接近、跑道侵入、低于安全高度飞行的事故征候很少或几乎没有,但飞行冲突(一般事故征候)、飞行差错、空管不安全事件和影响安全的危险因素却很多。如果根据安全目标等级对其防相撞工作进行评价,这应该算是安全的;但是,这种状态下飞行冲突、飞行差错、空管不安全事件和影响安全的危险因素很多。根据"海恩法则",事故的发生是量的积累的结果,当底层不安全事件和危险因素的量积累到一定程度时,必然导致顶层事故的发生。因此,判断防相撞工作是否达到所需的安全目标有两个标准:一是某一地区在一定时期内空中相撞的安全目标等级是否达到要求;二是航空器相撞事故与危险接近、跑道侵入、低于安全高度飞行的事故征候以及飞行冲突、飞行差错、空管不安全事件和影响安全的危险因素是否符合一定的比例,是否超出规定。

2.2.3 防相撞的基本原则

"安全第一,预防为主,综合治理",是我们党和国家的安全生产方针,对做好防相撞工作同样具有普遍的指导意义。组织实施防相撞工作，必须实行统一领导、按级负责，坚持贯彻“安全第一，预防为主，齐抓共管，整体防范”的基本原则。

①安全第一。就是在防相撞工作中，要始终把安全放在首要的位置。这一原则彰显着国际民航组织（ICAO）的目标和宗旨，正如 ICAO《安全管理手册》指出的那样：“安全始终处于所有航空活动中压倒一切的地位。”近年来，我国航空安全总体上趋于稳定，但日益增长的空域用户需求与空域资源有限性之间的矛盾越来越突出，少数航空运行单位安全意识不强，责任不落实，基础性投入不足，安全监察体系不够完善，军民航飞行矛盾十分突出，防相撞工作形势仍然严峻。军民航防相撞有关部门必须时刻保持清醒的头脑，努力将“安全第一”原则落到实处，并物化为可操作的长效机制和“容错”手段。把主要精力应放在防相撞工作的综合监管上来，放在监察执法上来，放在防相撞法规宣传教育上来，放在防相撞工作制度落实与考核上来。

②预防为主。就是在防相撞工作中，要尊重科学，探索规律，采取有效的“事前”控制措施，做到防患于未然，将事故消灭在萌芽状态。空中交通活动处于高空、高速的环境之中，具有高度的风险性，保证飞行安全是航空界的永恒主题。长期以来，人们为飞行安全投入了大量的人力、财力和物力，使飞行安全的可靠性大为提高。然而，飞行事故尤其是航空器相撞事故的发生，原因往往是多方面的、连锁的，是由一系列不安全事件组成的事故链造成的，而大多数不安全事件不仅与人有关，而且与制度、政策等有关，因而要从系统的、全面的观点出发来进行安全管理。如果从事故出发，安全管理可以简单分为两类，即“事前”安全管理和“事后”安全管理。“事前”安全管理就是进行系统安全分析与评估，通过评估全面了解系统的薄弱环节及其危害程度，从而有针对性地采取措施改进安全状态。基于此，世界民航界近年来纷纷开展了安全评估活动，并建立了一整套比较完善的安全评估方法和程序。防相撞工作亦如此。军民航防相撞工作有关部门必须保持高度警惕，从薄弱环节抓起，从风险点抓起，逐步建立和完善防相撞安全预警和评估机制，采取前瞻式管理，从技术层面想办法找措施，完善运行机制，减少和遏制防相撞工作中存在的显性和隐性问题，努力阻隔航空器相撞“事故链”的连接。

③齐抓共管。就是在防相撞工作中，各部门、各单位要共同参与，明确职责，同步预防。事故源于隐患和“错、忘、漏”。防范事故的有效办法，就是要主动排查、齐抓共管各类隐患和“错、忘、漏”，把工作做在事故发生之前，把事故消灭在萌芽状态。防相撞工作是一项群体工程，既涉及航空单位及航空管理、运行监察、飞行保障等部门，又涉及飞行员、指挥员、管制员及其他保障人员。这种群众性很强的工作，只靠少数人是不行的，必须动员各方面力量，共同参与，群策群力，群管群防。尤其是各岗位人员，是防相撞安全关口的“前沿阵地”，虽有分工不同，扮演角色不同，也有重要与次要之分，但却是一个有机整体，相互作用，相互依存，共守安全防范的“关口”。因此，防相撞工作需要切实走群众路线，培养岗位意识，自觉地将个人与防相撞工作的大系统联系在一起，把制度的规范和约束作用逐步变为广大岗位人员的自觉行为，使防相撞工作从“要我安全”向“我要安全”飞跃。

④整体防范。就是在防相撞工作中，从系统全局出发，综合考虑岗位、技术设备和管理各个环节，突出防相撞工作的组织管理、法规标准、资源配置、安全信息、安全培训和安全文化等构成要素的结构性互补匹配和效能性协调耦合，形成全方位、多层面的安全屏障。防相

撞工作是一项系统工程，一方面需要航空单位、空中交通管制部门以及机场、飞行管理、飞行保障等部门之间相互协作，群策群力，形成合力；另一方面也需要飞行员、管制员、安全监察员及其他保障人员相互提醒，人人关注，协作把关。

防相撞工作的“安全第一，预防为主，齐抓共管，整体防范”四个原则，是相辅相成、辩证统一的整体，具有内在的严密的逻辑关系。其中，安全第一是统领，预防为主是手段，齐抓共管是途径，整体防范是方法。安全第一是预防为主、齐抓共管、整体防范的灵魂，没有安全第一的思想，预防为主就失去了思想支撑，齐抓共管就失去了方向，整体防范就失去了整治依据。预防为主是实现安全第一的根本手段。只有把安全的重点放在建立防相撞工作制度与机制上，超前采取措施，才能有效防止或减少相撞事故。只有采取齐抓共管、整体防范，才能实现“人—机—环境”各因素的统一，真正把安全第一、预防为主落到实处。

2.3 防相撞工作职责

防相撞工作是一项涉及国家重大安全的战略性问题。防相撞各主要部门需要精心组织、周密协调、履行职责；各类人员需要各司其职、信守责任、并肩合作。

2.3.1 主要部门防相撞工作职责

防相撞工作主要涉及空中交通管制（含飞行管制、飞行指挥，下同）、通信导航监视、气象、机场、安全监察等专业部门或单位。尽管这些部门或单位具体职责不同，但各自的运行与管理活动都是围绕“安全第一”原则而展开的。

①空中交通管制单位：是本级防相撞工作的职能部门，承办上级部门交办的防相撞工作事宜，负责制订防相撞工作规章制度、标准；分析防相撞安全形势，研究飞行活动规律，制订防相撞计划和措施；密切与相关部门就防相撞工作进行协同；组织防相撞法规学习，开展防相撞教育和考核；组织对飞行冲突和危险接近等问题的核查，提出处理意见、建议；总结防相撞工作经验，提出防相撞工作奖惩的建议；全面掌握飞行情况，实时监控飞行活动，利用管制自动化系统“飞行冲突”和“最低安全高度”告警功能，及时发现和调配飞行冲突；重点掌握专机、重要任务、重大活动的飞行动态；飞行中需要临时改变航行诸元时，及时通报情况，协调解决军、民航飞行矛盾；组织实施有关飞行管制指挥交接；处置或协助处理空中特殊情况。

②通信导航监视部门：负责组织实施飞行的通信、导航、雷达系统保障，确保设施设备工作良好；建立有效的有线通信、雷达数据传输、无线电地空通信和卫星通信网；及时准确地向飞行员和有关部门提供飞行所需的通信导航资料；准确、连续地测定和通报空中飞机的位置和高度；严密监察飞机是否按预定航线（空域）和高度飞行，及时发现和向飞机通报偏离航线、超出空域的情况；定期检查陆空通信、导航设备、地面监视设备状况，及时排除设备故障，并定期演练陆空通信、无线电导航、雷达监视失效等应急预案，确保失效后航空器安全、有序飞行。

③气象部门：应不间断地观测天气情况，分析研究各种气象资料；加强气象探测和天气会商，提高对复杂天气的趋势预测预报能力；根据飞行任务和飞行计划及时提供在预计飞行

时间内飞行区域或航线、起降机场、备降机场的天气预报；对可能妨碍飞行及威胁飞行安全的天气情况详加分析，提出改变航线或转场降落等建议；预计或发现将有威胁飞行安全或影响机场上飞机和地面设施安全的危险天气时，发出危险天气通报或警报，提出安全措施方面的建议。

④机场（场站）部门：应明确本机场防相撞工作的目标；加强与空中交通管制单位、航空公司（飞行部队）协调，严格机场运行管理规定，明确机场活动区车辆地面运行的程序与应急措施；加强航空器、车辆的运行管理，严格控制人员、动物等进入滑行道和跑道；实施机场安全信息管理、风险管理、不安全事件调查、应急响应、机场安全监督与审核等。

⑤安全监察部门：负责协助进行防相撞安全教育和检查考核；参与飞行冲突和危险接近等问题的核查；依法对各部门防相撞工作措施落实情况进行监督检查，搞好分类指导和重点监管；对严重违反安全法规标准存在重大安全隐患、防相撞措施不落实的单位，要限制其运行并依法进行行政处罚；对情节特别严重的单位，致使发生航空器相撞事故、造成严重后果的，要按照国家和军队有关法律规定移交上级部门追究其责任。

2.3.2 各类人员防相撞工作职责

防相撞工作主要涉及飞行员（含飞行学员，下同）、空中交通管制员（含飞行指挥员、飞行管制员、领航员等，下同）、航空监察员及其他保障人员。他们是防相撞工作最活跃、最具能动性的力量。

①飞行员：直接操纵航空器或监控航空器运行，是防相撞工作的主体。其职责主要包括：严格执行航空器地面运行工作程序，按照指定的滑行路线和规定的滑行速度驾驶航空器，滑行中遇有不正常或不确定情况时必须主动向管制员询问和报告；严格按照批准的计划飞行，保持规定的航行诸元和航路、航线、空域位置，按照规定的内容和时间及时报告空中飞行情况；及时掌握空中飞行活动情况，加强空中观察，发现可能与其他航空器发生冲突时，主动避让并及时报告；飞行中遇有特殊情况需要改变航行诸元时，及时请示空中交通管制员或飞行指挥员同意。如果来不及请示，可以进行正确处置、及时报告，并对其后果负责。

②空中交通管制员：担负着对航空器飞行活动的组织指挥。其职责主要包括：承办飞行计划的申请，查找飞行矛盾，提出预先调配方案，并将飞行预报和上级调配指示通报有关部门；根据批复的飞行计划和友邻机场以及进离场和飞越航空器的飞行情况，向飞行员下达指示，明确防相撞注意事项；准确发布航空器地面推出或开车和滑行指令，监控机场活动区航空器活动情况；合理安排各批次飞行之间的间隔，按照飞行调配原则和调配方案进行指挥调配；按照批准的飞行计划和调配方案组织飞行，及时、准确、不间断地掌握相关飞行动态；掌握本地区飞行动态，监督各种飞行按照批准的计划和调配方案实施，维护飞行秩序，及时发现和制止违规飞行；适时做好各部门间的指挥交接，及时向飞行员通报飞行矛盾，并指挥避让；协助飞行员正确处置空中特殊情况。

③航空监察员：在防相撞工作中，做到有法必依、执法必严、违法必究。其职责主要包括：对受监察单位和个人贯彻执行法律法规、规章和规范性文件的情况进行检查监督；参与航空器相撞事故、事故征候与严重事故征候的现场调查；对违法行为、不安全事件进行检查处理，并办理行政处罚事项；巡视、检查现场；制止违法行为；向所属机关提出行政处罚建议

或者依法作出当场处罚决定;承办规定的或者上级交办的其他工作。

④通信人员、气象人员等:在防相撞工作中担负着不可或缺的职责。通信人员主要是督促检查有关人员按时做好通信、导航保障的准备工作;掌握通信、导航和雷达信息显示设备运行情况,发现故障及时组织排除,或者采取其他有效措施,保证指挥通信畅通;掌握通信、导航资料的更换使用。气象人员主要是掌握天气实况,收集研究有关飞行区域、航路航线、起降机场、备降机场等有关气象资料,监视危险天气并及时发布危险天气警报。

本章参考文献

[1] 国际民用航空组织. 国际民用航空公约附件13:航空器事故和事故征候调查[S/OL]. [2020-08-01]. https://elibrary.icao.int/reader/229737/&returnUrl%3DaHR0cHM6Ly9lbGlicmFyeS5pY2FvLmludC9leHBsb3Jl021haW5TZWFyY2g9MS9wcm9kdWN0LWRldGFpbHMvMjI5NzM3? productType = ebook.

[2] 班永宽. 航空事故与人为因素[M]. 北京:中国民航出版社,2002.

[3] Australian Transport Safty Bureau. Limitations of the see-and-avoid principle[R]. Sydney: Australian Transport Safty Bureau,2004.

[4] 刘清贵. 机长视野——飞行安全的理论与实践. 北京:中国民航出版社,2005.

[5] 郭为民. 空中相撞的视觉、心理因素分析及防撞原则[J]. 国际航空,1995,3:27.

[6] Bureau of Air Safety Investigations. Limitations of the see-and-avoid principle[R]. [S. l.]: Bureau of Air Safety Investigations,1991.

[7] 杨春生,孟昭蓉. 危险的11分钟[M]. 北京:中国民航出版社,2000.

[8] 陆惠良. 军事飞行事故研究[M]. 北京:国防工业出版社,2003.

[9] 达里尔 R 史密斯. 可控飞行撞地[M]. 王亮,译. 北京:中国民航出版社,2003.

[10] Commercial Aviation Safety Team,ICAO. Aviation Occurrence Categories Definitions and Usage Notes[S]. [S. l. :s. n.],2004.

[11] Transpoa Canada. National Civil Aviation Safety Committee,sub-committee on runway incursions final report [R/OL]. [2020-08-01]. https://publications.gc.ca/site/eng/107013/publication.html.

[12] 民航局空中交通管理局. 2008民航空中交通事件报告[R]. 北京:民航局空中交通管理局,2009.

[13] 刘汉辉. 民用航空安全之道[M]. 北京:中国民航出版社,2008.

[14] BROOKER P,INGHAM T. Target levels of safety for controlled airspace[R]. London: Civil Aviation Authority,1977.

[15] 李冬宾,徐肖豪,李雄. 空中相撞的安全目标等级研究[J]. 人类工效学,2008,14(2):41-44.

[16] 张兆宁. 飞行间隔安全评估引论[M]. 北京:科学出版社,2009.

第3章

航空器相撞过程分析

当把航空器相撞看作一种现象时，对其产生、发展及变化的轨迹进行研究，就是航空器相撞的一般过程分析。事实上，任何事故的发生都有其可遵循的特定轨迹，对于航空器相撞尤其是空中相撞事故的一般过程描述是防相撞工作方法、措施和制度得以确立并有效运行的理论基础。

3.1 空中交通系统及相关要素

空中交通系统是以物质为基础、以人为中心,由人操控航空器在特定的时空环境中完成预期飞行任务的一种典型的人造系统或人为设计系统。其主要由航空器、机组资源、空中交通管理和机场等要素构成,如图 3-1 所示。

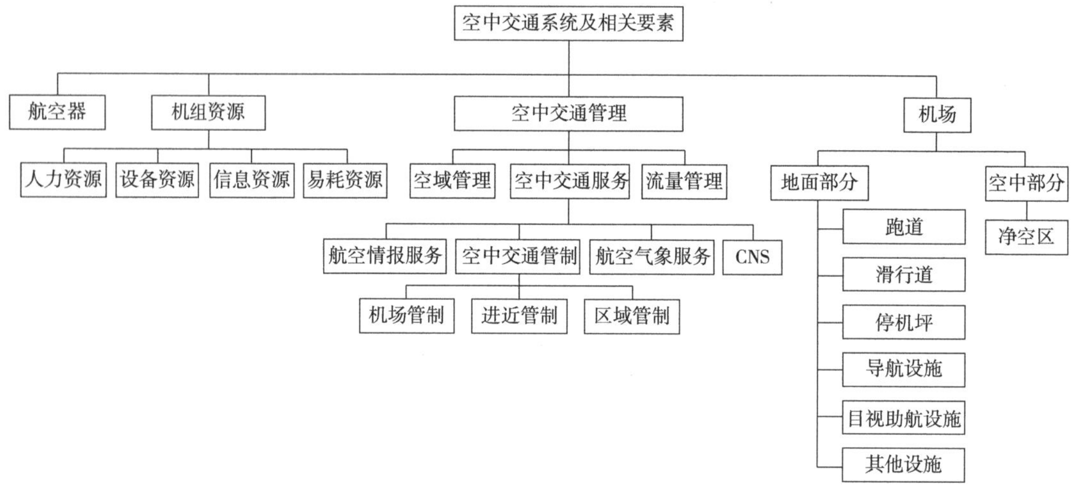

图 3-1　空中交通系统及相关要素

3.1.1　航空器

航空器按其产生升力原理不同分为轻于空气的航空器和重于空气的航空器两种。重于空气的航空器又分为固定翼航空器(如飞机和滑翔机)、旋翼航空器(如直升机)等类型。固定翼航空器的主要组成部分有机体、动力装置、飞行控制系统、机载设备和其他系统等。

航空器有民用航空器和国家航空器之分。民用航空器的飞行特点是直线飞行多、机动包线范围小,通常不允许任意做机动飞行,主要强调安全、快速、经济及舒适。相反,用于军事行动的航空器对机动能力要求高,对飞行速度、升限、航程、续航时间、作战半径及武器装载能力等方面与民用航空器要求不同。

3.1.2　机组资源

机组资源最早称作驾驶舱资源,指的是在飞行过程中可以利用的人、信息、设备以及一些容易消耗的资源。既包括驾驶舱内资源,也包括驾驶舱外与机组建立联系的地面资源。概括起来,机组资源由人力资源、设备资源、信息资源、易耗资源等构成。

①人力资源:主体是机组人员。民用飞机由多人驾驶,在驾驶舱内操控飞机的人员称飞行员,包括机长(正驾驶)、副驾驶、领航员、报务员、机务工程师。

②设备资源:主要有机械、电气、电子三种类型。这些传感器、仪器仪表、导航、通信、控制、告警设备等是现代航空器必不可少的重要组成部分,是飞行员获取飞行、导航、控制信息,支持航空器安全飞行和引导的关键系统。

③信息资源:分为硬件信息资源和软件信息资源。硬件信息资源包括:飞行手册、检查单、飞机手册、性能手册、飞行员操作手册、民用航空条例、航图、机场细则以及公司营运手册等。所有这些资料都应随机携带,以便于机组在必要时查找。软件信息资源包括:气象简述、飞行计划、航行通告(NOTAMS)、载运单以及质量和平衡计算数据等。它们是航行准备不可缺少的信息资源。

④易耗资源:主要包括燃油、人的精力和时间等。在每一次飞行中,这些资源非常昂贵,因而所配给的数量是相当有限的。航空油料是给飞行活动提供动力的易消耗品,是有形资源,而人的精力和时间是一种无形资源。当飞行员的精力耗竭时,疲劳就会到来,警惕度和处境意识也就会变差。同飞行员的精力一样,时间也是一种资源,常见于离场、进近时间、等待、机场开放时间以及其他一些时间限制因素。离场延误、等待以及改飞备降机场不仅涉及燃油问题,同时也增加了飞行时间,易引起机组的疲劳。可见,对飞行易耗资源进行恰当地管理和整合是每一位飞行员应该形成和不断加以磨炼的技能。

3.1.3 空中交通管理

空中交通管理(ATM),指负责空中交通服务以及民用航空通信、导航、监视、航空气象和航空情报规划、建设、运行和技术保障的活动。目的是保证空中交通安全,提高经济效益,保障空中交通高效畅通。ICAO将空中交通管理分为空中职能和地面职能。空中职能包括通信导航监视(CNS)、空中交通告警与防撞系统和近地告警系统。地面职能包括空域管理(ASM)、空中交通流量管理(ATFM)和空中交通服务(ATS),如图3-2所示。

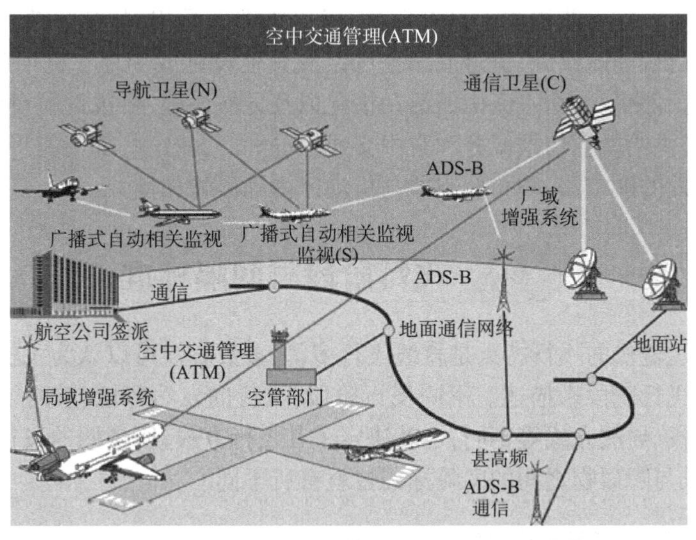

图3-2 现代空中交通管理

空中交通服务由四部分组成:空中交通管制服务、飞行情报服务、告警服务和空中交通咨询服务。空中交通管制的主要目的是防止航空器之间、航空器与障碍物之间相撞,使空中交通活动保持有序和高效运行。空中交通管制包括:机场管制、进近管制和区域管制,如图3-3所示。其中,机场管制由机场塔台提供,主要管理飞机在机场上空和地面的活动。进近管制是对起飞和着陆的航空器所提供的控制,主要负责一个或数个机场的航空器进场和离场及其空域范围内其他飞行的空中交通服务。区域管制负责向本管制区内受管制的航空器提供空中交通服务,负责管制并向有关单位通报飞行申请和动态。

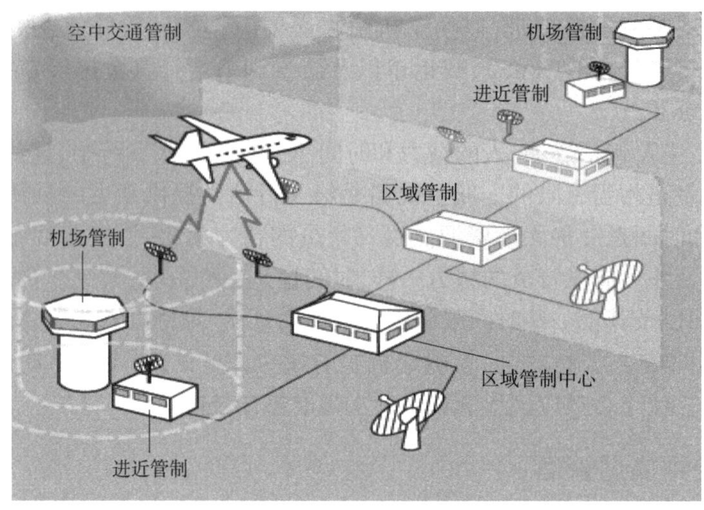

图 3-3　空中交通管制

3.1.4　机场

机场,指全部或部分供航空器进场、离场和场面活动使用的陆上或水上的一个划定区域(包括所有建筑物、设施和设备)[1]。机场按用途可分为军用机场、民用机场和军民合用机场。军用与民用机场在功能构成上虽有差异,但主要部分是相同的,包括:跑道、滑行道、停机坪、导航设施、目视助航设施、进近或净空区以及其他设施或场地。机场(场站)部门应加强对跑道、滑行道、停机坪、净空区内的活动情况以及导航设施、目视助航设施的运行现状连续监测,并及时提供给航空情报服务和空中交通服务部门,使这些部门能将必要的资料信息提供给到达或出发的航空器,防止航空器与机动区内障碍物相撞。

3.2　飞行阶段与间隔标准

航空器尤其运输机的飞行特点是直线飞行多,大多数时候可以认为飞机在做直线运动,其飞行状态可用飞行阶段来描述。不同飞行阶段,飞行的自然环境、航路结构、飞行过程中所使用的导航设备、导航方式等不同,也就决定了其飞行方式、所依照的飞行规则,以及飞机与飞机之间、飞机与障碍物之间的间隔标准也就有所不同。

3.2.1　飞机在不同阶段的飞行状态

从完成一次运输飞行任务角度来讲,一架飞机的飞行状态可以分为:起飞、离场、巡航、进场与着陆五个阶段。相应地,这五个飞行阶段可粗略地划归为三个不同的飞行管制区,即塔台管制区、进近管制区和区域管制区。为了保证飞机在不同飞行阶段有一个不可侵犯的安全间隔,飞行员和管制员必须根据各个阶段的飞行特点及飞机所处的管制区域,有所侧重地考虑安全间隔。通常,起飞与着陆阶段归塔台管制员指挥,其安全间隔控制可采取地面控制及塔台控制；离场与进场阶段归进近管制员指挥，其安全间隔控制可采取离场或进场控制；巡航阶段归区域管制员指挥，其安全间隔控制可采取航路控制。各飞行阶段的安全间隔控制如图 3-4 所示。

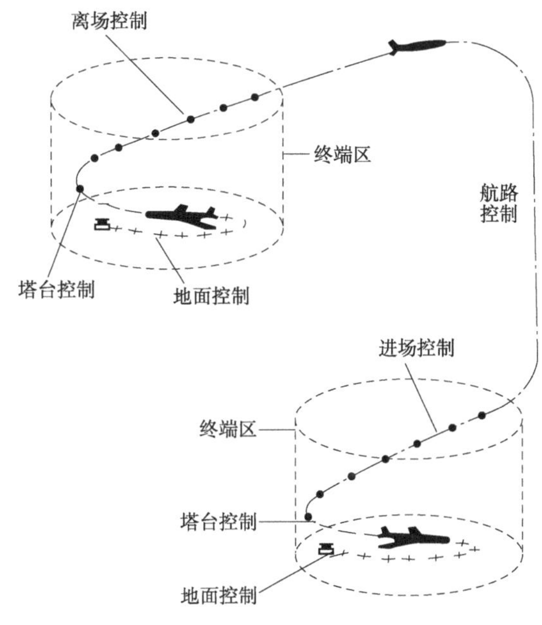

图 3-4　飞行阶段与安全间隔控制示意图

1. 起飞与着陆

起飞与着陆是飞行中最关键的阶段。起飞或着陆时，飞机处于增、减速运动过程，状态变化大，操纵动作复杂，准确性要求高，可供纠正错误和处置特殊情况的时间短。该飞行阶段既涉及地面滑行期间飞机与障碍物之间的安全间隔控制，又涉及起飞期间飞机与飞机之间、飞机与地面障碍物之间的安全间隔控制。起飞与着陆均属塔台管制员指挥。在塔台管制区内，飞机的飞行状态主要包括：滑行、滑跑、起飞飞行和着陆飞行。

在滑行过程中，飞机的安全间隔需要地面控制，由飞行员、管制员和机场当局共同实施。飞行员开车滑行必须得到管制员许可，按照指定的路线滑行，控制滑行速度并实施避让。

在滑跑过程中，管制员和飞行员要考虑的管制间隔是尾流间隔。即考虑前一架飞机所产生的尾流对后一架飞机的影响，以及影响的程度。

起飞飞行包括从滑跑至飞机飞到离跑道 35ft 高(10.7m)，达到起飞安全速度的航迹段，以及到离跑道 1500ft(450m)高或完成从起飞到航路构形的转变，并达到规定的速度和爬升梯度的点。当飞机在上升和移交时，管制员和飞行员则主要考虑机场周围的障碍物对飞机飞行活动的影响，以及在相同空域中飞行的其他飞机对该机飞行活动的影响。着陆飞行的安全间隔控制与起飞飞行情况基本一样，这里不再赘述。

2. 离场与进场

当飞机与塔台管制员结束联络飞离机场，经过爬升至航线飞行属于离场飞行阶段；当飞机与塔台管制沟通联络飞入机场后，便进入进场飞行阶段。离场与进场飞行最显著的特点是飞机的高度变化大，且交通繁忙易出现拥挤，安全间隔控制压力大，对导航服务要求高，尤其在地形复杂的机场，除了防止不同飞机之间的飞行冲突外，还需重点防止上升或下降过程中飞机与地面障碍物相撞。

离场与进场均属进近管制员指挥。进近管制，主要是对处于塔台范围和区域管制范围之间的进场或离场飞机实施管制。进近管制区范围有时较大，可达180km以上，可以包括多个机场。

对于进场飞行阶段而言，由于受气象条件、航空器性能、管制员工作能力、管制设施及到达机场接受能力等因素限制，需要管制员根据进近不同阶段特点，以及避让和调配原则，调配飞行间隔。有时，由于受机场周围障碍物和流量管理影响，为了避免两架以上的飞机同时到达同一定位点而发生飞行冲突或危险接近，通常按照相应规定标准，采取设置等待空域、调整飞机的速度和下降方式等管理手段，实施流量控制，并安排飞机进场顺序，如图3-5所示。

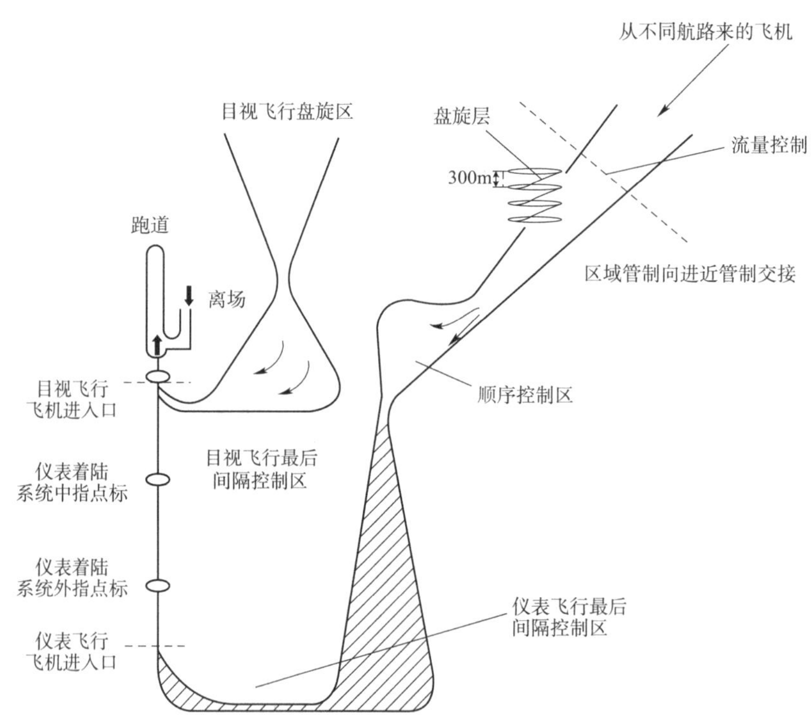

图3-5　终端区间隔控制几何形状

3. 巡航

巡航阶段是指从离场飞行的最后爬升点到进场飞行的最初下降点之间飞机所处的飞行状态。该阶段飞机处于最佳飞行高度和最经济的速度，如果没有太大的天气变化，飞机的飞行状态基本保持水平匀速飞行。巡航阶段属区域管制员指挥。其主要任务是跟踪监视飞机，预测飞行冲突，并提供可选择的多种调配方案，使航路上的飞机之间保持安全间隔，防止飞机空中相撞。

然而，在巡航阶段，尤其在山区或跨洋期间飞行，由于可供选择的备用机场有限，飞行员需要监控飞机飞行路径、系统运行状态和机舱温度变化，需要做好空中特情应急准备；另一方面，由于航路飞行区域广，天气变化大，可能出现或预期出现影响飞行安全的危险天气，飞行员常常需要绕飞、改变预飞航线或改变飞行高度，极有可能造成与其他航线或高度层上的飞机的飞行冲突甚至危险接近。此外，巡航飞行通常时间较长、范围广、指挥交接次数多，飞机加入或脱离航线较频繁，尤其是军事飞行的特殊性使得与民用飞行相互影响大，形成的飞行冲突多，指挥协调复杂。鉴于此，管制员在巡航阶段的安全间隔控制过程中，需要利用飞行计划、位置报告点和雷达准确掌握航线飞行动态，及时发现飞行冲突，实施水平或垂直间隔调配。

3.2.2　安全间隔

间隔，是一种基于时间或空间的距离。为了保证航空器从起飞机场到目的地机场整个航线上的飞行安全，空中交通系统制定了一套用于控制航空器与航空器、航空器与地面障碍物之间安全间隔的规定，即飞行间隔标准。飞行间隔随着航空器所处的飞行阶段、空域类型、导航设备及空中交通管制设备的不同而有所不同。通常包括垂直间隔和水平间隔，还可包括安全高度、滑行安全间距和尾流间隔等。

1. 垂直间隔

垂直间隔是指航空器之间、航空器与地面障碍物之间保持的高度差，如图 3-6 中所示的 *A*⟷*B* 或 *C*⟷*D*。垂直间隔通常被认为是最有效、最安全的一种安全间隔，在程序管制和雷达管制中均被广泛采用。

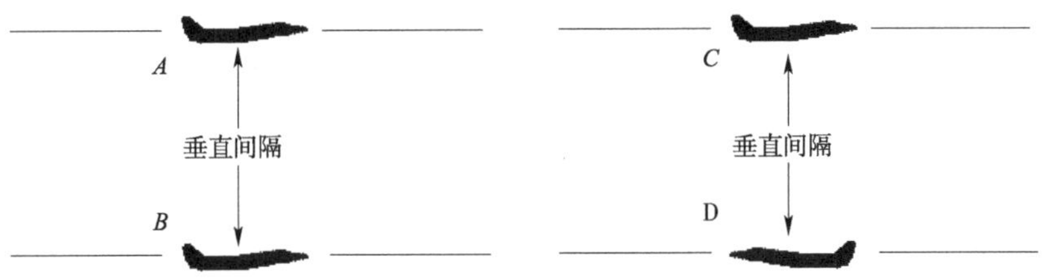

图 3-6　垂直间隔

飞行中的航空器，按指定的飞行高度飞行，保证相互间的安全垂直间隔。ICAO 规定，在一般空域中，飞行高度层 29000ft 以下垂直间隔规定为 1000ft（300m），在飞行高度层 29000ft 以上垂直间隔规定为 2000ft（600m）的垂直间隔。在指定空域内，按地区航行协议，飞行高度层 41000ft 以下或规定条件下所要求使用的高度层以下垂直间隔规定为 1000ft（300m），在 41000ft 以上则垂直间隔规定为 2000ft（600m）。在国家空管委（现中央空管委）领导下，我国经过三次高度层改革，目前 8900 ~ 12500m 实行 300m 的垂直间隔，12500m 以上实行 600m 的垂直间隔，与国际完全接轨。同时，我国成为国际上第一个实施米制缩小飞行高度层垂直间隔标准的国家。2008 年，ICAO 通过了我国提交的关于将中国米制缩小飞行高度层垂直间隔标准正式纳入《国际民用航空公约》附件 2 的提案。

2. 水平间隔

水平间隔分为横向间隔和纵向间隔。横向间隔也称侧向间隔，是指在同一高度、同一时间、同一地域上飞行的航空器的航线之间水平间隔，如图 3-7 中的航空器 *B*⟷*D* 或 *C*⟷*E* 之间的间隔。纵向间隔是指在同一航迹、同一高度上飞行的航空器前后之间保持的水平间隔，如图 3-7 中的航空器 *A*⟷*B* 之间的间隔。

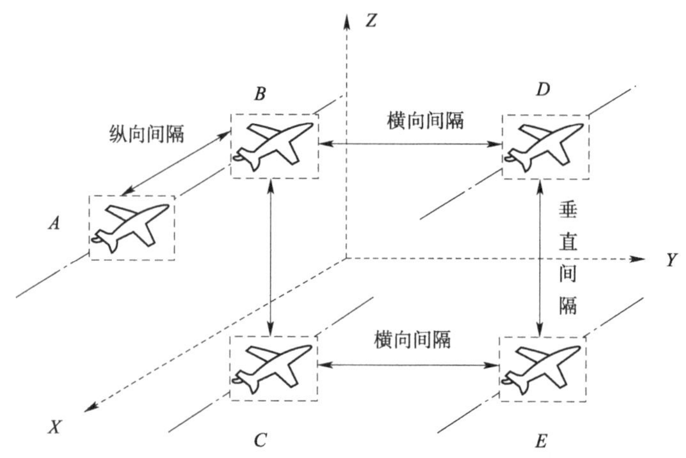

图 3-7　横向间隔与纵向间隔的位置关系

横向间隔通常用距离表述，单位为米（m）或海里（n mile），其大小与夹角有关。横向间隔与航路构型密切相关，平行航路上的横向间隔是指同高度层相邻航路的航路中心线之间的距离，如图 3-8a）所示；而在交叉航路上的横向间隔是同高度层交叉航路的夹角，如图 3-8b）所示。

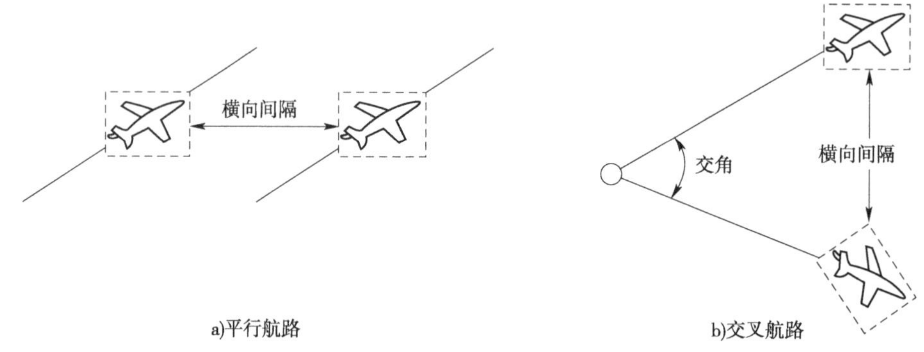

图 3-8　横向间隔

纵向间隔既可以用距离表述，单位为米（m）或海里（n mile）；也可以用时间来表述。纵向间隔与管制方式密切相关。在程序管制条件下，影响纵向间隔的主要因素有导航设备误差、飞行速度的误差和飞行员的操作误差；在雷达管制条件下，纵向间隔主要由管制员依据显示在雷达上的飞机位置来判断，因此，影响纵向间隔的主要因素是雷达显示误差。

3. 安全高度

安全高度本属于垂直间隔的范畴。为了防止航空器与地面障碍物相撞，强调可控飞行撞地事故预防的重要性，本书特将飞行的安全高度列为间隔标准的一种类型。

安全高度是保证空中航空器不与地面障碍物相撞的最低飞行高度。计算公式：飞行安全高度 = 航线最大标高 + 最小安全余度。航线最大标高指航线左右规定范围内的最大标高，并包括其上建筑物的高度；最小安全余度指在障碍物上空飞行的最低真高[2]。《中华人民共和国飞行间隔规定》（以下简称《飞行间隔规定》）要求，航路、航线飞行或者转场飞行的安全高度，在高原和山区应当高出航路中心线、航线两侧各 25km 以内最高标高 600m；在其他地区应当高出航路中心线、航线两侧各 25km 以内最高标高 400m。受性能限制的航空器，其航路、航线飞行或者转场飞行的安全高度，可由有关航空管理部门根据具体情况规定。

影响飞机的安全高度因素较多，主要有：飞行员使用非标准通话用语、不遵守程序、疲劳、幻觉；空中交通管制部门提供了错误的高度或航向引导；天气、不明确的航空图、进近程序设计问题等。但飞行员丧失了与地形相关的垂直或水平的情景意识是最主要原因，这些情景意识包括：飞机的实际状态或条件信息；飞机相对于飞行计划、天然或人为障碍物的位置信息；设施、交通密度和天气等运行环境；当时的环境与时间，如飞机将到达目的地的时间、可用于等待的时间、可用燃油的时间限制等。

4. 滑行安全间距

滑行安全间距，主要用于防止在滑行道内航空器与地面障碍物相撞。《中华人民共和国飞行基本规则》要求，飞行员开车滑行，必须经空中交通管制员或者飞行指挥员许可。滑行速度应当按照相应航空器的飞行手册或者飞行员驾驶守则执行；在障碍物附近滑行，速度不得超过 15km/h；两架以上航空器跟进滑行，后航空器不得超越前航空器，后航空器与前航空器的距离，不得小于 50m。航空器对头相遇，应当各自靠右侧滑行，并且保持必要的安全间隔；航空器交叉相遇，飞行员从座舱左侧看到另一架航空器时应当停止滑行，主动避让；夜间滑行，应当打开航空器上的航行灯，严格按照滑行道标志、灯光、标记牌实施滑行。

5. 尾流间隔

尾流间隔主要用于防止飞行中的尾流对后随飞机的影响。这些尾流包括螺旋桨产生的尾流、放襟翼和机身产生的紊流、喷气发动机排出废气形成的喷流以及翼尖涡流，其中对后随飞机影响最大的是翼尖涡流形成的尾涡，如图 3-9 所示。

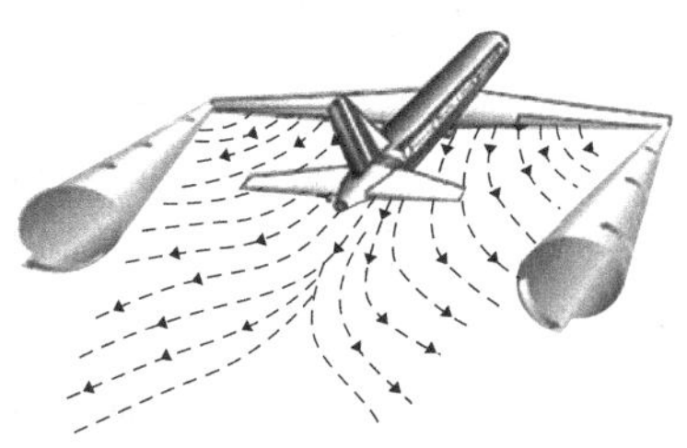

图 3-9　尾流与涡流

我国《飞行间隔规定》指出，为避免尾流影响，航空器之间应当配备尾流间隔。尾流间隔标准根据航空器最大允许起飞全重确定，并分为程序管制尾流间隔标准和雷达管制尾流间隔标准。前机为重型航空器，后机为中型、轻型航空器，或者前机为中型航空器，后机为轻型航空器时，如果后机飞行高度低于前机飞行高度，且高度差小于 300m，管制员为航空器配备飞行间隔时，除必须符合规定的飞行间隔标准外，还不得少于规定的尾流间隔。

3.3　空中相撞与风险模型

空中相撞，是指离地飞行的两架航空器实体在三维空间位置上的相互占用或重叠现象。空中相撞的一般过程描述，既可以基于分析航空器从无相撞风险、飞行冲突、危险接近逐步向相撞状态的演进过程，找出航空器空中相撞内部隐藏着的规律性，也可以基于相撞风险模型，通过计算两架航空器同时发生横向重叠、纵向重叠和垂直重叠的概率，揭示航空器空中相撞发生机理。

3.3.1　空中相撞过程的定性描述

航空器是按照预先划设好的航线、航路在三维立体空间中的运动。飞行过程就是航空器空间位置状态不断变化的过程。在此过程中,如果两架或多架航空器发生空中相撞,通常要经过无相撞风险阶段、飞行冲突阶段、危险接近阶段和空中相撞阶段,如图3-10所示。

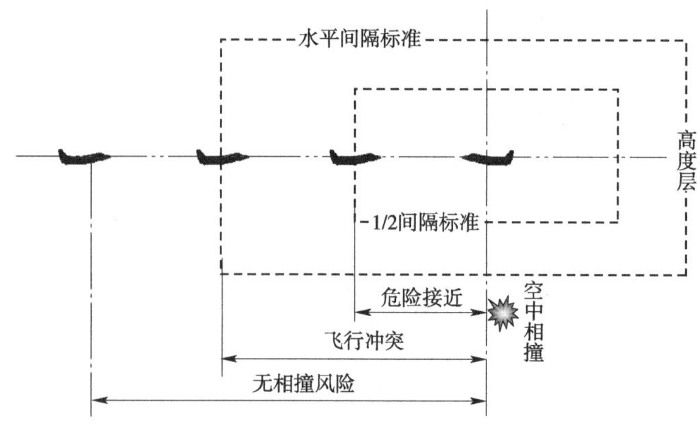

图3-10 航空器空中相撞过程

无相撞风险阶段:指离地飞行的两架或多架航空器之间不存在空中相撞风险,即两航空器之间的三维间隔中,至少有一维大于规定的安全间隔标准。

飞行冲突阶段:指离地飞行的两架或多架航空器之间的纵向间隔、横向间隔和垂直间隔同时都小于飞行间隔规定而又大于危险接近间隔标准的现象。

危险接近阶段:指离地飞行的两架或多架航空器已经产生了飞行冲突,且相互接近程度越来越大,它们之间的纵向间隔、横向间隔和垂直间隔同时都小于危险接近间隔标准的现象。

空中相撞阶段:指离地飞行的两架或多架航空器发生了机身接触的事故,一般会造成机毁人亡的严重后果。

现代航空器的高速机动性,使得飞行活动繁忙地区和机场密集、军民共用机场,成为空中相撞的多发地区;军用航空器场外航线穿越航路(航线),民用航空器穿越军事训练空域,成为空中相撞的多发时机;航空器起降、航路、航线飞行上升或下降,成为空中相撞多发阶段。一次空中相撞事故的发生,总是以无相撞风险、飞行冲突、危险接近直至空中相撞这样的固定逻辑顺序而发生。如果及时发现和有效控制飞行冲突或危险接近环节,实现危险状态向无相撞风险状态转化,空中相撞事故顺序就会中断,如图3-11所示。

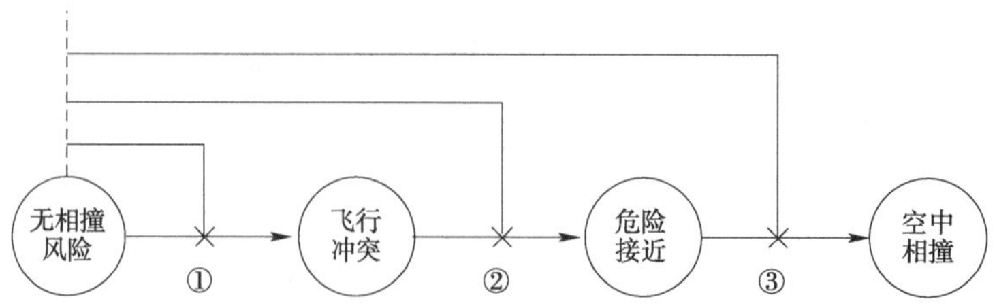

图3-11 空中相撞状态过程转化

①航空器空中活动无相撞风险是相对的,也是暂时的。由于仪表、导航、驾驶、天气等客观和人为因素的影响,航空器很可能会偏离预定的飞行路线或飞行高度,从而与其他航空器间产生飞行冲突。因此,在航空器无相撞风险阶段,飞行员要正确操控,严格把握航行诸元;管制员需要保持高度的敏感性,针对飞行冲突的多发区域、多发时机和多发阶段,以及天气

变化、飞机性能、飞行员技术状况、异常空情等不确定因素的影响，严密监视和掌握空中活动情况，及时预测和识别冲突，防止航空器从无相撞风险状态向飞行冲突状态转化，从而切断空中相撞事故链的第一个环节。

②航空器间的飞行冲突是绝对的，也是必然的。这是由日益增长的空域用户需求与空域资源有限性这一基本矛盾决定的。在空中相撞事故链中，最为重要的是要坚决切断飞行冲突向危险接近转化的链条。空中交通管制部门责任重大，对空管自动化系统的工作状态、人员的飞行调配能力、地空指令的标准化等提出更高要求。同时，还需要飞行员拥有熟练的操作技术、良好的心理素质和严谨的工作作风，并按照指令正确实施机动和规避。

③从现代航空器的飞行速度和间隔标准来看，从“危险接近”发展到“空中相撞”的时间非常短，管制员即使识别和发现了危险接近，也由于飞行员能够采取有效措施的时间非常有限，处置成功的可能性也很小。因此，要切断空中相撞事故链的第三个环节，主要依赖飞行员的自行处置能力，依靠经验临场进行垂直机动、水平机动和紧急规避，或者依靠偶然因素方可侥幸避免空中相撞。

综上所述，航空器空中相撞不是瞬时就会发生的，而是经历了从安全到危险的过渡之后，才会发生从量变到质变的过程。其实质就是航空器从无相撞风险、飞行冲突、危险接近逐步向相撞状态的演进，是航空器与航空器之间的间隔连续突破了“飞行间隔标准”和“危险接近标准”，最终越过了两道“度”的关口而导致的。

飞行间隔标准，是为了防止飞行冲突、保证飞行安全和提高飞行空间和时间利用率所制定的航空器与航空器之间所应保持的一种安全间隔。虽然飞行间隔标准是一种包括纵向、横向和垂直间隔的“数”的概念，但更是一个哲学上“度”的概念。如果两架航空器的垂直间隔和水平间隔至少有一项大于飞行间隔标准，则两架航空器处于稳定的状态，属无相撞风险；如果两架航空器的垂直间隔和水平间隔均小于飞行间隔标准，则必然发生冲突，直接威胁飞行安全，如图 3-12 所示。

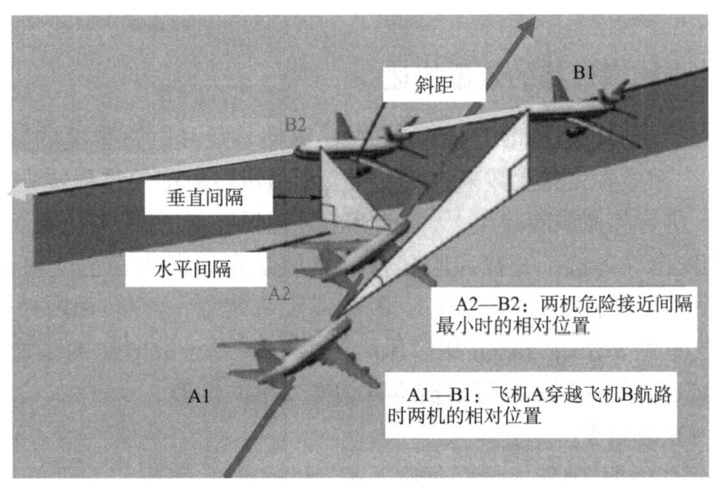

图 3-12　飞行间隔标准立体示意图

危险接近标准，是防止和判断航空器空中危险接近严重安全事故征候的依据。ICAO 指出：当发现飞行过程中航空器的偏离达半个间隔标准时，主管机构应当进行调查，找出原因，以便确定是否存在重复发生的可能,并采取相应的改进措施。FAA 将危险接近解释为航空器之间的距离小于 150m,或者飞行员报告存在相撞的危险。我国相关飞行规则中按照区域管制区、进近管制区和塔台管制区分别对危险接近标准进行界定和等级划分。我们以航空器纵向、横向间隔或高度差为横坐标,以飞行安全状态为纵坐标,给出飞行间隔标准与飞行安全状态之间的关系,如图 3-13 所示。

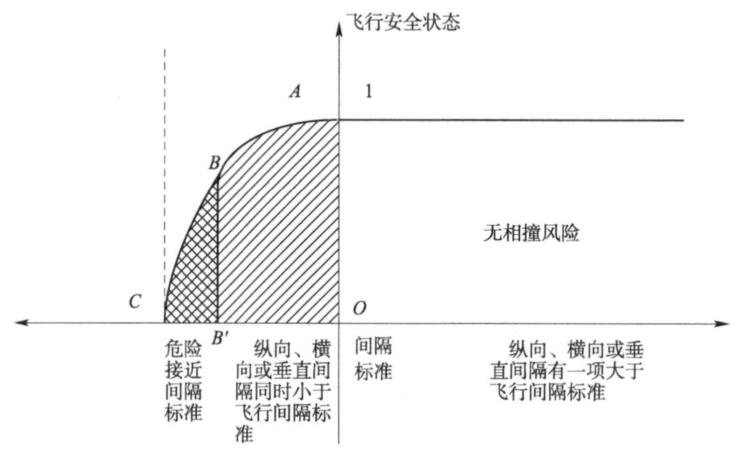

图 3-13　飞行间隔标准与飞行安全

从图 3-13 可以看出,当两架航空器间的纵向、横向间隔或高度差有一项大于飞行间隔标准时,飞行安全状态为 1,即无相撞风险;当两架航空器间的纵向、横向间隔或高度差均小于飞行间隔标准而大于危险接近标准时,两架航空器进入飞行冲突阶段,其飞行安全状态下降。此时,通过飞行员和管制员的及时调配,就可转化到无相撞风险状态。也许一次两次飞行冲突并没有酿成大的问题,但却增大了发生空中相撞的潜在危险;当两架航空器间的纵向、横向间隔或高度差均小于危险接近标准时,飞行安全状态急剧下降,迅速趋向于零。

3.3.2　空中相撞过程的定量描述

相撞风险,是指两架飞机同时发生横向重叠、纵向重叠和垂直重叠的频率或概率,通常以每飞行小时发生相撞事故的次数来表示。建立相撞风险模型的过程首先是对影响相撞风险的各因素分析,进行相撞风险建模,从而计算出相撞风险值,并与安全目标等级作对比,从而得出间隔标准安全性评价。相撞风险建模的目的是在不影响安全性和经济效益的情况下,合理地缩小间隔标准,从而扩大空域容量,提高经济效益。目前,国内外关于相撞风险建模的方法较多,这里主要介绍"Reich 相撞风险模型"和"基于故障树的风险模型"这两种典型模型的建模思想,以便更深入地理解航空器相撞发生的机理。

1. Reich 相撞风险模型

20 世纪 50 年代后期,随着大型商业喷气式飞机的出现,飞越北大西洋上空、来往于北美和西欧之间的飞行急剧增加。由于当时北大西洋平行航路系统的侧向间隔标准为 120n mile,所以,许多飞机不得不向南或向北偏离其理想航线一二百海里飞行,给航空公司带来了极大的经济损失。1966 年,ICAO 专门成立了北大西洋系统规划组(NAT SPG),以协调提供该地区空中交通服务、对侧向间隔进行研究并确定以后缩小间隔标准决策流程的框架，并组织一批数学家和运筹学研究人员对之前由英国皇家飞机研究所 P. G. Reich 提出的相撞风险模型进行了充实、完善，从而极大地增加了北大西洋上空的空域容量，完美地解决了航空公司要求增加流量和飞行员需要保证安全的矛盾。

Reich 相撞风险模型（简称“Reich 模型”）最初由英国皇家飞机研究所 P. G. Reich 等人提出，该模型针对当时北大西洋平行航路的飞行特点，通过合理假设及复杂的数学推导，可以定量地计算一定飞行间隔标准条件下因丧失飞行间隔所引起的飞机空中相撞风险。在模型中，每架飞机均表示为一个长方体的盒子，其长、宽、高分别等于机群中所有飞机机身长度、翼展宽度及机身高度的平均值，并分别记为 λ_x、λ_y、λ_z。从数学的角度讲，两架飞机的相撞等价于一个质点与尺寸分别为 $2\lambda_x$、$2\lambda_y$ 及 $2\lambda_z$ 的盒子（可称之为相撞模板）相撞。因此，一段时间内两架飞机的相撞次数就等于在此期间内该质点从上下、左右及前后各个方向进入相撞模板的次数，因此，单位飞行时间内的相撞次数可以用式(3-1)表示。

$$C = N_x P_y P_z + N_y P_x P_z + N_z P_x P_y \tag{3-1}$$

式中：N_x、N_y、N_z——该质点从纵向、横向和垂直方向进入相撞模板的频率；

P_x、P_y、P_z——质点在纵向、横向及垂直方向上与相撞模板重叠的概率。

关于 Reich 模型的推导和论证过程详见 ICAO9426 文件。

Reich 模型使人们对航空器相撞风险有了更深入的认识，使有关各方有了共同认可的标准，解决了当时 IFTA 及 IFALPA 的争端，解决了如何定量评估间隔标准所附带的航空器相撞风险问题，为之后在北大西洋航线系统上成功引入复合航线系统，提出最低导航性能规范（MNPS）要求，并最终将横向间隔标准缩小至60n mile，纵向间隔由15min缩短至10min奠定了理论基础。ICAO 间隔总概念审查专家组认为，Reich 模型的基本思想也可以运用于缩小垂直安全间隔的研究，并要求各成员国对此问题进行研究。此后，多个国家，如英国、美国、加拿大、法国、荷兰、德国、日本和俄罗斯等国家参与了此项研究，测量、收集了飞机高度保持误差的大量数据，其中仅美国就为此花费了约600万美元，并依据 Reich 模型，制定了缩小垂直间隔标准所需的技术需求，最终将 29000 ~ 41000ft 的高空空域垂直间隔标准缩小为1000ft。

虽然 Reich 模型在航空界广为接受，并取得了巨大的成功，但 Reich 模型也存在局限性，应用起来有如下困难：

①其固定的、通常为平行航线的假设很难推广到其他空域结构。

②Reich 模型是针对北大西洋空域而开发的，模型中的一个重要假设是管制员仅负责在进入洋区飞行之前为飞机配备间隔，随后飞机将按仪表自主导航飞行，当飞机发生严重偏航甚至可能引起空中相撞的过程中，管制员并不干预飞机的飞行进程，这意味着在评估飞机相撞风险时，主要考虑的是飞机的导航性能，而未考虑通信、监视及空中交通管制等因素。

③Reich 模型是通过对代表两架飞机偏航误差的分布（包括 Heavy-Tail，即“厚尾”的双指数分布）进行卷积计算来得到重叠概率的，其中，分布的“尾部”代表着大的偏差，对相撞风险的影响最大，而这些大的偏差一般是由设备失效或者飞行员失误这些极少发生的事件引起，所以数据搜集与建模非常困难。

2. 基于事故树的相撞风险模型

随着 ICAO 在全球领域内积极推进新航行系统（CNS/ATM，通信、导航、监视和空中交通管理)概念,自动相关监视、卫星导航、通信等新技术在航空领域的应用逐渐深入。这些新技术的应用使空中交通系统各组成部分的性能得到了极大的提高,同时也为缩小原有航空器间隔标准提供了技术基础和可能性。鉴于 Reich 模型仅仅考虑导航而并未涉及通信、监视、空中交通管制等因素的局限性,迫切需要开发新的航空器间隔标准风险评估方法。20 世纪 90 年代,欧美等航空发达国家率先对此进行了研究,并提出了多种模型。下面结合 Roger Shepherd 等人提出的缩小航空器间隔风险评估模型(RASRAM),简要说明危害分析方法在飞行间隔安全评估中的应用[3]。

RASRAM 模型是 FAA 委托美国宇航局开发的,其目的是对缩小单跑道、平行跑道运行时的最后进近、着陆以及滑跑阶段的飞行间隔所带来的安全风险进行评估。该模型设想了三种可能危及飞行安全的情形,并运用危害分析中的故障树及事件树建立模型。这三种情形分别是:差错引起危险接近、两架飞机同时占用跑道以及后机遭遇前机尾流,如图 3-14 所示。其中,第一种情形描述的是在实施独立平行进近时,一架飞机的飞行员出现错误,导致飞机向另一条跑道偏离,违反侧向间隔规定所带来的安全风险。后两种情形描述的则是两架飞机在同一跑道进近着陆,违反纵向间隔规定,占用跑道或者在最后进近航段后机遭遇前机尾流所带来的风险。在此运用故障树与事件树分析模型,以“差错引起危险接近”为例,描述第一种情形下风险评估过程。

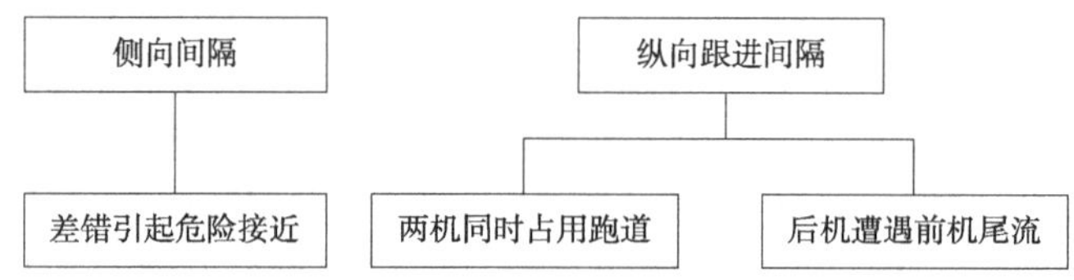

图 3-14 RASRAM 模型考虑的三种情形

故障树与事件树分析均属于危害分析中的静态分析。其中,故障树分析是把系统中最不希望发生的故障状态作为故障分析目标,把选定的系统故障状态称为顶事件,然后运用逻辑运算符号和逻辑推理将顶事件逐次分解为比较简单的次级事件,一直追溯到那些原始的、故障机理或概率分布都是已知的基本事件为止。其实质上就是事件之间的一张逻辑关系图。这种图是一个以顶事件为根,具有多个干枝,一些干枝上又有分枝的类似于树的图形,故名故障树。故障树可以帮助人们对系统的可靠性进行定性和定量评定。

事件树分析是一种逻辑归纳图,是决策树(Decision Tree)在安全分析中的应用。它从事件的起始状态出发,按一定顺序逐项分析系统构成要素的状态(成功或失败);并将要素的状态与系统的状态联系起来进行比较,以查明系统的最后输出状态,从而展示事故的原因和发生条件。

FAA 通过相关安全研究后得出结论:平行跑道独立运行时的风险主要与跑道间距有关,其风险可以通过一种最坏情形进行分析,如图 3-15 所示。一架飞机(出现差错的飞机,记为 A 机)偏离其正常的航线,与另一条进近航线交叉,且假定此时 A 机对管制员的指令不做任何响应,管制员仅能通过指挥向另一跑道进近的飞机(避让机,记为 B 机)进行规避机动以脱离险情。此时,主要的安全风险是 A 机与 B 机可能相撞。在模型中,用 A 机与 B 机间隔小于 500ft 的概率来度量,主要取决于管制员能否及时发现 A 机的错误并向 B 机发出“脱离”指令的能力,以及 B 机飞行员及飞机本身完成指定脱离机动的性能有关。

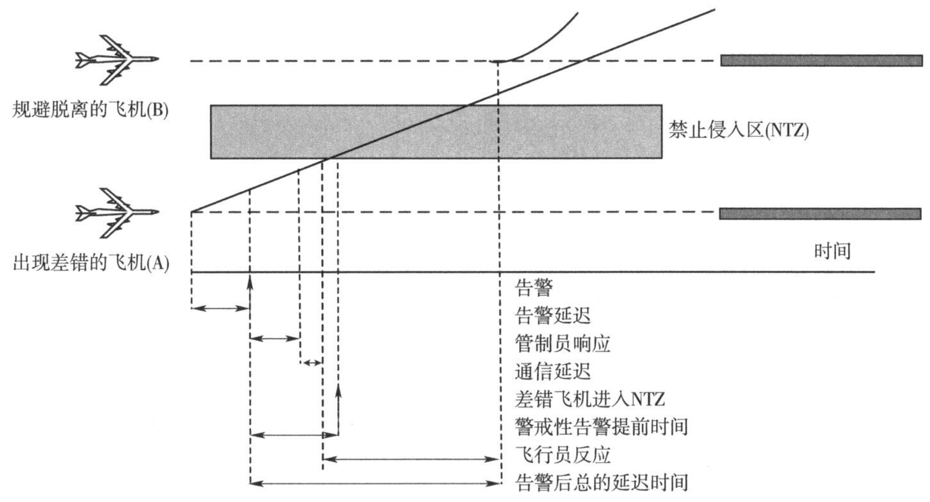

图 3-15　横向差错情形(精密跑道监视)

对应于横向差错情形的故障树如图 3-16 所示。此时,共有三种可能的相撞风险:A 机与 B 机相撞,B 机在做避让机动时与其他飞机相撞及 B 机与障碍物相撞。其中,后两种风险主要是由 A 机差错所引发的次生风险。由图 3-16 可以很清楚地看出,由 A 机飞行员差错开始,各种人员、设备及空管程序失效是如何导致这三种相撞风险发生的,并且通过各事件发生的概率可以最终推导出三种相撞风险发生的概率。

关于此故障树有以下两点需要说明:

①图中实线部分对应的是精密跑道监视(PRM)雷达监视下实施独立平行进近时可能发生的事件。此时,管制员通过监视雷达来监控两条平行跑道上的进近飞行,并且在出现如图 3-15 中 A 机及所犯错误时,管制员要负责向相关飞机告警。图中虚线所示各事件是在装备机载横向间隔信息系统(AILS),进而缩小横向间隔标准之后才可能发生的事件。AILS 系统是美国宇航局 Langley 与 FAA 合作研发的空中危险告警系统。该系统通过差分全球定位系统(DGPS)技术,使飞机在最后进近阶段的定位能力比仪表着陆系统更精确,且在飞机偏离其应飞航迹时直接向飞行员告警。通过广播式自动相关监视(ADS-B)技术使飞机上能够显示正在做平行进近的相邻飞机的航迹及意图,且在其威胁到本机安全时进行告警并提供脱离建议。在 AILS 系统下,两条进近航线飞机之间的间隔是由飞行员负责的,此时飞行员在得到告警信号后,将直接采取机动飞行。相比 PRM 系统,少了管制员及通信环节的延误,因此,可以更快地对威胁做出反应,降低了相撞风险,进而可以在间距更小的跑道上实施独立平行进近。

②在模型中,故障树中各事件的概率是确定的,因而不能反映该模型中的许多动态事件。鉴于此,模型采用了事件树分析以对动态事件进行建模。图 3-17 描述了 PRM 模式下,从 A 机出现差错这一初始事件开始直至最终结果(危险接近或安全间隔),系统是如何演化的。其中,涉及的复杂计算是通过 MathCad 软件来计算的,在得到各最终事件的概率后再代入故障树模型。为了减少计算量,RASRAM 模型并未采用蒙特卡洛仿真的办法,而是采用解析计算的方式来计算模型中各事件的概率,系统中人、设备等性能都通过服从一定分布的概率函数来表示。

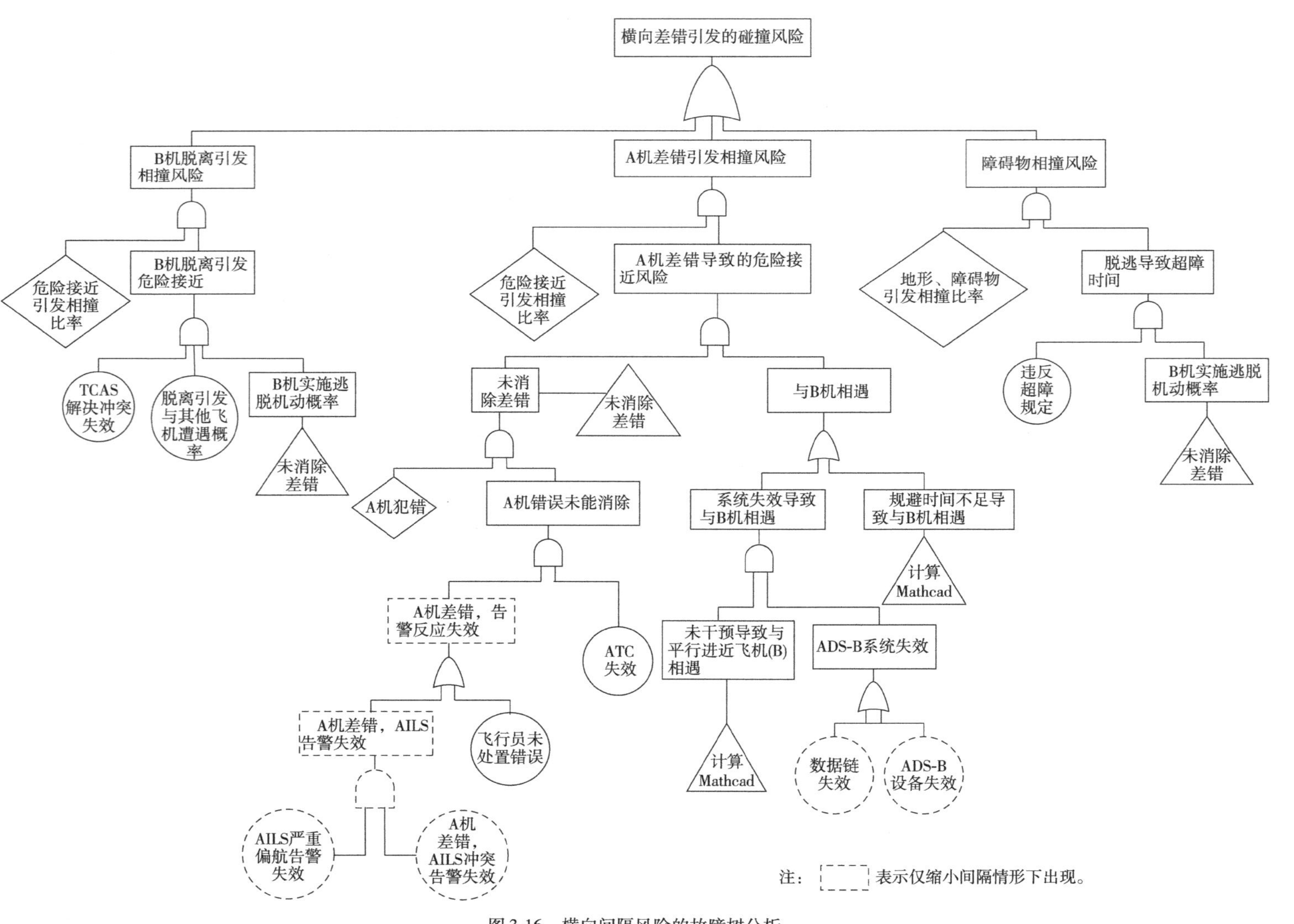

注：[虚线框] 表示仅缩小间隔情形下出现。

图 3-16　横向间隔风险的故障树分析

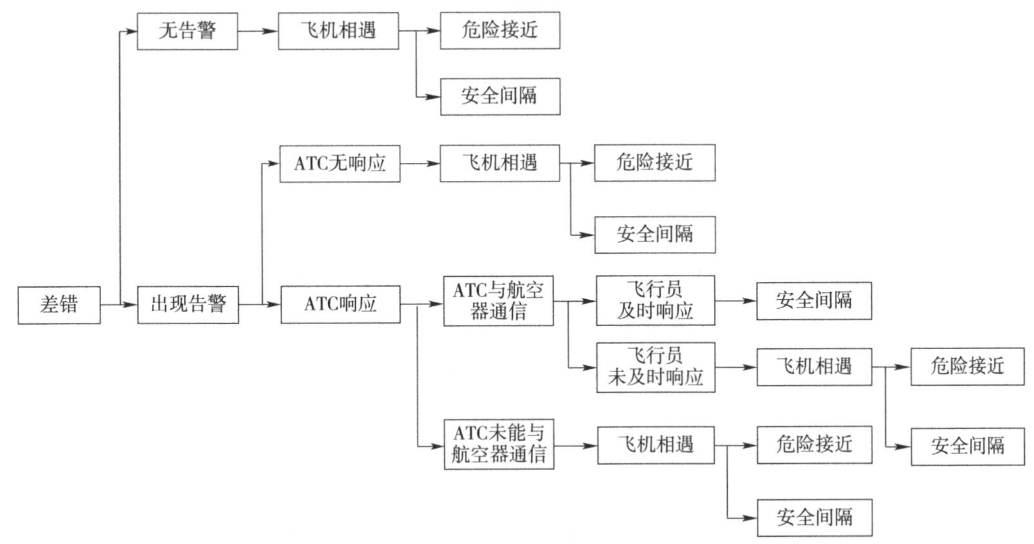

图3-17 横向间隔风险事件树分析

通过以上分析可以看出:危害分析是间隔风险评估的有效方法之一,能对各种空中交通系统的危险性进行辨识和评价,不仅能分析出事故的直接原因,而且能深入地揭示出事故的潜在原因。用它描述航空器相撞事故的因果关系直观、明了,思路清晰,逻辑性强,既可定性分析,又可定量分析。

通过以上两种相撞风险评估模型分析可以看出:

①空中交通系统之所以非常安全是因为有一套经过科学论证或经验证明的、足够安全的间隔标准系统作保障。

②缩小飞行间隔标准是有效增加空域容量,缓解空中交通拥堵的措施,新技术的实施提供了这种可能性,但是要缩小间隔标准,必须要经过相应的风险评估证明其安全性。

③与间隔标准相对应的目标安全等级并非为零这一事实说明,安全是相对的,即使管制员按照间隔标准为飞机配备了相应的间隔,因为空中交通系统的复杂性,系统中人、设备、程序等差错仍然有可能导致飞机相撞,这也正是研究防相撞问题的意义所在。通过风险评估模型,可以清楚地看出:人为因素、技术设备、程序失效等因素才是造成违反间隔标准,最终导致航空器相撞的原因。这也为防相撞工作指明了方向和重点。

3.4 空中相撞事故的数理统计特征

数理统计是以概率论为基础,从真实事件、实际飞行或试验中搜集有限数据来推断随机现象规律的一种方法。其数据来源于实际,因而,得到的结论可信度较高。澳大利亚、美国、法国、加拿大等国家典型空中相撞事故的经验教训,可选取总的绝对指标、总的相对指标和部分指标,从有限的、看似杂乱无章的空中相撞历史数据中,揭示空中相撞事故的整体特征。其中,总绝对统计指标,主要用于表征规定期限内某个国家空中相撞事故的整体特征,包括空中相撞事故起数、致命事故起数和一般事故起数、总共死亡人数、航空器毁伤总架数等。总相对统计指标,主要用于反映某个国家不同时期空中相撞事故的变化情况,包括空中相撞事故率、每起空中相撞事故间隔时间等。部分统计指标,主要用于表征一定范围内单个因素对空中相撞事故的影响程度,包括某因素引起空中相撞事故的起数,以及某飞行阶段发生的空中相撞事故起数等。

3.4.1 澳大利亚空中相撞事故

2002 年,澳大利亚连续发生了三起严重的空中相撞事故❶,引起航空当局高度重视,澳大利亚运输安全署(ATSB)立即成立专家组,对 1961—2003 年间澳大利亚国内发生的空中相撞事故的损伤程度、区域分布和特点进行了综合分析。

1961—2003 年间,澳大利亚共发生飞机空中相撞事故 37 起,涉及 65 架飞机(60 架是小型单发飞机,另 5 架是双发中型飞机),其他航空器 9 架(1 架直升机,7 架滑翔机和 1 架轻型飞机)。体育航空飞机共发生空中相撞 26 起,主要发生在滑翔机之间,如表 3-1 所示。在所有的 37 起空中相撞事故中,共有 33 架航空器彻底损坏。其中,毁坏飞机 27 架,直升机 1 架,轻型飞机(起飞质量在 454kg 以下)1 架,滑翔机 4 架。有 20 架毁坏于飞机与飞机的空中相撞;6 架毁坏于飞机与滑翔机的空中相撞,1 架毁坏于飞机与直升机的空中相撞。所有空中相撞事故共死亡 46 人。其中,28 人死于飞机与飞机的空中相撞,5 人死于飞机与直升机的空中相撞,13 人死于飞机与滑翔机的空中相撞。平均每起空中相撞事故死亡 1.2 人。有 19% 的空中相撞事故造成人员死亡。相撞的两架航空器上都有人员死亡的事故共 6 起。

澳大利亚 1961—2003 年间不同类型航空器空中相撞起数统计(单位:起)　　表 3-1

航空器类型	年份				总起数
	1961—1970 年	1971—1980 年	1981—1990 年	1991—2003 年	
飞机—飞机	3(0,3,0)	11(3,7,1)	7(4,2,1)	7(4,2,1)	28(11,14,3)
飞机—直升机	1(1,0,0)	0	0	0	1(1,0,0)
飞机—轻型飞机	0	0	0	1(0,1,0)	1(0,1,0)
飞机—滑翔机	0	1(1,0,0)	2(2,0,0)	4(4,0,0)	7(7,0,0)
滑翔机—滑翔机	1(1,0,0)	4(1,2,1)	12(2,7,3)	5(3,1,1)	22(7,10,5)
气球—气球	0	0	2(1,0,1)	2(0,0,2)	4(1,0,3)

注:括号内为(致命事故,非致命事故,一般事件)起数。

在澳大利亚发生的 37 起空中相撞事故中,大多数(24 起)事故发生于起落航线区(即至少有一架飞机正在起飞或着陆),其中有 20 起飞机与飞机空中相撞、1 起飞机与轻型飞机空中相撞、3 起飞机与滑翔机空中相撞。发生于起落航线区的 24 起空中相撞事故中,有 11 起发生于两架航空器正在最后进近;3 起发生于起落航线四转弯;1 起发生于起落航线三转弯;6 起发生于起落航线三边(一架正在离场);2 起发生于起落航线二边(一架正在离场);还有 1 起发生于两架飞机都在爬升的起落航线一边。图 3-18 显示了 24 起起落航线区发生的空中相撞事故位置分布情况。

❶ 2002 年 2 月 22 日一架塞斯纳(CESSNA172)飞机与一架超轻型飞机空中相撞;5 月 5 日,一架 Piper PA-28 与一架 Socata 7B-9 型飞机空中相撞;8 月 29 日,两架塞斯纳 172 飞机发生空中相撞。

除了 24 起起落航线区发生的空中相撞事故之外，还有 5 起空中相撞事故发生于起落航线附近（即在机场附近 5n mile 范围内，至少有一架飞机到达或离开该机场）：1 起飞机与飞机空中相撞高度是 1500ft，当时两架飞机正离场飞行；1 起飞机与直升机空中相撞高度是 1500 ~ 2000ft，当时两架航空器都到达机场准备着陆；3 起飞机与滑翔机空中相撞高度是 2000ft，当时两架航空器正处于爬升阶段。

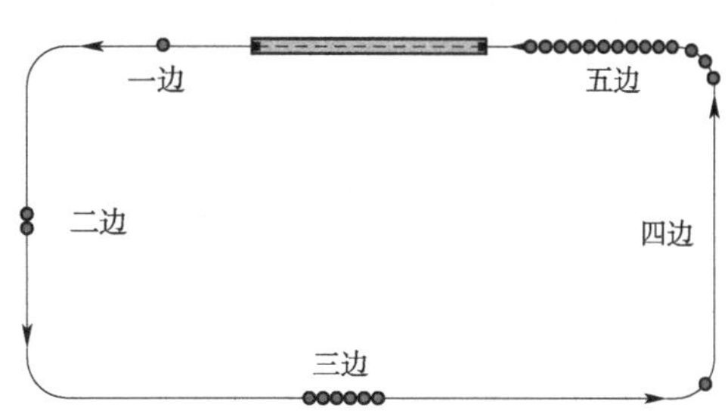

图 3-18　24 起起落航线区发生的空中相撞位置分布图

仅有 2 起空中相撞事故发生在远离机场起落航线的区域，其中，1 起是两架私人飞机在 1500ft 高度进行目视飞行，另 1 起是两架农用飞机在大约 50ft 高度作业飞行。

另外，有 6 起空中相撞事故是驾驶员有意接近其他飞机造成的，都发生于飞机与飞机之间，其中的 4 起涉及编队飞行活动。这 6 起“有意接近”空中相撞事故涉及的 12 架飞机中，有 7 架属于私人飞行，2 架属于空中作业飞行，3 架属于包机飞行。

澳大利亚的 37 起空中相撞事故发生区域统计情况见表 3-2。

澳大利亚 37 起空中相撞事故发生区域统计情况（单位：起）　　表 3-2

事故发生区域	年　份				总　起　数
	1961—1970 年	1971—1980 年	1981—1990 年	1991—2003 年	
起落航线区	3(0,3,0)	8(3,4,1)	4(3,1,0)	9(6,2,1)	24(12,10,2)
起落航线区附近	1(1,0,0)	1(1,0,0)	1(1,0,0)	2(2,0,0)	5(5,0,0)
远离起落航线地带	0	1(0,1,0)	1(1,0,0)	0	2(1,1,0)
有意接近	0	2(0,2,0)	3(1,1,1)	1(0,1,0)	6(1,4,1)
总起数	4(1,3,0)	12(4,7,1)	9(6,2,1)	12(8,3,1)	37(19,15,3)

在表 3-2 中，共有 29 起空中相撞事故发生在起落航线区或附近。20 起是飞机与飞机之间发生的空中相撞，共涉及 40 架飞机。其中，25 架飞机当时实施训练飞行（至少有 21 架飞机当时正在实施起落飞行训练），12 架从事私人飞行，2 架从事旅客包机飞行，1 架从事空中作业飞行。另外，在起落航线区或附近，飞机与直升机空中相撞事故发生 1 起，当时两架航空器都在从事空中作业飞行；飞机与轻型飞机空中相撞事故发生 1 起，当时两架航空器都在从事私人飞行；另外的 7 起飞机与滑翔机空中相撞事故中，有 5 架飞机是用作滑翔机牵引机，另外 2 架飞机当时从事私人飞行和空中作业飞行。

通过对澳大利亚 1961—2003 年间 30 起（不包括 6 起有意接近和 1 起事故资料记录不全）空中相撞事故进行综合分析，可以发现，有以下几方面的特点：

①澳大利亚空中相撞事故主要发生在通用航空飞行和体育航空飞行活动。40 多年来，澳大利亚没有发生过航班飞机空中相撞事故。另外，所有的空中相撞事故，没有造成地面人员受伤或死亡。

②几乎所有 30 起空中相撞事故都发生在良好的天气情况下，能见度都在 10km 或以上，仅有一次空中相撞事故发生于夜间。

③在 30 起空中相撞事故中，有 18 起属于“追尾”，即一架航空器从尾后撞击了另一架航空器（两架航空器的航向夹角小于 30°），其中，仅有 6 起“追尾”事件造成人员伤亡。在 18 起“追尾”事件中，有 12 起空中相撞事故发生在距地面 250ft 以下，其中，仅有 3 起造成人员伤亡。除了“追尾”，其余的 12 起空中相撞事故，两架航空器的航向夹角都等于或大于 30°，有 11 起造成人员伤亡。这 12 起空中相撞的高度均大于 250ft。

④有 8 起飞机与飞机之间的空中相撞事故，虽然飞行起落航线大小各不相同，但没有出现飞行路径与飞行程序相反的情况。有 2 起飞机与滑翔机空中相撞，滑翔机飞行员实施非常规起落航线，其中有 1 起空中相撞事故是飞行员从错误的方向进入起落航线。

⑤有 1 起空中相撞事故发生在非管制机场，当时飞行员没有按规定使用机场“空中交通公用咨询频率”广播自己的飞行情报，导致两架飞机空中相撞。有 6 起飞机与飞机之间的空中相撞事故，一方或双方飞行员都没有听到另一方飞行员的无线电通话。有 3 起飞机与滑翔机之间空中相撞事故，双方飞行员都没有使用无线电台，且其中的 2 起事故，当时的滑翔机飞行员根本就没有广播自己的飞行情报，另 1 起事故中的飞机飞行员也没有向滑翔机广播自己的飞行情报。

⑥有 6 起空中相撞事故，当时飞行员已经得到了“空中交通公用咨询频率”广播的信息，但很可能是飞行员将航空器识别错了。

⑦3 起空中相撞事故的主要原因是管制员没有提供足够的空中交通信息。

⑧高强度的飞行工作负荷或注意力不集中，是澳大利亚 3 起空中相撞事故的可能因素之一。尤其在起落航线阶段，飞行密度大，飞行员工作负荷剧增，而用于搜索不明空中交通情况的可用时间又相对较少。

⑨由于驾驶舱视界限制，飞行员在最后进近阶段搜索与发现其他飞机的能力降低。通常情况是一方飞行员或双方飞行员的驾驶舱视界较小，飞行员很难看到对方飞机。

澳大利亚 1961—2003 年间空中相撞事故数理统计特征如表 3-3 所示。其中，1961—1980 年间的空中相撞事故率（每 100000 飞行小时 0.074 起）比 1981—2003 年间的事故率（每 100000 飞行小时 0.048 起）要高，但从统计学的意义上讲，其差异不是很大。为了较准确地评价空中相撞事故，可引入每起空中相撞事故间隔时间（即用空中相撞毁伤航空器架数除以各时间段总的飞行小时）指标。1961—1980 年间每起空中相撞事故间隔时间（700000 飞行小时）比 1981—2003 年间的间隔时间（1260000 飞行小时）要短，说明 1961—1980 年间空中相撞风险值要比 1981—2003 年间的风险值高得多。从统计学的意义上讲，这种差别是比较大的。1981—2003 年间的空中相撞风险值下降的原因，是 1981 年后澳大利亚许多机场改进或重新设计了机场飞行程序。

从整体上讲，1961—2003 年间，澳大利亚空中相撞事故占总飞行事故的比例为 0.4%，空中相撞致命事故占总致命飞行事故的比例为 2.7%。而且，1961—1980 年间空中相撞导致人员死亡的事故比例（33%）要比 1981—2003 年间（77%）的要低。1981 年以前，大部分空中相撞事故（8 起相撞事件，1 起致命事故）发生于离地面 250ft 或以下。1981 年以后，运输机与滑翔机之间相撞的数量明显增加，共有 19 起空中相撞事故涉及滑翔机，且所有的运输机与滑翔机空中相撞事故都造成了人员死亡。另外，大部分空中相撞事故发生在私人、商用和训练航空器之间。

澳大利亚 1961—2003 年间空中相撞事故整体情况　　表 3-3

总绝对统计指标	年份		
	1961—1980 年	1981—1990 年	1991—2003 年
每年飞行小时(100000)	10.20	16.44	17.49
各时间段总的飞行小时(100000)	204.0	164.4	227.37
各时间段空中相撞起数(起)	15	8	11
每 100000 飞行小时空中相撞起数(起)	0.074	0.049	0.048
航空器毁伤架数(架)	29	14	17
每起空中相撞事故间隔时间(飞行小时)	700000	1170000	1340000
致命事故起数(起)	5	6	8
每 100000 飞行小时致命事故数(起)	0.025	0.036	0.035
总死亡人数(人)	46		

3.4.2 美国空中相撞事故

美国是当今世界航空最发达国家之一,其航空器种类和数量最多,飞行量最大,空中相撞次数也较多。1981—2003 年间,美国共发生空中相撞事故 384 起。在这些空中相撞事故中,有 8 起定期航班飞机与其他通用航空器发生空中相撞,11 起通用航空器与体育航空器空中相撞,15 起通用航空器与军用飞机之间空中相撞,350 起通用航空器之间及体育航空器之间的空中相撞事故。在此期间,美国没有出现过两架定期航班之间发生空中相撞的事故。

20 多年间,美国发生的 384 起空中相撞事故中,致命事故共 225 起,占总数的 59%,死亡人数为 754 人,平均每次事故死亡 2 人。如果将 5 次涉及定期航班飞机除外,共有 220 起致命事故,死亡 628 人,平均每次事故死亡 1.6 人。美国 1981—2003 年间空中相撞事故数理统计特征如表 3-4 所示。其中,1990—2003 年间的每 100000 飞行小时空中相撞起数(0.047)明显低于 1981—1990 间的每 100000 飞行小时空中相撞起数(0.067)。

美国 1981—1990 年间与 1991—2003 年间空中相撞事故统计表　　表 3-4

总绝对统计指标	年份	
	1981—1990 年	1991—2003 年
每年飞行小时(100000)	313.42	285.26
各时间段总的飞行小时(100000)	3134.2	3708.4
空中相撞总起数(384)(起)	210	174
每 100000 飞行小时空中相撞起数(起)	0.067	0.047
涉及航空器数量(733)(架)	402	331
每起空中相撞事故间隔时间(飞行小时)	780000	1120000
致命事故起数(225)(起)	122	103
每 100000 飞行小时致命事故数(起)	0.040	0.028
总死亡人数(人)	754	

同时,对比分析美国1981—1990年间与1991—2003年间的每100000飞行小时空中相撞事故率,从统计学的意义上讲,其差异是较大的,且呈下降趋势,如图3-19所示。

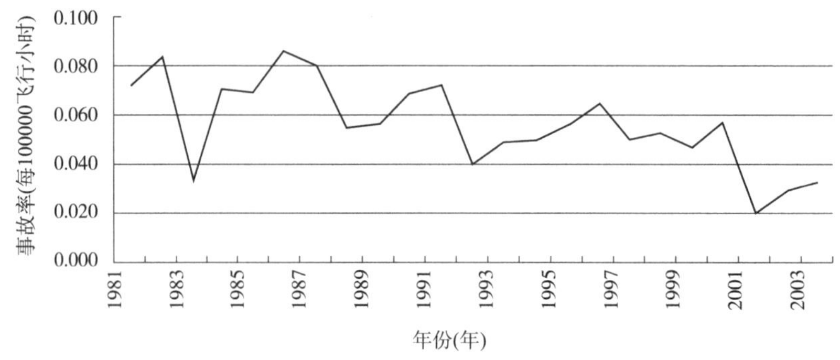

图3-19　美国1981—2003年间空中相撞事故率

由于资料记录不全,在1981—2003年间美国有16起空中相撞事故发生的位置点无法考证。在剩余的368起空中相撞事故中,有169(占46%)起发生在起落航线,56起(占15%)发生在起落航线附近,46起(占13%)是"有意接近"造成的,97起(26%)发生在远离起落航线地带,见表3-5。大多数发生于起落航线区的空中相撞事故,总有一架或两架航空器处于最后进近。发生于起落航线区及其附件的59起(26%)空中相撞事故的机场有管制塔台。在远离起落航线地带所发生的空中相撞,总有一架或两架航空器处于离场上升或进场下降,或者两架航空器都处于高空作业状态。

美国368起空中相撞事故发生区域统计情况　　表3-5

事故发生区域	起数(起)	比例(%)
起落航线区	169	46
起落航线区附近	56	15
远离起落航线地带	97	26
有意接近	46	13
总数	368	100

2001年,FAA组织专家对1983—2000年8月间美国本土发生的329起空中相撞事故进行了分析与研究。结果如下:

①几乎所有空中相撞事故均发生于白昼光线较好的情况下。只有6起事故发生于夜间,4起发生于黄昏时间。"刺眼的阳光"是影响飞行员对空中其他航空器的发现与识别的主要因素。

②大约有88%的空中相撞发生时,飞行员没有及时看到对方的航空器,因而没有采取规避措施。

③大多数空中相撞事故发生时航空器都处于低速飞行,二者接近速度小,相撞方向通常为后方、上方或者90°。

④大多数空中相撞事故发生于机场附近,尤其是发生在没有管制塔台的机场。在较高的飞行高度上几乎没有发生过空中相撞。

⑤飞行员进入起落航线的方法以及进入方向不正确是引起空中相撞的常见原因。另

外，在没有管制塔台的机场上空，飞行员没有使用无线电台也是其中的一个原因。

另外，MORRIS[4]航空专家通过对 1991—2000 年间美国发生的 158 起空中相撞事故进行了专门研究，也得出一些有价值结论：在 158 起空中相撞事故中，67% 的空中相撞事故发生于晴朗天气条件，33% 发生于阴天和多云天气条件；有 120 起（76%）的空中相撞事故发生在机场起落航线区或附近，92 起发生于起落航线区，其中的 50%（46 起）发生在最后进近阶段。空中相撞事故原因：27% 是由于飞行员没有正确使用无线电台，22% 是由于飞行程序不正确，18% 是由于管制员的人为差错，9% 是由于太阳光线过于强烈；88% 空中相撞事故中，有一架或两架航空器在相撞事故发生之时，采取了机动规避措施；大多数发生在起落航线区的空中相撞事故，两架航空器都是头尾相撞，或者以较小的角度（锐角）相撞。发生在远离起落航线地带的空中相撞事故中，50% 是两架航空器头尾相撞，或者是小角度相撞。其他 50% 的空中相撞事故是斜角相撞，或者头对头相撞。

3.4.3　其他国家空中相撞事故

法国民用航空局对本国 1989—1999 年间的空中相撞事故也进行过研究。该项研究并没有涉及编队飞行及与滑翔机之间的空中相撞情况。其研究结果如下：

①1989—1999 年间，法国共发生 17 起空中相撞事故，造成 42 人死亡，27 架航空器被毁。其中，涉及运输机的空中相撞事故 3 起，涉及滑翔机的空中相撞事故 4 起。

②几乎所有的空中相撞事故均在白天能见度高、气象良好条件下发生的。只有 2 起空中相撞事故，飞行员报告称，当时的能见度较差；有 6 起空中相撞事故，飞行员声称“刺眼的阳光照在脸上”。

③有 7 起空中相撞事故发生在机场起落航线区，8 起发生在飞行密度较大的区域，只有 2 起事故发生在远离起落航线地带。

④有 12 起空中相撞事故发生在无人管制空域，其余 5 起均发生在管制空域，主要原因是没有使用无线电台或通信设备。在这 17 起空中相撞事故中，当时只有一架飞机上没有安装无线电台。

1999 年 8 月，加拿大运输安全局也曾做过一次安全事故调查[5]，对 1990—1999 年间加拿大发生的 17 起空中相撞事故进行统计分析。在 17 起空中相撞事故中，共有 8 起是编队飞行造成的，3 起发生于飞行训练区，6 起发生于无人管制机场附近。在拥有先进的空中交通管制设备的管制地带，从未发生过空中相撞事故。

3.4.4　澳大利亚与美国空中相撞事故率比较

由于澳大利亚 1961—2003 年间没有发生定期航班空中相撞事故，而美国 1981—2003 年间却发生了 8 起定期航班飞机与其他通用航空器发生空中相撞事故，因此，我们就不对两国的定期航班相撞风险进行比较，而只对澳大利亚与美国的通用航空空中相撞事故率进行分析。

图 3-20 显示了澳大利亚与美国 1981—2003 年间的通用航空空中相撞事故率比较情况。结果表明：1981—1990 年间，美国的空中相撞事故率较高，但 1991—2003 年间，两个国家的通用航空器空中相撞事故率基本相同（澳大利亚每 100000 飞行小时空中相撞事故率是

0.048,美国每100000飞行小时空中相撞事故率是0.056)。从统计学的意义上讲,1981—2003年间两个国家通用航空器空中相撞事故率的差距不是非常明显。

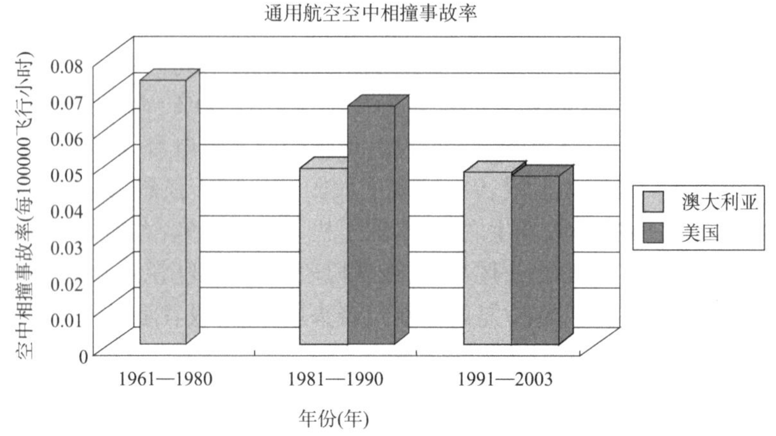

图3-20 澳大利亚与美国通用航空空中相撞事故率对比

图3-21显示了澳大利亚与美国1981—2003年间通用航空每起空中相撞事故间隔时间。结果表明:1981—2003年间,美国通用航空每起空中相撞事故间隔时间(930000飞行小时)相对澳大利亚的每起空中相撞事故间隔时间(1260000飞行小时)短,这表明美国的通用航空空中相撞事故风险稍高一些。但从统计学的意义上讲,两个国家的通用航空空中相撞事故风险的差距不是很明显❶。

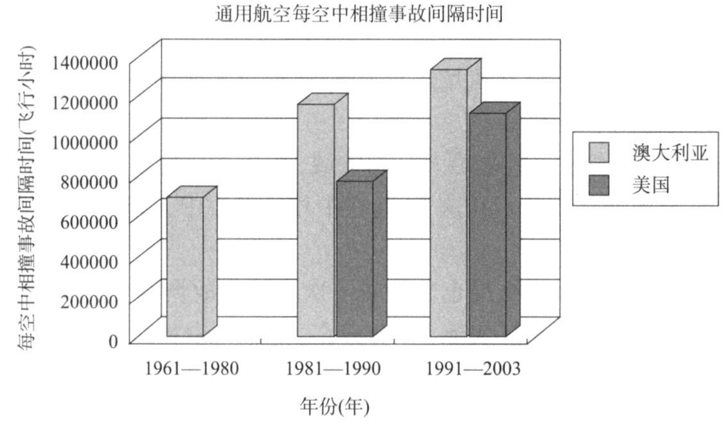

图3-21 澳大利亚与美国通用航空每起空中相撞事故间隔时间对比

比较两个国家或地区空中相撞事故率需要通盘考虑各种因素,尤其重要的是要考虑交通密度。FAA曾研究得出结论:航空器之间相撞率是空中航空器总数平方的函数[6]。通常情况下,机场附近的交通密度要比航路上大,因而在比较澳大利亚与美国通用航空空中相撞事故率时,需要考虑二者在起落航线区或附近与远离起落航线地带的空中相撞情况,如表3-6所示。

---

❶ 泊松分析结果:1981—2003年间美国与澳大利亚的每起空中相撞事故间隔时间之比为0.77,p值=0.1,95%置信区间为0.52~1.06。

澳大利亚与美国 1981—2003 年间空中相撞事故发生阶段统计表(单位:起)　　表 3-6

事故发生阶段	澳大利亚	美国
起落航线区	13	169
起落航线区附近	3	56
远离起落航线地带	1	97
有意接近	4	46
总数	21	368

由表 3-6 可以得到如下结论:

①1981—2003 年间,在起落航线区或附近,澳大利亚通用航空的空中相撞事故率是美国的 1.1 倍。从统计学的意义上讲,两个国家通用航空空中相撞事故率差别不是非常明显[1]。

②1981—2003 年间,在远离起落航线地带,美国通用航空空中相撞事故率是澳大利亚的 5.8 倍。固然,其原因是多方面的,但有一点是肯定的,美国通用航空总飞行小时是澳大利亚的 17.5 倍。仅从空中交通密度上讲,美国在远离起落航线地带,其通用航空空中相撞事故率较高也是可以理解的。

综上所述,尽管各国空域结构、机场布局、交通密度、年飞行总量等不同,但空中相撞事故的数理统计特征基本是一致的。有 7 种因素与空中相撞事故直接有关。

①空中交通密度。包括机场实时空中交通流量和年运行总量。

②通用航空与定期航班的混合度。研究表明,在防止航空器空中相撞方面,定期航班飞行员要比通用航空飞行员更敏感些,报告空中危险接近的次数要更多。尤其是飞行繁忙地区,通用航空飞行量越大,对定期航班空中威胁就越大。

③军事飞行与民用飞行的混合度。与通用航空器相比,军用飞机速度快、飞行剖面小,因而,军用航空器与民用航空器同时飞行,空中相撞风险更大。

④仪表飞行与目视飞行的混合度。据 FAA 称,目视飞行发生空中相撞的概率是仪表飞行的 5 倍多,仪表飞行借助空中交通管制系统的飞行调配要比目视飞行更可靠。

⑤严重的违章操作。主要是违反间隔标准,规章制度不落实,操作处置措施不得当等。

⑥管制区内机场数量。在一个容量有限的管制区内有较多机场时,必然使空中交通拥挤不堪,增加了航空器爬升或下降的危险性。

⑦人为差错。包括飞行员没有严格按照飞行程序、没有打开无线电台、管制员没有及时提供足够的空中交通信息等。

本章参考文献

[1] 国际民用航空组织. 国际民用航空公约附件 14:机场[S/OL]. [2020-08-01]. https://elibrary. icao. int/reader/274807/%26returnUrl%3DaHR0cHM6Ly9lbGlicmFyeS5pY2FvLmlu

[1] 泊松分析结果:起落航线区或附近澳大利亚与美国通用航空的空中相撞事故率之比为 0.89, p 值 = 0.6, 95% 置信区间为 0.58 ~ 1.35。

dC9leHBsb3JlO3NlYXJjaFRleHQ9JUU5JTk5JTg0JUU0JUJCJUI2MTQ7bWFpblNlYXJjaD0xL3Byb2R1Y3QtZGV0YWlscy8yNzQ4MDc%3D? productType = ebook.

[2]《中国空军百科全书》编审委员会. 中国空军百科全书:下卷[M]. 北京:航空工业出版社,2005.

[3] SHEPHERD R, CASSELL R, THAPA R, LEE D. A reduced aircraft separation risk assessment model[J]. American Institute of Aeronautics and Astronautics, 1997:1-16.

[4] MORRIS C C. Current analysis of hazard factors in US Civil Aviation Midair Collisions[J]. Association for Public Policy Analysis and Management, 2003:11.

[5] Transportation Safety Board of Canada. Accident investigation report[R]. [S. l.]: Transportation Safety Board of Canada, 1999.

[6] FAA. Establishment and discontinuance criteria for airport traffic control towers[R]. Washington: FAA, 1990.

第4章 航空器相撞成因分析

航空器相撞成因分析，就是以系统安全思想为指导，全面剖析“人—机—环境”与管理因素的复杂作用过程及其随时空的因果演变规律，洞悉空中交通系统中存在的人为因素、设备因素、环境因素和管理因素，为寻找防相撞工作的突破点以及建立防相撞工作体系提供依据。

4.1 影响航空器相撞的因素

1. 影响相撞的四大因素

系统安全理论认为，触发事故的真正原因不外乎人的不安全行为、机的不安全状态、环境的不安全成分和管理缺陷。在这四大因素中，管理缺陷制约着人的不安全行为、机的不安全状态、环境的不安全成分，它们之间的关系如同事故树中的条件或门的逻辑关系那样严密[1]。其中，管理原因作为一个“条件事件”，只要与“中间事件”即人、机、环境任何一个或两个以上原因结合，就会引起“顶上事件”即事故的发生。错综复杂的事故，从本质上分析都离不开人、机和环境原因，而且能够制约人、机和环境原因的就是管理因素。这便是事故致因模式，如图4-1所示。

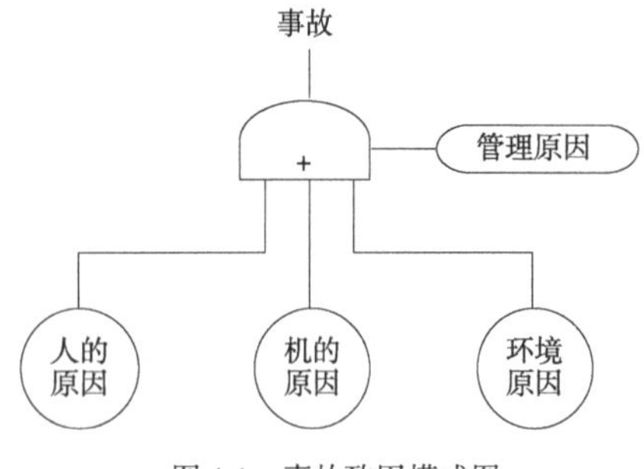

图4-1　事故致因模式图

空中交通活动是人与物的组合运动形式，影响航空器相撞的因素包括：人的不安全行为、机的不安全状态、环境的不安全成分和管理因素。但防相撞工作中的“人—机—环境”与管理因素却有特定的内涵。

①人，即空中交通活动的参与者，主要包括飞行员、管制员、航空监察人员及其他保障人员。他们是空中交通系统运行的主体，能根据不同任务的要求完成各种作业。然而，人在系统中也是最脆弱的，极易受到系统中设备因素或环境因素的影响。在防相撞工作中，人的不安全行为，主要是：“错、忘、漏”。“错”即听错、看错、传错、判断错、操纵错；“忘”即忘掉某一安全规定或要求；“漏”即漏做某项操作或程序。其表现特征：一是随意性，即没有固定的模式和规律；二是不连续性，即第一次发生的不安全行为与第二次发生的不安全行为没有连续性，并不形成累积效应；三是习惯性，特别是形成痼疾后，会重复发生某一不安全行为。

②机，即航空器及其相关设备，主要包括航空器及通信、导航、监视、管制设备及其他设施。航空器作为飞行的工具，其性能、特性、环境适应性、可操作性等直接影响着飞行安全。在防相撞工作中，机的不安全状态，主要是机载安全设备和地面保障系统的缺失、故障或失效等，都会对空中交通安全产生较大影响。其表现特征：一是连续性，即已有的不安全状态可能延续很长时间，甚至贯穿于空中交通活动的全过程，它不会自动消失；二是累积性，即已有的不安全状态在运行中随着时间和空间不断积累而不断恶化；三是隐蔽性，即其不安全状态在多数情况下是隐性的，要通过专门查看或监测分析方能发现。

③环境，即与飞行有关的各种外在影响因素，分为自然环境、空域环境和机场环境，包括天气、地理环境和空域结构、空域规划和管理环境及机场飞行区条件等。这些环境因素有些是可控的，有些是不可控的。防相撞工作关注的焦点应是可控的环境因素。环境的不安全成分，主要是天气条件恶劣、地理地形复杂、空域结构不合理、空域管理模式落后、机场净空条件差、助航设备设施缺失等。环境的不安全成分具有广泛性和多样性，从自然环境、空域环境到机场环境，所有的人、机（设备、设施、装置）都在一定的环境影响之下。

④管理，即作用于“人—机—环境”系统的要素。管理的效果通过“人—机—环境”系统

及时或延期表现出来。其主要包括组织管理、运行监督和组织文化。管理缺陷，主要是管理主体素质缺陷、组织管理内部缺陷、规章制度不落实、督促检查不到位、文化氛围不良等。

2.“人—机—环境”三方面的组合方式

空中交通系统的运行是设计、使用、管理等相关人员与飞行环境相互作用的过程。既有可能由于“人—机—环境”出现单一危险因素造成航空器相撞事故发生，也有可能由于“人—机—环境”出现两类危险因素，且二者异常交互，最终导致航空器相撞事故发生，但更多的情形是“人—机—环境”三者均出现危害因素，出现连锁反应，构成事故链。ICAO 对全世界飞行事故的调查表明，在“人—机—环境”三个因素中，飞行事故起因于单一因素的比例为 28%，双因素的占 54%，三因素以上占 18%[2]。假设用 P 表示人的不安全行为，B 表示机的不安全状态，E 表示环境的不安全成分，A 表示造成航空器相撞事故或事故征候，则这三方面不安全因素的组合方式有以下三种：

①由单一起因导致航空器相撞事故的方式，包括 $P \to A$、$B \to A$、$E \to A$。空中交通活动过程中，“人—机—环境”因素之间相互影响，如果有一个环节出现危害因素，一般都可以通过其他两个环节的作用可能会转危为安，因而由单一原因造成航空器相撞事故的可能性较少。如今，随着航空器加装空中交通告警与防撞系统（TACS）和近地告警系统（GPWS），单一的“人—机—环境”因素通常会被“安全屏障”或防错体系“过滤”掉，一般不会直接威胁航空器安全。例如，现代大型客机上，飞行员飞错高度的可能性为 1/500；若监控飞行员参与交叉检查，则该错误率可降至 1/250000；如果驾驶舱内还有观察员进行程序检查及近地告警系统的参与，飞错高度造成航空器与地面障碍物相撞的概率就极低[3]。但飞错高度很可能与其他不安全因素异常交互，形成事故链，也会导致严重的可控飞行撞地事故。

②由两类起因共同导致航空器相撞事故的方式，包括 $P + P \to A$、$P + B \to A$、$P + E \to A$ 和 $B + E \to A$。其中，“人—人”因素，主要指飞行员与管制员之间、机组成员之间以及相关人员之间发生的直接和间接不安全行为。“人—人”关系失调，如机组成员配合不当、机组与其他部门产生误解，通常是导致航空器相撞的直接诱因。1996 年 11 月 12 日 18 时 40 分，沙特一架波音 747 与哈萨克斯坦的伊尔 76 两架大型客机在印度新德里西北部 75km 处空中相撞，其中一个主要原因就是塔台管制员使用了“非规范”语言，造成飞行员与管制员空地通话的误解。

“人—机”因素，主要指飞行员与航空器及其驾驶舱系统之间、管制员与空管设备之间在操作过程中发生的直接或间接的不安全因素。先进的飞行控制系统、自动驾驶系统减少了飞行员的工作负荷，对保证飞行安全起到积极作用。但同时，这些先进的自动化系统的应用使飞行员容易产生依赖心理，导致麻痹大意，放松警惕，从而带来了新的“人—机”配合与干涉问题。自动化系统毕竟是机器，不可能对每一种环境变化都应付自如，有时反而会触发因自动化系统失控而使航空器急剧改变状态，加大了事故发生的可能性。因此，航空新技术的发展对“人—机”系统提出了新的要求，应从各个角度来进一步协调“人—机”关系，使“人—机”系统处于最佳状态，实现飞行能力与航空器性能的完全匹配。

“人—环境”因素，重点是飞行员与飞行环境、管制员与管制环境之间的相互作用。其中，飞行环境主要包括驾驶舱的温度、压力、噪声等内部环境，以及机场布局、净空、场道条件、航路或空域结构、天气和地理条件、通信导航监视等外部环境。例如，在恶劣天气条件下，飞行员绕飞雷区或风切变区，极可能产生飞行冲突或低于安全高度飞行；空域结构的不合理和在机场密集地区，飞行矛盾突出，飞行调配困难，势必增大管制工作压力。

“机—环境”因素。主要指航空器适航条件、机场类型、飞行程序、机场设施与环境的适应性，以及机载安全设备、地面管制设备的环境适应性等。在航空器和各种设备的设计、制造过程中，应充分考虑到环境的因素，使其性能与环境相适应。

③由三类起因组合共同导致航空器相撞事故的方式，主要是 $P+B+E \rightarrow A$，即由人的不安全行为、机的不安全状态和环境的不安全成分的异常耦合而造成航空器相撞。例如，航空设备出现故障，极易影响人的行为，容易分散人的注意力，导致整体判断失误；遇到复杂气象条件，可能导致管制员指挥失误、处置不当或飞行员操纵不当；航空系统出现故障又遇到复杂气象，会使处理过程变得更为复杂，极易导致航空器相撞事故发生。

综上所述，如果我们将单一危险因素造成航空器相撞事故称作“人—机—环境”不安全因素的“点线”交互，由两类危险因素造成航空器相撞事故称作“人—机—环境”不安全因素的“平面”交互，那么，由三类危险因素造成航空器相撞事故则是“人—机—环境”不安全因素的“立体”交互。这种“人—机—环境”不安全因素的“立体”交互，既表现出“上—中—下”的层次性，也表现出相互关联的复杂性，如图 4-2 所示。

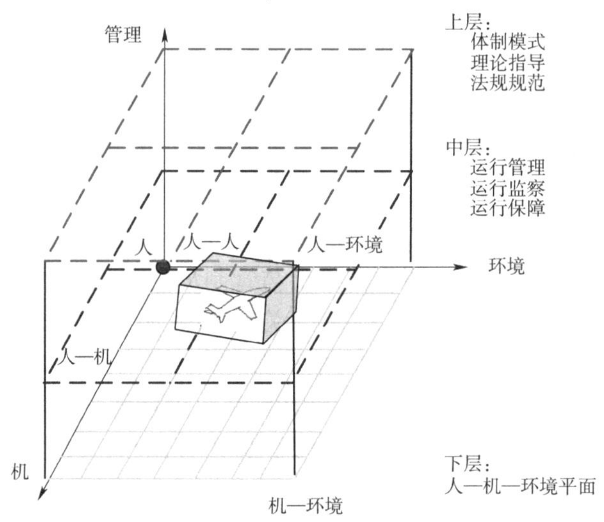

图 4-2 “上、中、下”立体交互示意图

上，即管理层面，包括体制模式、理论指导和法规规范；

中，即运行层面，包括安全管理、运行监察和运行保障；

下，即操作层面，包括与飞行直接相关的“人—机—环境”平面。

不完善的体制模式、错误的理论指导、含糊的法规规范，管理不严格、监察不深入、保障不到位，与飞行直接相关的“人—机—环境”平面多处发生交互，极容易导致航空器相撞事故。而且，就“人”因素而言，也有“上—中—下”的立体交互问题。其中，“上”有管理层政策错误；“中”有管制员处置不当；“下”有飞行员操作不准确等，都会导致航空器相撞事故。同样，就“机”而言，“上”有机载安全设备或地面设备设计上考虑不周；“中”有产品质量达不到要求；“下”有机务维修不够，也同样会导致航空器相撞事故。可见，在航空器相撞事故内部，存在全空间的立体交互机理。

3. 致因过程模型

一切事故的发生都是有原因的。空中交通系统“人—机—环境”不安全因素有时难以完全监测和控制，它们在特定时空中演变遵循因果律，存在确定的因果关系。航空器相撞成因分析，就要以因果性为基础，以人为因素为核心，运用事故链模型、多米诺骨牌模型和 ICAO 事故起因模型，探查引起航空器相撞事故的“人—机—环境”不安全因素与管理缺陷相互之间一环扣一环、依次串联的致因过程。

①事故链模型(Accident Chain)。该模型是由波音公司在前人研究成果的基础上提出的，认为事故发生通常不是孤立事件的结果，而是由一系列程度较轻的不安全行为或状态所引发，如机组、空管、机场、天气、设备、维修等不安全事件，与管理缺陷凑到一起，并逐渐恶化而达到事故链的顶峰——酿成事故，如图 4-3 所示。多种不安全因素环环相扣而导致事故是一种普遍现象，只要能够在某个环节，控制具体不安全事件，切断链条的任何一个环节，事故就可以避免。

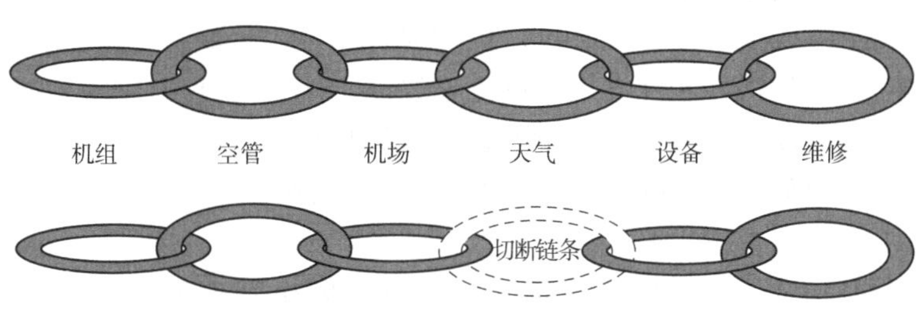

图 4-3　事故链模型

由于空中交通系统的复杂性及事故原因的多样性，因而发生的航空器相撞事故也呈现千姿百态，完全雷同或重复出现的情况极少。附录一(1)、(2)运用 Accident Chain 模型，对新加坡波音 747-400 在台北桃园机场与地面工程车相撞事故，以及德国博登湖上空图 154 客机与波音 757 货机空中相撞事故进行了详细分析，并按照事故发生和发展过程，找出与事故原因相关的事件，然后将这些事件按发生的时间排出顺序，一环一环地分析，并列出事件链。

②多米诺骨牌模型(Domino)。海因里希(H. W. Heinrich)通过统计分析 55 万起工业生产事故，提出了工业伤亡过程中的因果连锁理论：借助五块 Domino 骨牌，即遗传及社会环境(A1)、人的缺点(A2)、人的不安全行为和物的不安全状态(A3)、事故(A4)、伤害(A5)等，形象地说明事故的发生不是一个孤立事件，而是一连串事件按一定顺序互为因果依次发生的结果，人们只要能够移除其中的任一个骨牌，即控制住其中一个不安全因素，事故发生的连锁效应就被破坏，事故过程就被中断，如图 4-4 所示。

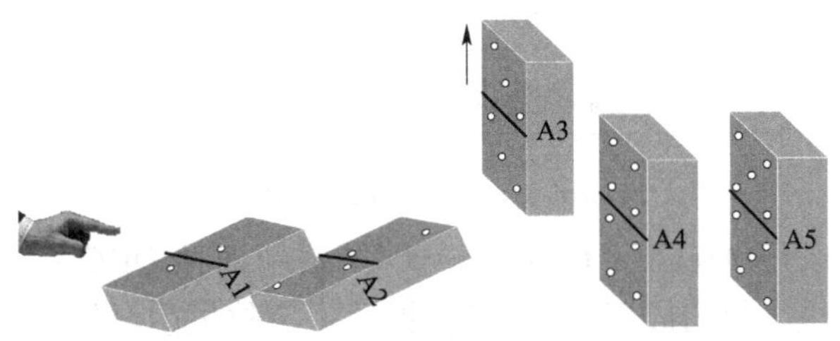

图 4-4　多米诺骨牌效应

后来,经过博德(Frank Bird)和亚当斯(Edward Adams)修改和完善,按照先后次序和深度层次,将 Domino 模型中的不安全因素分为五类:

管理因素(A1)。包括:生产及安全方针、政策和制度落实;责任及职权范围划分;人员选拔、训练、指导及监督;设备、器材及设施的设计、维修及配置;操作规程的制定等。

个人原因及工作条件(A2)。个人原因包括:先天遗传或后天教育形成的素质缺陷,如轻率、急躁、鲁莽、易冲动、神经质以及缺乏知识或技能、动机不正确等。这些缺陷是人产生不安全行为或造成设备不安全状态的原因。工作条件包括:操作规程不合适、设备或材料不合格以及温度、压力、噪声、照明、周围的状况等环境差。这些因素通常是基本的,且是隐藏在深层因素里的,需要进一步查明并采取措施控制。

直接原因(A3)。包括:人的不安全行为或机的不安全状态。它们是事故的直接原因,是安全管理中必须重点加以追究的原因,同时也是一种表面现象,是深层次原因的表征。

意外事件的产生(A4)。由于物体或力的作用或反作用,产生失去控制的伤害事件。

伤害或后果(A5)。即直接由事故产生的人身伤害或财产受损。

附录一(3)运用 Domino 模型,对 1995 年“俄罗斯勇士”折戟金兰湾事故进行探查,并将相关的影响因素,依先后次序和深度层次进行分类排列,说明引起航空器相撞事故的人的不安全行为、机的不安全状态、环境的不安全成分与管理缺陷之间互为因果,发生连锁反应导致意外发生,以及在最后时刻移除关键“骨牌”,控制事态继续扩大,避免了一起重大航空器相撞事故发生的过程。

③事故起因模型(Accident Causation)。ICAO 在《安全管理手册》中,依据系统安全理论,从安全管理体系角度,提出 Accident Causation 模型。该模型认为,现代空中交通系统通常都设有专门的“防护机制”以预防系统不同层次(即一线工作场所、监督层和高层管理者)的不当行为或错误决策,当一线人员(飞行员、管制员、维修人员)的差错与违规行为像一个不间断的光源,刚好透过航空单位、航空管理部门等各层面上的漏洞,破坏各层面设置的“防护机制”,激活不安全状况(现实或潜在的),事故就发生了。事故的发生必然经历五个阶段或层次,即组织因素、工作场所、机队或团队、防护机制和结果,如图 4-5 所示。

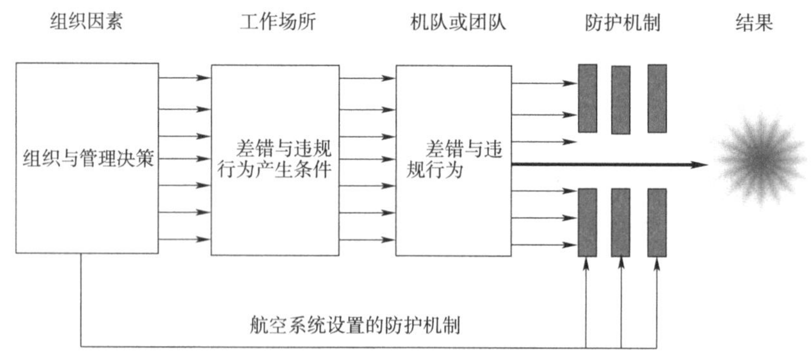

图 4-5 ICAO 事故起因模型

附录一(4)、(5)运用 Accident Causation 模型,对新西兰 DHC-8 飞机撞山事故和印度杰尔基达德里空中相撞事故的成因进行分析,揭示了事故发生经历的不同阶段及其对应的漏洞,并描述不安全因素破坏“防护机制”,穿透这些漏洞而导致事故发生的过程。

4.2 航空器相撞的人为因素

ICAO 认为,人为因素(Human Factors)是关于人的科学,其研究的范围涉及空中交通系统中人的一切表现,它利用系统工程学的方法和有关人的科学知识,以寻求人的最佳表现,它的最终目的是安全和高效。从航空安全发展史可以看出,在探讨"人"作为影响航空安全的核心因素上,航空界最初从线性因果角度引入了事故链、多米诺骨牌等模型,到了 1990 年,英国曼彻斯特大学教授 J. Reason 在吸纳海因里希、舒赫曼、菲伦泽、伯德、爱德华兹、拉斯穆森等学者相关理论的基础上,从系统安全的组织观点出发,将事故发生分别归属于五个层次,即组织影响、不安全监督、不安全行为的前提条件、不安全行为和防护不当,即所谓的 Reason 模型,如图 4-6 所示。

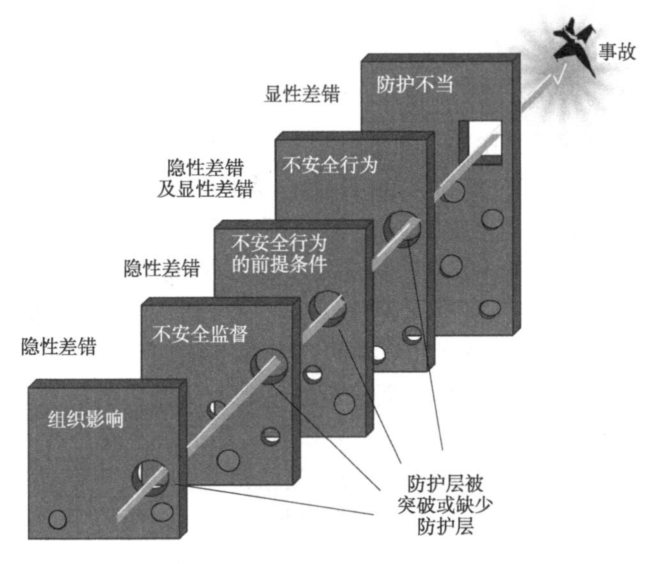

图 4-6　Reason 模型

Reason 模型认为,事故通常不是孤立因素导致的,而是系统缺陷共同作用的结果。在图 4-6 中,每片"奶酪"代表一个事件发生的阶段或层次,而各片"奶酪中的洞"即代表每一阶段所有可能发生的差错,分为显性差错和隐性差错。显性差错是直接导致事故发生的差错,而隐性差错不像显性差错那样直接产生事故,当与其他因素发生交互,最终会导致事故发生。

Reason 模型的提出彻底革新了航空业安全的观点,正如 ICAO《事故人为因素调查指南》指出的那样,Reason 模型在帮助理解人为因素方面取得巨大进步,人们更加关注事故因果链中的隐性差错,以及系统存在的缺陷。但 Reason 模型只是一个抽象的理论,没有指出不同层次的缺陷,即"奶酪中的洞"到底是什么,更没有说明如何查找这些"洞"。1997 年,美国道格拉斯 A. 维格曼(Wiegmann)和斯科特 A. 夏佩尔(Shapper)基于 Reason 模型,从不同学科对航空安全中的人为因素问题进行了详细探讨,提出并构建了人为因素分析与分类系统(HFACS,Human Factors Analysis and Classification System)概念模型框架[4]44。HFACS 首次解决了人为因素理论研究和实践应用长期分离的状态,填补了人为因素领域一直没有可操作性的理论框架的空白,成为具有可操作性的航空事故人为因素调查的有效工具。

4.2.1 人的不安全行为

根据ICAO飞行事故统计数据可知,1959—1990年间,由于机组行为失误造成的航空器失事占事故总数的70%~77%。FAA统计结果表明,几乎80%的飞行事故是由机组的不安全行为直接导致的。我国民航对1990—1994年间发生的29起运输飞行事故原因的分析表明,人为因素占事故总数的89%,其中机组行为失误的因素占57.7%,主要表现在机组操纵不当(18.8%)、机组违反飞行程序和规章(11.8%)、机组成员配合不好(11.8%)、机组判断错误(5.9%)等方面。就防相撞工作而言,最关键的是飞行员和管制员的不安全行为,其行为可直接导致航空器相撞事故,因而也是防相撞工作研究和关注的重点。

飞行员和管制员的行为可分为:以技能为基础的行为、以规则为基础的行为和以知识为基础的行为。

①基于技能的行为,是指飞行员和管制员在一个非常熟悉的工作环境下,不用有意识地去思考而完成某项操作或指挥任务,绝大部分情况是一种潜意识或"自觉"行为。这主要得益于平时广泛的培训和练习。其中的不安全行为主要表现为疏忽和失误。

②基于规则的行为,是指飞行员和管制员执行一系列熟悉的程序时,能有意识地受法规限制或被"长效记忆"的操作流程所控制。这些法规和"长效记忆"的操作流程通常从培训、经验及与人交流中获得。其中的不安全行为主要表现为:违规或选择了不正确的操作流程。

③基于知识的行为,是指当飞行员和管制员面对一个新奇的、不熟悉的环境或状况,又没有可供参考的操作流程,且基于技能和规则的行为不能解决问题时,便依据自己储存的知识库或认知域,通过对环境状况与目标全面分析的基础上所做出的决策。这主要得益于平时学习能力、记忆能力、认知能力和判断能力的积累。其中的不安全行为主要源于先天不足、知识掌握不全面或不准确、形势分析错误或决策错误。

一般情况下,空中交通活动中的大部分不安全行为是以上三个层次行为的复合错误,主要分为两大类:差错和违规,如图4-7所示。

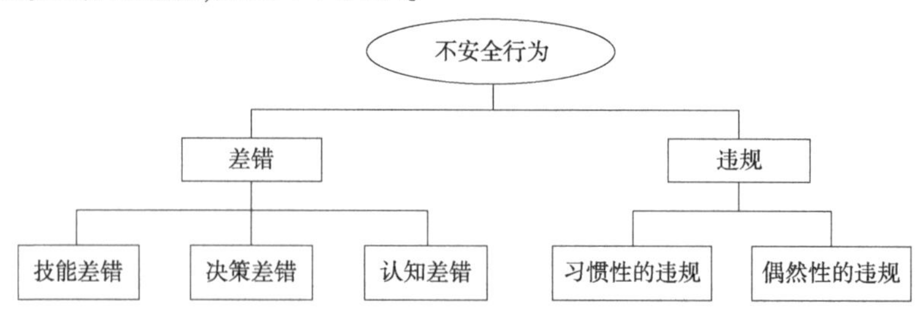

图4-7 不安全行为分类

1. 差错

差错是指人的行为的结果超出了可接受的界限。对于航空器相撞事故而言,差错主要是指飞行员和管制员操作过程中,所实现的功能与被要求的功能之间的偏差,其结果可能以某种方式给系统带来不良影响。可分为技能差错、决策差错和认知差错。

①技能差错。指由于飞行员和管制员的技能方面的原因造成的差错。从防相撞工作角

度讲,飞行员和管制员的技能差错主要是由于注意力分配不当、记忆失能、通话或语言表达不正确等产生的。新西兰 DHC-8 机组由于注意力分配不当,仅全神贯注地关注起落架事故,而没有人注意飞行高度,最后飞机撞山。西班牙特那里夫岛洛斯德斯机场两机跑道相撞事故,其中原因之一就是管制员使用了非标准通话用语,详情见附录一(4)。

②决策差错。指飞行员和管制员根据计划,在一定的场景下选择了一个不合适的决策选项。决策差错是航空器相撞事故的重点致因。决策是以判断为前提,并受记忆和注意品质的影响。决策差错分为三类:一是程序错误。空中交通活动是一种高度程序化的任务过程,多数飞行员和管制员的决策差错是程序差错。“俄罗斯勇士”折戟金兰湾过程中,格列比翁尼科夫少将刚愎自用,无视地面指挥,自行决定降低高度,最终导致事故发生,详情见附录一(3)。二是选择不当。当情况紧迫或面临压力,又缺乏经验时,飞行员和管制员就不可能做出完全正确的决策。德国博登湖上空图 154 客机与波音 757 货机空中相撞事故中,飞行员面对管制员指挥“Descend!”和 TACS 指令“Climb!”,如果能够做出正确决策,事故也就不会发生,详情见附录一(2)。三是问题处理差错。1992 年 11 月 24 日,我国一架波音 737 在桂林机场下降过程中撞山,造成了一场震撼全国的空难。事故调查发现,在撞山前约 1min 当飞机由下降改为平飞时,右发动机自动油门系统出现故障,飞机姿态发生变化,但飞行员没有及时发现,当飞机坡度达到 45°时,飞行员情急之中,在尚未辨明飞机姿态的情况下,采取了完全相反的操纵,致使飞机反而以更大的坡度及大速度、大俯冲角的姿态向山上撞去,导致了一起严重飞行事故。

③认知差错。指一个人的认知和实际情况不符合时发生的差错行为。认知差错一般由视觉错误或错误判断距离、高度、空速和能见度等导致,主要发生在飞行员飞行时。应该注意的是,错觉本身并不是认知差错,飞行员对错觉的错误反应才是认知差错。飞行过程中,当机组错误判断飞机的高度、姿态和航向时,就会出现认知差错。尤其在漆黑的夜里、地表特征不明显的湖泊或旷野地形飞行时,这种错觉会导致严重的可控飞行撞地。1995 年 12 月 20 日,美利坚航空公司一架波音 757 飞机,在哥伦比亚卡利机场附近发生了可控飞行撞地事故。当时,飞行员把航线委托给飞行管理系统,飞机实际上已经飞过了驾驶员误认为仍在前方的一个信标台,造成了飞机向东面的高山地区飞行了 90s 后,飞行员才决定人工操纵飞机,但是这一决定太晚了,最后飞机撞山坠毁。

2. 违规

违规是指故意无视规则、规章和制度的行为。规章制度是以法律、法规、规则、规章、细则、制度等形式,明文规定航空人员行为必须遵循的基本要求,是规范空中交通活动的准则,是组织与实施飞行活动的基本依据。违规通常分为习惯性违规和偶然性违规。

①习惯性违规。本质上讲是习惯成自然的,通常是由一些不起眼的、管理者常常给予容忍的小违规行为开始的,包括:飞行简令[1]不充分、不采纳管制员建议、没有授权的滑行或进近、违反训练规则、边缘气象条件下申请使用目视飞行规则、没有按照起飞手册操作、违反命

[1] 飞行简令是飞行某一阶段、某一动作实施之前,操纵飞机的飞行员向另一名飞行员说明即将开始的实施意图,即对某一动作的正常和非正常飞行程序、操纵要领、注意事项以及机组分工进行简要复述。其目的是让机组成员明确各自的职责,正常时如何办,不正常时如何分工配合。常见的有“起飞简令”和“进近简令”。

令、规章和标准操作程序等。例如,1983 年 9 月 14 日,我国民航一架三叉戟客机在桂林机场滑行起飞时,与军航飞机相撞,死亡 11 人,轻伤 25 人(机组 2 人),飞机报废。其原因是桂林民航站管制员采取“先斩后奏”的做法,违反有关指挥规定;军航飞机违反滑行规定和避让原则,造成重大损失,详情见附录二(5)。1997 年 5 月 8 日,我国民航一架波音 737 飞机在深圳机场发生可控飞行撞地事故。当时飞机在五边未能建立稳定的进近,在下降到规定的安全高度而不具备着陆条件时应果断复飞,但飞行员却抱着侥幸的心理勉强落地,造成着陆失事,反映飞行员在遵守程序方面所存在的主观性和随意性。

②偶然性违规,是指偏离规章制度较远的孤立事件,主要包括:执行没授权的战术机动、不合适的起飞技巧、没有获取正确的气象资料、冒不必要的危险等。1994 年 3 月 22 日,俄罗斯国际航空公司一架空客 310 飞机,在执行航班任务中,机长让其子女进入驾驶舱,并允许其子坐在机长座位上操纵飞机,其女坐在副驾驶座位上。当飞机出现意外情况时,驾驶员没有立即接过来驾驶飞机,造成机毁人亡的惨剧。1994 年 10 月 17 日,日本《朝日新闻》和《每日新闻》两架直升机,为争相拍摄两艘油轮相撞的镜头而在空中相撞。

4.2.2 人的不安全行为的前提条件

人的不安全行为既受其内在心理的支配和控制,也受其身体状态和工作环境影响。从防相撞角度讲,飞行员和管制员的行为失误主要源于三个方面:人的不安全状态、群体不安全状态和环境因素,如图 4-8 所示。

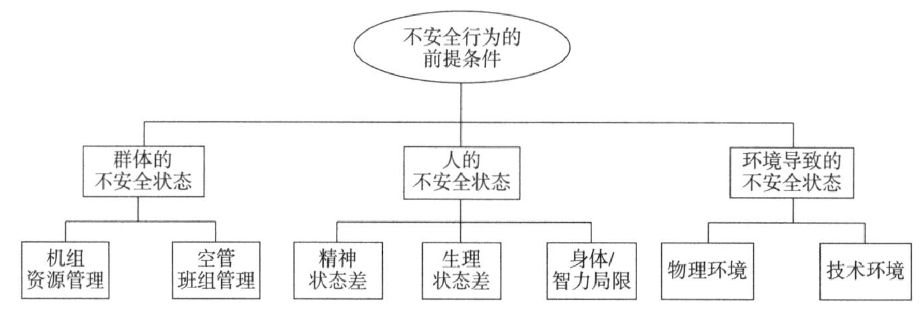

图 4-8 不安全行为的前提条件

1. 人的不安全状态

不论是飞行员,还是管制员,其工作状态都对飞行安全有一定影响,有时这种影响甚至是致命的。飞行员的职能主要体现在“人—机”界面交互过程中,直接与航空器飞行安全相关;管制员的职能主要体现在“人—人”界面交互过程中,间接与航空器飞行安全相关。空中交通活动中,飞行员和管制员的不安全状态主要有:精神状态差、生理状态差和身体或智力局限[4]50。

①精神状态差,直接影响飞行员或管制员注意的广度、反应的速度、思维的敏捷度。主要表现为:失去情景意识、自满、应激、自负、警惕性低、精神疲劳、生理节律紊乱、注意范围狭窄、精力不集中等。从防相撞工作角度看,人的不安全状态中最重要的是注意力不集中、失去情景意识、自负、自满、自以为是以及超负荷工作、精神疲劳等。对飞行员和管制员来讲,一方面,自负和其他的危险态度如傲慢以及感情用事,都会影响到违规行为的发生。1995 年,“俄罗斯勇士”3 架苏 27 撞山事故中,格列比翁尼科夫少将刚愎自用,态度傲慢,与地面

指挥员反复争执，违反进近下降程序，更令人叹惋的是，机载近地告警系统发出警告后的 35s 内，他没能当机立断，纠正错误，最终失去纠正错误的机会，详情见附录一(3)。另一方面，精神疲劳必然会增加发生差错的可能性。据 1988 年美国航空航天安全委员会报道，在已公布的飞行事故中，约有 21% 的事故与疲劳有关。

②生理状态差，主要表现为：生病、缺氧、身体疲劳、极度兴奋、运动病等，使飞行员或管制员产生视觉错误、空间定向障碍、注意力分散以及身心疲劳等不正常状态，造成不良后果。1989 年 2 月 8 日，美国独立航空公司一架波音 737 飞机在强湍流和云中撞山坠毁，机上 137 名乘客和 7 名机组人员全部死亡。事故调查发现，除塔台管制员错误外，另一个重要原因就是机组没有遵守规定的操纵程序，产生一系列人为差错。深究这些人为差错产生的原因，与机长的生理状态有一定关系。该机机长虽然飞行经验丰富，但因他的脚刚做过矫形手术，尚未完全康复，出事一周前曾发生过因脚不适而不能蹬方向舵的情况，这难免会影响对飞机的正常操纵。有关资料研究表明，飞行员对近地告警系统发出警报的平均反应时间是 5.4s，当时近地告警系统发出警报的持续时间是 7s，但该机长可能因脚伤，采取的紧急措施迟迟未见成效。同时，副驾驶也是重要的责任人，当时该机的副驾驶被雇用才几个月，此前不久曾经历了母亲去世和个人破产的伤心事，并且经常受到过敏的困扰，靠服用抗组胺剂自我治疗。事故调查结论证实，机组在 23min 的通信中，共建立、延迟和打断通信联系 49 次；副驾驶在高频和甚高频通信中共发送 17 份电报，但因语言错误或未使用标准通话用语，重复了其中 8 份电报，其不合常理的频繁差错，很可能与其服用有抑制作用的药物有关。由于副驾驶通信技术差、精力不集中，导致无线电通信多次失误，没能及时发现高度表调定值错误，机组秩序混乱，最终造成机毁人亡。

③身体或智力局限，是指操作要求超出个人能力范围时的情况，主要表现为：体能不适应、缺乏飞行所需技能、缺乏感官信息输入、视觉天然局限、处理复杂情况的经验不足等。现代生理学和心理学认为，人的认知过程存在一定的局限性。首先，人类的感觉器官不可能觉察到所有重要的信息。其次，人类对知觉对象的解释往往取决于情景，脱离情景的解释，容易使人出错；第三，人类“注意力”的单通道性，导致飞行中许多重要的信息或事情被遗漏掉。有关文献资料表明，当人们需要作出快速反应时，发生差错的可能性显著增加。飞机在复杂气象、复杂地形或繁忙机场飞行时，飞行员需要针对随时出现的情况立刻作出反应，这种紧急情况下，各种类型的差错就会大大增加。同样，管制员在面临复杂繁忙的空中交通而又必须迅速处理各种出现的情况时，一样会出现比正常情况下多得多的差错。

2. 群体的不安全状态

空中交通活动中，机组和空管班组常常为许多不安全行为的产生创造前提条件，称之为群体的不安全状态。群体的不安全状态主要表现为：没有充分地进行通报、缺少团队合作、分工不明确、人际关系失调、缺乏自信、部门间联络或协作不畅、错误理解管制员指令等。从机组资源管理角度看，造成群体不安全状态的原因有以下几方面：

①职责不清，管理低效。飞行机组普遍提倡“二人”制，即机长操纵飞机，副驾驶进行适当配合。实际运行中，为了培养副驾驶操纵飞机的能力，必然要求副驾驶在飞行中途或全程操纵飞机，履行机长部分职能。在这种情况下，机长与副驾驶之间就操纵与监控责任问题，经常出现分工不明、职责不清的现象，发生错误的可能性大大增加。自 1949 年以来，我国曾

发生多次正、副驾驶员缺乏配合意识,注意力分散,忽视对飞机高度、姿态及前方障碍物的注意,造成撞山、撞树、撞高压线等事故。

②配合不良,人际失调。飞行过程中,机组成员团结协作、配合默契,就能产生"1 + 1 > 2"的效应。机长能够对副驾驶的动作进行有效的监控和证实,明确飞机操纵权的交接,增加正、副驾驶间的沟通,一些低级差错完全可以避免;反之,机组成员各行其是,互不协作,就可能导致群体行为失误,甚至酿成事故。1994 年 8 月 10 日,韩国大韩航空公司的一架 A300 客机在济州岛准备降落时突遇大雨,机长坚持着陆,副驾驶坚持复飞,两人争执不休导致动作不协调,且没有采取减速措施,致使飞机高速接地后冲出跑道,撞上防护栏起火烧毁。

③检查不力,防错不当。现代航空安全管理要求建立多层次"防错机制",除地面管制员、机载告警设备等防错或告警外,机组资源管理(CRM)强调机组成员作为一个整体进行工作,它能保证机组不会因个人失误而导致整体出差错。这就需要机组成员之间进行交叉检查。交叉检查是检查主体充分利用尽可能多的判断手段,对检查客体进行证实性核查,力求找出不妥之处,及时加以弥补,以确保飞机安全运行。但在实际飞行过程中,由于防错不当、交叉检查不力而导致机组失误时有发生。例如,副驾驶输入飞行管理计算机(FMC)数据出错,机长没有进行交叉检查,特别是航路数据临时有变时,若仍按原有航路飞行,后果是非常危险的;检查单制度落实不到位,机长与副驾驶之间没有落实规定程序,一旦出现人为差错就无法挽回。

④培训不足,知识匮乏。随着自动化程度的提高,机组功能已从操作型转变为管理型,知识和信息对航空安全的作用越来越重要。在简单的重复性操作中,人犯错误的概率为 1/100 ~ 1/1000;但经过学习和训练,错误率可下降到 1/1000 ~ 1/10000,也就是说,人为失误是不可避免的,但能通过学习或训练得到控制而减少。实际工作中,机组培训不足,原有的知识和技能难以适应工作需要,也有可能导致事故发生。1994 年 1 月 7 日,美国联合捷运航空公司一架英国宇航飞机,在美国俄亥俄哥伦布港机场进近着陆时撞在附近的建筑物上失事。事故原因是机长和副驾驶都缺乏驾驶这种机型的经验,对该机型的驾驶舱仪表及自动驾驶仪了解不够,对飞机失速报警反应缓慢且操纵失误。

⑤信息失真,沟通不畅。群体沟通问题主要表现在语义障碍、知识经验局限性、知觉选择性等方面。例如,用英语通话指挥是与国际接轨的有效步骤,但英语有一词多义和不同单词读音相同的情况,存在着造成误解的可能性。20 世纪 90 年代初,国外一架波音 747 飞机,因飞行员将"Descent two four zero zero"误认为"Descent to four zero zero",导致撞山事故。航空活动是一项复杂的系统工程,来自 150 多个工种的信息流源源不断地汇入驾驶舱,只有发挥机组的总体力量,明确分工,密切合作,才能全面地处理纷繁复杂的信息并转化为合理的行为。

3. 环境因素导致的不安全行为

环境因素也可能导致人的不安全状态和群体的不安全状态产生。包括:物理环境和技术环境。物理环境主要是指航空器所处的天气、地形、水文等运行环境,以及飞行员和管制员周围的高温、振动、照明、辐射等操作环境。例如,在不利气象条件下,人的视觉受限,很可能导致空间定向障碍或知觉差错。其他的物理环境,如高温能引起脱水,降低飞行员的注意力水平,致使决策过程延长;航空器突然加速产生的作用力使得血液流向头部,导致视力障碍甚至意识丧失。

技术环境主要是设备或控制装置的“人—机”界面、检查单编排、情报资料、显示屏或界面特征、任务紧急程度和自动化等。由于信息发布和传播中的技术障碍，飞行员或管制员得不到必要的信息，使用不正规的资料，或者错误地理解传来的信息，抑或管理层提供的情报资料本身有错误，都有可能导致飞行员或管制员的不安全行为产生。1992年7月31日，一架空客310飞机在尼泊尔加德满都进近中可控飞行撞地，重要原因之一就是公司提供的导航文件将加德满都机场的初始进近定位点名称和位置标错，导致机组失去了地形意识。现代玻璃驾驶舱的自动化水平越来越高，减少了大量人的不安全行为，但也带来了一些新问题。例如，高度可靠的自动化设备，会导致飞行员出现过度信任和自满的不利精神状态，使得他们甚至在“常识判断”与自动化设备的建议相矛盾时，仍然按照自动化的指示去做。相反，不太可靠的自动化设备会使飞行员产生不信任感，有时干脆不使用自动化设备。例如，早期的TACS和GWPS频繁发生的误警告会变成一种干扰，从而导致飞行员不做出响应、延迟响应、关掉警告，或者对告警系统产生怀疑直至忽视正确的警告。最典型的案例就是发生在南美的一个悲剧性可控飞行撞地事故。当时近地告警系统响起，并伴有响亮、清晰的“拉起！拉起！”的语音提示。而就在飞机撞山之前，机长还不耐烦地大声喊道：“北方佬，闭嘴！”显然，机长认为这又是一起错误警告，导致了49人在这起本可避免的事故中丧生[5]。

人为因素是诱发航空事故的主要因素，这已是世界航空界不争的事实。目前，航空领域人为因素研究方兴未艾，在众多概念模型中，HFACS概念模型充分展示了系统安全的思想，是航空界普遍接受和称赞的人为因素事故调查和分析工具，并广泛应用于航空器相撞事故人为因素分析领域。附录一(7)～(9)运用HFACS模型，对美国比奇1900C与空中国王A90两条跑道交叉处相撞事故、“空中观光旅行”22号航班撞上哈雷阿卡拉火山事故以及巴西波音737飞机与莱格塞公务机空中相撞事故进行了详细分析，以加深我们对航空器相撞事故中人为因素的认识，有助于我们用简单的方法认识复杂的航空器相撞机理。

4.3 航空器相撞的设备因素

设备是空中交通活动的物质基础，其作用是为空中飞行安全、正常、有效和经济地运行提供技术保障，主要包括：通信设备、导航设备、监视设备、管制设备和气象设备。它们的故障或异常状态虽然很少直接导致航空器相撞事故的发生，但却是构成事故链的重要环节。通常情况下，这些设备的缺失、故障或功能失效，总是与人的不安全行为和环境的不安全成分结合在一起，最终导致航空器相撞事故发生。

4.3.1 通信设备

航空通信设备是空中交通管理部门实施空中交通服务的重要手段。航空通信根据其使用范围、特性分为两大部分：一是航空固定通信，主要是在规定的固定点之间进行的单向或双向通信，其业务通过平面电报、数据通信、卫星通信、有线通信进行，空中交通活动使用航空固定通信设施交换和传递飞行动态信息，移交和协调空中服务；二是航空移动通信(地空通信)，主要是航空器机载电台之间或机载电台与地面电台之间的双向通信，目的是保证不同飞行阶段航空器与地面之间不间断联系，尤其在起飞或着陆阶段，飞行员与管制员之间通信的连续性和可靠性，是保证航空器安全起飞或着陆的关键因素。1989 年 2 月 8 日，美国独立航空公司一架波音 707 飞机在圣玛丽亚的亚速尔岛机场进近着陆时，由于管制员与飞行员同时通话导致无线电发话器堵塞，该架波音 707 航班机组没有听到塔台要求的"高度降到 3000ft 时报告"的指令，再加上错误的高度表调定值，导致飞机最终在 2000ft 高度上撞在距亚速尔岛机场大约 5mile(8km)的上皮科山上，机上 144 人全部遇难。

通信设备的故障或失效，都会导致通信中断，直接影响空地之间的联络，威胁航空器空中安全。主要情况有：通信设备故障或失效、传输线路中断、光端机故障、VHF 遥控台或控制板故障、通信供电系统故障，以及 ATC 无线电接收器故障、话筒故障、无线电通信拥挤、给航空器分配错误的频率、使用错误的无线电联系、机载无线电接收器音量过小、通信设备受干扰使发送与接收的声频质量差、忘记转换到新的频率等。国外有关通信中断不安全事件统计结果表明，50% 以上的通信中断不安全事件是由于飞行员粗心大意调错了飞机上的接收器或音频选择器造成的，依次是无线电台故障、频率阻塞（话筒、无线电发射器、接收器选择面板模式错误或失灵）等。其中，通信中断的持续时间最短为 30s，最长竟达 1h，平均中断持续时间约为 7.6s。2006 年 9 月 29 日，巴西波音 737 与莱格塞公务机空中相撞事故中，莱格塞飞机与地面 ATC 失去通信联络达 24min，直至空中相撞受伤后，莱格塞飞机才通过邻近的波音 747 货机作为中继，与 ATC 取得通信联系。

4.3.2 导航设备

导航设备是保证航空器安全、准确地沿选定路线准时到达目的地的一种手段。其作用是引导航空器沿既定航线飞行；确定航空器当前所处的位置及其航行参数（包括航向、速度、姿态等）；引导航空器在夜间和复杂气象条件下安全着陆；保证航空器准确、安全、经济地完成航行所需的其他引导任务。国际飞行安全基金会研究数据表明，机场安装有精密进近着陆导航设备可以明显降低航空器在进近着陆阶段发生可控飞行撞地事故，且安装非精密进近着陆导航设备的机场发生可控飞行撞地事故的风险是安装精密进近着陆导航设备机场的 5 倍。

现代航空自动化技术迅速发展，必然对导航设备的依赖性越来越高，自动定向仪（ADF）、甚高频全向无线电信标（VOR）、测距仪（DME）、无线电高度表、仪表着陆系统（ILS）、微波着陆系统（MLS）等导航设备的缺失，或者出现故障、设备设施遭雷击出现物理损伤、天线故障、供电问题等，都会对飞行安全造成威胁。1993 年 5 月 19 日，哥伦比亚麦德林航空公司一架波音 727 飞机，飞抵麦德林后，开始下降高度，由于该地区 VOR 失效，飞机坠毁在圣维森特山上，机上共 134 人，死亡 132 人。

4.3.3 监视设备

监视设备的作用是提供空中航空器及机场场面动目标的实时动态信息。按载体的不同，监视设备可分为地面监视设施设备和机载监视设备。地面监视设施设备是监督各种航空器按照批准的飞行时间、航路（航线）、空域和指定的高度飞行，防止航空器偏离航路（航线）、超出空域、任意改变航行诸元，尽早发现跑道侵入、飞行冲突或低于安全高度飞行的重要手段。通常包括空管一次监视雷达、空管二次监视雷达、自动相关监视和多点定位系统等地面监视设备及附属设施。机载监视设备是目前先进大型飞机航空电子系统的重要组成部分,主要实现气象、空中交通、地形监视功能。通常包括机载航行雷达、机载风切变探测系统、空中交通告警与防撞系统、近地告警系统、机载应答机、机载自动相关监视设备等。

监视是空中交通管制必不可少的重要环节。空中交通管制部门利用监视信息判断、跟踪空中航空器和机场场面动目标位置,获取监视目标识别信息,掌握航空器飞行轨迹和意图、航空器间隔及监视机场场面运行态势,提高空中交通安全的保障能力。地面雷达老化、雷达遭雷击无法正常工作、雷达信号不能正确输出、雷达天线故障、雷达供电中断、没有安装自动相关监视和多点定位系统等问题,都可能使得管制员无法掌握飞行动态或不能及时发现危险情况,从而引发航空器相撞事故。没有加装机载探测与告警设备或功能缺失、机载应答机损坏或没有打开等,都可能使得航空器遭遇恶劣气象、邻近空域内与本机距离过近的飞机及可控飞行撞地等威胁。2006 年 9 月 29 日,巴西波音 737-800 型客机与莱格塞小型公务机发生空中相撞前 26min 内,一次监视雷达信号一直断断续续,后来一、二次雷达信号都消失,管制员无法掌握飞行动态,也就不可能从雷达显示器上预先发现波音 737-800 与莱格塞处于同一高度层汇集飞行的情况,详情见附录一(8)。

4.3.4 管制设备

管制设备是一个以计算机工作站为核心,集计算机、通信及显示设备于一体,包含多种软、硬件功能的综合网络系统。其软件功能主要包括:雷达数据处理、航行情报信息处理、飞行计划信息处理、显示处理、人机对话及气象数据处理等。主要用于监视数据接收、处理、显示和监视航空器安全及告警处理、飞行计划处理和管制移交。管制员通过管制设备显示终端,一目了然地掌握每架航空器的飞行航迹及航空器与航空器、航空器与地面障碍物之间的相对位置关系,发现、识别和调配飞行冲突,实时、准确地指挥航空器安全有序地飞行。管制设备是由物理性实体和相关通信网络两部分组成的。物理性实体包括:管制中心设备、机房、配电室、电缆线、供电设备及分布于野外的配置在固定支架上的通信、雷达、导航等设备。相关通信网络包括数据网、通信网等。它们极易受到自然的或人为的损坏和内部机理性故障影响。尤其是管制设备的工作站、显示终端及户外的雷达天线、通信设备、气象设备等均是整个系统的关键节点,其中的每个节点或某几个节点一旦被毁坏或发生故障,整个系统便不能正常运行。例如,管制席位死机、雷达数据处理(RDP)模块故障、网络中断、转报系统故障、气象系统故障、电力供应中断等,都会使管制设备中止工作、瘫痪或管制服务功能降低或失效。

管制设备的稳定、可靠及管制服务的不间断性,对于维持空中交通秩序,防止航空器与航空器、航空器与地面障碍物相撞至关重要。随着大量先进的管制设备和告警设备投入使用,管制手段和能力不断提升,同时也增加了人对管制设备的依赖程度,特别是长期使用管制设备后,容易使人产生思维定式,而一旦这些设备故障或失效,管制服务随之中断,空中交通有序流动的平衡被打破,必然给飞行员和管制员心理造成巨大冲击,应激状态下应急处置发生“错、忘、漏”的可能性增大,飞行冲突、危险接近甚至空中相撞的事故链很容易形成。2004 年,德国博登湖上空图 154 客机与波音 757 货机空中相撞事故中,关键的管制设备发生故障,管制员与飞行员失去有效联系,没有发现空域内有两架飞机同高度汇集飞行的危险情况,详情见附录一(2)。2008 年,“5 · 12”汶川地震发生后,成都地区管制设施设备部分毁坏,地区空中交通活动出现短时间混乱,军民航管制部门使用应急管制设备才将空域飞行的 20 多架飞机紧急疏散,保证了飞行安全。

4.3.5 气象设备

气象设备是指为空中交通活动提供准确气象信息的设备与设施。主要包括:航空气象观(探)测设备、气象情报传递和终端设备、各类计算机以及特殊装备。其中,气象卫星和气象雷达是现代重要的航空气象设备。气象卫星能提供可见光云图、红外云图、空中风场、高空急流位置和强度、气温和水汽的垂直分布等。通过对卫星资料的分析,可获得准确的国际航线大气风的预报,从而使远程航行的意外事故大为减少。气象雷达包括测风、测云、测雨等多种类型,其中测雨雷达是掌握对飞行安全威胁严重的强对流天气的有效工具。它们能够及时地为空管部门及飞行员提供准确的气象报告。然而,气象设备故障或气象预报不准确导致飞机遭遇紊流而坠机或撞山的事故也时有发生。1998 年 3 月 18 日,我国珠海地区有一架直升机,由于飞行员没有获得仪表进近训练空域的气象资料,特别是没有该飞行高度的高空风资料,致使修正侧风量不足而偏航撞山。2004 年 9 月 25 日,由于对夏威夷考艾岛上空天气情况掌握不准,美国一架贝尔 206B 观光旅游直升机在考艾岛上空突遇强下降气流和低云层,最后撞山,机毁人亡[6]。

4.4 航空器相撞的环境因素

系统科学认为,任何系统都是在一定的环境中产生的,又在一定的环境中运行、延续和深化,不存在没有环境的系统[7]。空中交通系统也不例外,它总是处于一定的自然环境、空域环境和机场环境之中。这些环境因素,有时可能直接导致航空器相撞事故发生,有时仅仅是一种触发事故的外部条件,并与人的不安全因素、机的不安全状态相互作用、同时并存。

4.4.1 自然环境

自然环境主要是指天气环境和地理环境等。天气与飞行安全密切相关,大气现象和空气运动对航空器的活动具有重要影响,这种影响在航空器起飞与着陆阶段尤为突出。同时,机场周边地理环境对航空器的安全起降也有非常重要的影响。

1. 天气条件恶劣

天气是影响飞行安全的主要因素之一。据统计,全球在 1993 年发生的 46 起有亡人飞行事故中,因天气原因占 16 起。可以说,天气影响飞行的全过程,气压、能见度、风、气流、云、降水、冰雪等都与飞行安全有关。一是场压,飞行员着陆前必须准确了解场压。在 500m 以下,标准大气压条件,每上升 12m 气压下降 0. 1kPa[8]。飞行员必须根据场压调整好高度表指针,高度表指针指到零时,飞机轮子正好接地。如果场压多报 0. 5kPa,高度表指针指在 60m 时飞机就接地,可能坠地机毁。如果少报 0. 5kPa,指针指零时飞机离地面还有 60m,可能会冲出跑道撞在附近建筑物上。二是能见度，如果能见度差，航空器着陆时很难对准跑道，很难掌握着陆时机，也很容易与地面障碍物相撞。三是风，风对飞行安全影响更大。据统计，着陆过程发生的严重飞行事故中，有20%是侧风造成的，因为侧风可使起飞和着陆的航空器发生扭转或倾斜，特别是强侧风可使飞机偏离航线，造成与其他航空器产生飞行冲突甚至危险接近。四是气流，不规则的升降气流可使航空器发生颠簸，难以保持飞行高度，甚至造成撞山或折断机翼。五是雷暴或风切变，遇到雷暴或风切变等恶劣天气条件，不仅会危及航空器安全，而且常常由于绕飞或盘旋上升过程中极易与其他航空器相撞。从防相撞角度讲，典型的恶劣天气条件主要表现在以下几方面：

①突发性低碎云，指高度低于200m、突然出现的碎云。它严重妨碍飞行员目视着陆，同时，飞行员在云中容易发生错觉。突发性低碎云有许多种类，对飞行影响较大的有四种：一是晴天碎云，这种突如其来的碎云，云量大于七成，云高低于400m，会使晴天目视飞行突然面临危险；二是海上回流低云，当有从海上吹来暖湿空气时，易形成范围广、云底低的平流低云，沿海机场航空器起飞或着陆时可能会遇到这种低碎云，高度一般在50~500m，常常笼罩山顶或高层建筑物，有时与平流雾同时出现，平流低云移动很快，能在几分钟内遮蔽机场；三是局地扰动性低云，如果机场周围地形特殊，再加上一定的气象条件便会形成局地扰动性低云，这种低碎云往往突然出现，对飞行安全造成威胁；四是降水云层下的低碎云，在降水性云层（如积雨云）下面常常有碎雨云，高度在30~300m之间，云量变化迅速，时生时消。

②低能见度。能见度指以人的正常视力能将一定大小的目标物（或灯光）从背景中识别出来的最大距离[9]1156，以米（m）或千米（km）为单位。造成能见度低的原因通常有两个：一是微小的固体粒子在空中飘浮，这类固体粒子有烟粒、尘埃和沙土等；二是大气中出现的水蒸气和水的其他形态，如雾、雨、雪、冰晶等。其中，雾对能见度的影响最为常见，尤其在沿海及内陆大面积水域附近地区。大雾严重影响航空器起飞和着陆。北方冬季机场附近城镇产生的浓烟也是影响能见度的重要原因。据ICAO统计，1978—1990年间，仅烟雾影响能见度所造成的飞行事故，占气象原因造成飞行事故的16.9%。能见度过低，极易造成航空器与地面障碍物相撞。2003年5月26日，一架乌克兰雅克42飞机从吉尔吉斯斯坦首都比什凯克飞往西班牙，途中因遇大雾试图在土耳其黑海城市特拉布宗附近降落时撞山，机上74人全部遇难。

③雷暴。任何带闪电和雷声的局部风暴称为雷暴，如图4-9a）所示。它是由积雨云产生的，往往伴有阵雨、暴雨，有时甚至还伴有冰雹。地球上每秒钟有100多次闪电和44000个雷暴。雷暴形成至消亡最短时间为20多分钟，时间长的可达数小时。它由上升、成熟和消散三个阶段组成。

航空器遭雷击，最危险的是油箱着火，而更多的情况是击穿航空器蒙皮，导致电子设备失灵或被烧毁。雷暴强大的电流场常使航空器的无线电通信中断，电子设备受干扰或毁坏。遇到雷暴时，航空器需要绕飞或爬升，管制员必须依据气象资料及飞行员报告，判断并掌握实时气象变化情况，对航空器实施有效引导，同时尽可能向飞行员通报邻近相关飞行活动，便于飞行员利用机载设备或目视观察，避免因飞行航线的改变造成飞行冲突，或者因雷暴毁坏高度表、测距仪等机载设备，防止低于安全高度飞行。1995年8月9日，危地马拉航空公司一架波音747-200飞机，在狂风暴雨气象条件下，夜间用仪表着陆系统向圣萨尔瓦多机场

7 号跑道进近时，由于飞机测距仪被雷电击坏，给飞行员提供了错误的下降标志，飞行员没有意识到测距仪的读数不正确，最后撞在距圣萨尔瓦多约 60km 的奇孔特佩克山，机上 65 人全部死亡。

④浓雾。凡是大气中因悬浮的水汽凝结，能见度低于 1km 时，气象学称这种天气现象为雾，如图 4-9b) 所示。雾的形成需要两个条件：一是冷却；二是加湿，增加水汽含量。平流雾是危及航空安全的重要天气现象之一，它是暖湿空气水平流经寒冷地表或海面时，因受冷的地表或海面影响，底层空气迅速降温，上层空气因距地表较远而降温少，这样就在近地面层形成逆温，这种逆温气象学上称为平流逆温。在逆温层以下，空气冷却而达到饱和，水汽凝结而形成平流雾。平流雾多出现在沿海地区，大多因海洋暖湿气流流到冷却的陆地上而形成。平流雾的特点：一是每天之中任何时候都可能出现，条件具备可终日不消；二是来去突然，生成迅速，风向有利时可在几分钟内弥漫机场，对飞行安全威胁极大；三是范围大，水平范围可以从几百米到几千米，厚度也大，从地面向上可达几百米到上千米。1977 年，西班牙特那里夫岛上的美国泛美航空公司和荷兰航空公司的两架波音 747 客机在洛斯德斯跑道相撞，当管制员发布起飞许可时，天气好转，云雾稀薄，但就在飞机滑行起飞时，突然云雾弥漫，能见度锐减。

a)雷暴

b)浓雾

图 4-9　雷暴与浓雾

2. 地理地形复杂

由于航空飞行活动是在地球表层以上的空气空间运行的，所以它会直接受到活动空间的下边界——地球表层的地理环境影响。其中，影响飞行安全的主要地理环境因素包括：地形、地貌、河流、湖泊、山脉、海洋、沙漠、矿藏等。尤其是位于地理环境较复杂地带的机场，如机场周边有高地、山脉等，发生航空器可控飞行撞地的可能性会更大。一是山区。在山区地带飞行遇有云层、浓雾等能见度差的情况下，不注意飞行高度极易撞山。二是河流和湖泊。河流和湖泊上空的大气温度一般比周围的大气温度要低，这样容易形成强烈的升降气流，如不引起飞行员注意，也容易导致可控飞行撞地。三是水陆界面、高大建筑物、成片树林等地理条件，易形成风切变和湍流。四是某些特定地区的矿藏，会引起地磁的强烈变化，可能会使航空器磁罗盘失效而迷航，导致飞行冲突或低于安全高度飞行。

①由地形引起的风切变。风切变是一种大气现象，是风速在水平和垂直方向的突然变化。风切变是导致飞行事故的大敌，特别是低空风切变。国际航空界公认低空风切变是飞

机起飞和着陆阶段的一个重要危险因素,被人们称为“无形杀手”。产生风切变的原因主要有两大类:一类是大气运动本身的变化所造成的;另一类则是地理环境因素所造成的,有时是两者综合而成。地理环境引起的风切变状况与当时的盛行风状况(方向和大小)有关,也与山地地形的大小、复杂程度、迎风背风位置、水面的大小及机场距水面的距离、建筑物的大小与外形等有关。一般来讲,山地高差越大、水域面积越大或建筑物越高大,越容易产生风切变,且其强度也越大。雷暴等不稳定的强对流天气、锋面过渡带和低空逆温层,是最易产生低空风切变的天气背景和环境。机场周围山脉较多或复杂地形也是风切变形成的诱因。机场上空的风切变风向、风速突然发生急剧变化,使飞行员难以控制速度和航向,无法保持机身平衡,容易造成航空事故。1994 年 7 月 2 日,风切变导致美国合众国航空公司一架 DC-9-31 飞机坠毁,机上共 57 人,37 人死亡。

②地形波。地形波是气流经过山区时受地形影响而形成的波状运动。气流较强时运动也比较强烈。根据气流和风的垂直分布,地形波可分为层流、定常涡动流、波状流和滚转状流 4 种类型。地形波中的垂直气流常常使航空器的飞行高度突然下降,严重的可造成撞山事故;地形波中强烈的湍流,可造成飞机颠簸;在地形波中垂直加速度较大的地方,常常使航空器的气压高度表指示产生误差,在机场附近低空飞行时,更容易发生航空事故。1991 年 3 月 3 日,美国联合航空公司一架波音 737 飞机在美国科罗拉多州的科罗拉多斯普林斯机场进近着陆时,遇到极端大气湍流坠毁,25 人全部遇难。

③高原引起的气温和气压变化。气温和气压影响航空器起飞和着陆时的滑跑距离,影响航空器的升限和载重以及燃料的消耗。气温对航空器的载重和起飞、降落过程的滑跑距离影响较大,随着气温的升高,空气的密度变小,航空器产生的升力变小,载重量便减小,同时使起飞滑跑距离变长。

4.4.2　空域环境

空域环境对空中交通安全的影响是深远的,良好的空域环境可以做到防患于未然,减少飞行冲突,最大限度地增加飞行流量。相反,不良的空域环境不仅无法提高空域利用率,而且在一定程度上会影响航空器的飞行安全,甚至增加航空器相撞风险。空域环境主要受空域结构、空域划设和管理模式等影响。

1. 空域结构

空域结构是指一个国家空域的整体与其各组成部分相互结合的方式。空域环境的核心是空域结构是否科学与合理。不合理的空域结构使飞行程序复杂,协调工作量大,飞行调配困难,为低于安全高度飞行、危险接近甚至空中相撞设置了可能发生的环境。尤其是军民航空中交通活动密度大的地区,不合理的空域结构是引发军民航飞行冲突的深层次原因之一。从防相撞角度讲,影响空域结构的因素主要有:军民航使用空域比例、空域类型、机场布局及空域的垂直与水平结构等。

①军民航使用空域的比例。在全球范围内,军事飞行与民用航空飞行的本质差别,一直是影响世界各国空域结构的焦点。军事飞行任务常常因“威胁态势”而变化,因“作战效益”而选择迂回或复杂航线,并从任务性质出发,以获得战术灵活性和有利空中态势为目标,对空域使用的自由度有较高的要求;民用航空活动需要按照“间隔标准”及“严格的飞行程

序”,以获得空中交通的安全性和经济性为目标,对空域使用的流畅和有序性有较高要求。正如阿诺德·菲尔德在《国际空中交通管制世界空域管理》中指出的那样:由于军事飞行活动的任务和性质不同,大多数军事飞行都不能遵守应用于民用客机空中交通的严格规则和管制程序,从而使得民用航空与军事飞行共处于世界空域之中并完成各自不同任务变得更加错综复杂了。鉴于此,世界各国根据本国的国家安全战略、地缘政治、空疆状况和经济发展水平,在加强国家领空安全、注重经济效益与保证飞行安全三者之间寻找平衡点,不断调整军民航使用空域的比例。例如,美国奉行全球战略,将其8000多架固定翼军用飞机绝大部分部署于海外,本土仅部署少量的空军国民警卫队飞机用于反恐和维持空中秩序,其军航与民航使用空域比例为1:4,军方只占51万$mile^2$(约132万km^2),其余属于民用,给民用航空活动提供了广阔空间,但也发生了诸如“9·11”空中恐怖袭击事件。如果军民航使用空域的比例不合理,军方占用空域过多,也会给飞行安全带来巨大隐患。1996年前,印度新德里附近的空域大多由军方占用,进场和离场的航班只能使用同一条空中通道,从而导致1996年11月12日沙特阿拉伯波音747-168B飞机与哈萨克斯坦伊尔76货机在杰尔基达德里发生空中相撞。详情见附录一(5)。

②空域类型。空域分类的目的是满足公共运输航空、军事航空和通用航空需求,确保空域得到安全、合理、充分、有效的利用。空域分类是复杂的系统性标准,包括对空域内运行的人员、设备、服务、管理的综合要求,主要有:一是增加空域的安全水平,防止航空器空中相撞。即通过对飞行规则、飞行员资格、地空通信、导航、监视设备能力的分类要求,将空域的安全水平控制在可以接受的范围内;二是能够实现空域资源的优化配置,在确保公共运输、军事飞行使用空域的同时,尽可能多地将空域资源释放给通用航空使用;三是能够实现空管资源的最优配置,为不同的空域用户提供最佳的空中交通服务,在运输飞行繁忙的空域内提供管制间隔服务,确保飞行的安全和有序。如果空域不分类或分类不合理,大中型航空器与小型航空器在航路、航线和机场混合运行,势必造成空中交通秩序混乱,飞行冲突频繁出现,既不利于提高机场和空域容量,也不利于飞行安全,使防相撞工作压力增大。ICAO标准中把空域分为七类,分别为:A、B、C、D、E、F和G类,并建议成员国依据此类标准选择需要的空域类型,实现全球空域分类标准的统一。美国于1993年依据ICAO空域分类标准对其空域进行了分类,根据需要,选择了六类空域类型,分别为:A、B、C、D、E和G类,极大促进了美国航空事业发展。

③机场布局。机场布局是指国家有关机场规划设计部门,根据区域的航空经济发展需求、经济产业结构布局、综合交通运输规划和城市发展建设规划,综合考虑并结合国家整体国防需求,对全国范围机场建设进行规划,以适应国家经济建设和国防建设的统一需求。机场布局的科学与合理性,对航空器飞行活动安全会产生一定的影响。由于历史原因和经济发展不均衡,我国形成“东密西疏”的机场布局,加之受航空市场需求主导,东部地区特别是长三角、珠三角地区已成为世界上机场最密集、空域结构最复杂的地区之一。全国飞行总量约70%主要集中在东部地区,这些地区军民航机场星罗棋布,军事训练与航班航路(航线)纵横交错,客观上造成一线城市机场的空域状况和资源使用情况紧张,飞行空间狭窄,空域重叠,航路(航线)与进离场程序交叉,许多航路(航线)穿越训练空域,飞行冲突频繁出现,防相撞工作压力巨大。

④空域的垂直与水平结构。空域是具有可塑性的几何体,可进行垂直划分和水平划分。对空域进行垂直划分的垂直结构不合理,如对机场区域只划设水平范围而没有规定空域的上限,就可能造成过往的航空器与正在使用空域的航空器相撞,或者正在使用空域的航空器与地面障碍物发生相撞。对空域进行水平划分的水平结构不合理,如作战训练空域与航路(航线)过近或者交叉,可能会因飞行训练时机动过大,位置保持不精确,导致训练飞行的航空器与航路(航线)内飞行的航空器发生危险接近或者相撞。

2. 空域划设

空域划设通常应考虑国家领空安全、飞行安全、管制能力、通信导航监视设施建设以及机场分布、环境保护等因素。空域划设主要包括:航路(航线)规划、进离场程序设计、进离场空域规划及特殊空域划设等。这些空域的划设是否科学合理,对于充分有效地利用空域资源,建立有序的空中交通秩序,做好防相撞工作具有重要意义。

①航路(航线)规划。航线是航空器从地球表面一点飞至另一点的预定航行路线。航路是为航空器飞行划定的具有一定宽度和高度范围的空中通道[9]188。通过航路(航线)规划,将同一航线按不同高度层进行划分,主要干线设置单向航路,可大大提高航线上的飞行流量。航路规划需要确定航路的保护区和最低飞行高度。为了保证飞行安全和提高空域利用率,航路规划既要避开空中禁区、空中危险区和空中限制区,并与这些固定使用区域上限保持规定的安全间隔,又要尽量减少航路转弯点,减轻飞行员和管制员负担,降低航空器相撞事故的发生概率。但目前我国部分地区仍然存在航路(航线)划分不合理的现象,有的航线上甚至划有训练专用空域,有的专用空域中又有航线穿越,造成航线和专用空域重叠,为航空器空中相撞埋下隐患。

②进离场程序。进离场航线是提供航空器在机场起飞、离场和进场、着陆所划设的飞行路径。进离场程序设计除受机场净空、终端区条件的限制外,还要受周边机场使用空域的影响。机场作为空中交通的起点和终点,其上空是航空器运行最密集的区域,航空器在这一空域中相撞的概率极高,因此机场区域历来是防相撞工作的重点和难点。

③进离场空域规划。进离场空域规划的一个重要因素是机场的分布及其密集程度。密集机场所造成的空域交叉,使飞行程序的设计十分困难,势必造成军民航使用空域时相互干扰和制约,飞行冲突隐患十分严重。一是各机场受其所处地理位置和周边飞行环境的制约,可飞空域数量少、范围小且限制因素多;二是各机场之间场外航线相互交叉,彼此制约,航空兵部队战法训练和高难度课目实施困难;三是军民航飞行量增大,军民航各单位组织飞行时,稍有不慎,就可能导致飞行冲突或危险接近。

④特殊空域划设。特殊空域是指国家根据政治、军事或科学试验的需要,经国务院、中央军委批准而划设的一定空域。其主要包括:空中禁区、空中危险区和空中限制区以及军事作战或训练区四种。特殊空域划设通常既要考虑国家安全、军事目标保密和作战训练需要,也要考虑航路(航线)飞行流畅,尽量减少航路转弯点,防止航路(航线)交叉与重叠,消除飞行冲突隐患。

3. 管理模式

空域管理模式是指在国家既定空域结构条件下,为了实现对空域的充分利用,解决军民航飞行矛盾,保证航空活动安全顺利进行,所建立的空域管理制度和军民航协调机制。该模式是影响空域环境潜在的核心因素,主要包括:空域的程序化管理模式、联席制管理模式、一体化管理模式和弹性管理模式四种。这四种管理模式各有其优点,也有局限性和适用条件。一个国家的空域管理模式总是与国家空管体制、空域政策及通信导航监视基础设施建设等紧密相关。

①程序化管理模式。即按照约定程序,分别由军民航各自独立地向相关空中交通活动提供空中交通服务或战术指挥的空域管理制度。空域的程序化管理模式是目前空中交通不发达国家所普遍采用的空域管理方式。其优点是简单明了,易于实施和操作。但其弊端也较多:一是对空域管理程序的约定要求高。在实施过程中,如果程序本身不完善,或实施程序有疏漏,将可能威胁空中交通安全。二是兼容性差。由于程序化模式不要求军民航双方都准确、及时地掌握对方的空中交通活动情况,在解决实时性空中交通安全问题方面具有模糊性,往往会因协同资源的不足而导致工作失误。三是对协同操作要求很高。对于空中交通活动密度大、情况复杂的空域,不仅空域利用率低且安全风险高。

②联席制管理模式。即军民航在同一空中交通管理系统中联合实施空域管理的模式。英国国家空中交通管理系统是空域联席制管理模式的典型代表。采用这种空域管理模式进行空域管理时,一般不轻易划设军民航空域的管理界限,军民航双方利用统一的空中交通管理系统,对同一空间内的空中活动进行共同监视,除战略性的空域管理协同外,还能面对面地进行空域管理的实时协同。空域的联席制管理模式可以有效避免空域程序化管理模式的弊端,但对空中交通管理系统的硬件功能要求比程序化管理模式高,而且要求参与人员对军民航空中活动的管理都具有必要的知识和经验。

③一体化管理模式。即由国家航空管理机构统一组织实施空域管理的模式。其特点:权力高度集中,只在空域的战略管理层依据空中活动的性质进行部分必要的协同,在空域的战术管理层通常不区分空中活动的军民性质,对空中交通管制系统硬件功能及其系统管理水平提出更高要求。此模式以美国、日本、加拿大、巴西等为代表。

④弹性管理模式。即不区分空中活动的性质,把空域看作是一个连续的整体,而空域的分割只是一项临时性措施,通过对军民航用户使用空域的战略性协调和逐日分配,灵活使用空域,使军民航用户都能有效地利用空间资源。通常,国家建立三级空域管理体制,即国家的战略管理、地区的预先战术管理和实时的战术管理。国家空域管理部门以保证国家整体利益为前提,以军民航空中活动协调利用空域为原则,根据空域用户需求和国防需要制定国家空域管理政策,规划与设计空域结构,授权和指导二、三级空域管理;地区的预战术空域管理部门依据国家空域管理部门的空域分配和使用程序,将空域使用计划下达到有关航空管理部门;实时的战术管理部门,对空域使用行为进行实时的管理与控制,调整或取消空域使用计划,实现符合当时空中飞行活动需要的最佳空域配置,解决军民航用户之间临时发生的空域使用矛盾。此模式以欧洲国家为代表,其特点是航路规划灵活,空域临时分割便利,空域使用协调有效。

4.4.3 机场环境

在机场环境中,直接影响飞行安全的是飞行区条件。它是飞行的人工环境,是保证航空器安全起降的首要条件。从防相撞角度来讲,不良的机场环境主要有以下几方面:

①机场净空条件差。机场净空是按照 ICAO 规定，以机场为中心，在半径 15km 范围内，确定的对建筑物高度限制的飞行空间。机场净空内建筑物超高，按飞行程序起降的航空器与障碍物相撞的风险必然增大。机场净空条件差，航空器的起降变得复杂，飞行事故随时都可能发生。

②场道秩序混乱。人员、车辆、牲畜等横穿跑道；场道两端有障碍物，安全地带内放置车辆、航空器及其他设备等，都增大航空器起降与障碍物相撞的可能性。1982 年，中国民航一架载有 110 旅客（其中外宾 72 人）的三叉戟飞机，在桂林夜间着陆时，与横过跑道的水牛相撞，飞机前起落架折断，机头接地，摩擦滑行 1000 多米，由于机长处置有效果断，切断了电源和供油系统，才避免了一起机毁人亡的事故。

③助航设施缺陷。飞机灯光、跑道灯光、机场灯光等安装不全或布置混乱；跑道引入灯光系统、跑道入口识别灯、停止道灯、停止排灯、跑道警戒灯等不符合规定；助航灯光瞬间失效或突然停电致使助航灯光熄灭；雷达和导航设备失去信号，无法指挥正在起飞或降落的航空器等，都可能引发飞行事故或事故征候，轻者造成航空器复飞，重者导致航空器相撞。1991 年 2 月 1 日，美国合众国航空公司一架波音 737-300 飞机与西方航空公司一架小型空中快车在加利福尼亚州洛杉矶机场跑道相撞，原因之一是空中快车的导航灯和防撞灯设计亮度不够，在最后进近阶段难以将飞机灯光与跑道灯光区别出来；其次，航站楼的前部照明灯过于刺眼，影响塔台管制员目视观察。

④目视助航跑道标志缺陷。ICAO 对于跑道标志有严格的标准和规范。跑道号码标志、跑道入口标志、滑行道入口标志、停止道边线标志、跑道等待位置标志等不标准，都会成为航空器相撞事故致因链条中的一个环节。1994 年 11 月 22 日夜间，美国环球航空公司一架麦道 82 飞机与一架赛斯纳 441 飞机在圣路易斯兰勃特国际机场地面相撞。当时，圣路易斯兰勃特国际机场的标志不规范、不标准，不能有效地提醒飞行员，也是促成相撞事故的因素之一。

⑤目视助航障碍物标示缺失。为了标示障碍物的存在，减少对航空器的危害，通常用颜色标志或障碍物灯光，对固定物体、移动车辆或临时设备进行标志或照明。如果机场跑道标志不明显或施工区域障碍物标志不明显都可能造成飞行员误将滑行道当跑道着陆、航空器误滑入施工区域，造成航空器与地面障碍物相撞。2000 年 10 月 31 日晚，在台北桃园机场，新加坡航空公司一架波音 747-400 客机在跑道上滑行时撞上一辆停在跑道维修的工程车。跑道入口处没有警示标志、跑道警戒灯、停止线灯，以及没有设立醒目的跑道关闭警告灯是造成事故的原因之一，详情见附录一（1）。

⑥飞行物干扰。机场空旷的地带放风筝、鸽子、商业气球或载人热气球、滑翔机等不仅严重干扰飞行员的视线，而且会直接威胁航空器的安全起降。2002 年 5 月，一个巨大的热气球挡住了武汉天河机场飞机下滑道，导致 4 个到达航班和 4 个出发航班延误。2009 年，重庆某地区举行“载人热气球飞行体验观光”，导致 5 个航班备降成都，机场关闭 20min。

⑦烟雾、烟花和爆竹危害。很多机场周边是农村或城镇，农民在机场附近燃烧秸秆、稻草、树叶等，燃烧时产生的滚滚浓烟会降低机场周围的能见度，形成安全事故隐患。在机场周围燃放鞭炮和烟花，夜晚降落的航班，将无法区分机场地面导航台的灯光和焰火的火光，影响飞机安全降落。

4.5 航空器相撞的管理因素

航空器相撞事故调查结果表明,尽管事故通常是由“人—机—环境”不安全因素单一起因或两个以上起因联合引发的,但总存在着一个“条件事件”。这个“条件事件”就是管理因素。管理因素是造成人的不安全行为、机的不安全状态、环境的不安全成分的总根源,只要空中交通系统运行过程中存在着管理缺陷或混乱,就会为人的不安全行为、机的不安全状态或环境的不安全成分的萌生提供温床,进而引发航空器相撞事故。影响航空器相撞的管理因素通常包括:组织机制、组织监督和组织文化等。其中,组织文化渗透于组织管理和组织监督的一切活动之中,没有组织文化底蕴的组织管理、组织监督是苍白无力的。

4.5.1 组织机制

组织机制是各级防相撞工作的组织结构及运行机理,对空中交通系统安全起着主导性和决定性的作用。现代空中交通人机系统本质上是开放的复杂系统,它与外部环境有着广泛的、大量的信息交流,外部因素的变化对系统内人员的行为具有很强的影响作用,组织机制在对系统进行综合协调与控制方面呈现越来越强化的趋势。组织中的“人”,并不是一个孤立的个体或群体出现于空中交通“人—机”系统,而是作为组织中的一员而存在。任何个体造成的失误或差错都是在该组织综合管理下产生的,必然受到组织机制的影响。防相撞工作的组织机制通常分为:决策层、计划层和执行层。决策层的资源分配不合理,防相撞投入总体不足,基础设施设备建设标准不高,机载安全设备缺失,系统备份和防护屏障能力不足;计划层的人员选拔、准入、培训及考核等方面的机制不健全,缺乏完善的防相撞工作机制和制度,规章标准体系不够完备、可操作性不强,系统内部关系不顺,军民航协调不畅及运行标准不统一;操作层缺乏有效的运行控制体系、责任体系和监督体系,防相撞宣传教育力度不够,机组资源管理混乱,交叉检查、监控和提醒制度不落实,分工协调不当等。这些组织机制的内在缺陷是导致航空器相撞事故的深层原因,它们可以存在相当长的时间而并不直接产生事故,具有潜在性和隐蔽性,且越是离一线岗位远的高级管理层,其“潜在差错”影响就越深远,危害也越大,可能导致更大范围的一线岗位“显性差错”,即“人”的不安全行为、“机”的不安全状态和“环境”的不安全成分。

4.5.2 组织监督

管理的核心是控制,控制的前提是监督。空中交通活动的正常运转,是由不同层次的组织机构及其成员按照一定的规范而发生相互交互的过程。组织监督属于一线管理层,具体负责制订计划、安排运行、人员培训、开展安全教育、实施监督检查和处理日常事务,是计划层与一线操作人员之间的桥梁,甚至可以放大或缩小决策层的作用,可能“补台”也可能“拆台”。防相撞工作中,监督管理层为运行操作人员(主要是飞行员和管制员等)提供指导、培训、监察和激励,并确保运行操作人员能安全有效地完成工作。组织监督常见的问题有:

①安全意识不强。监督管理层对安全隐患认识不足,将“安全第一”只停留在口头上,当安全与经济效益产生矛盾时,会认为安全防护、安全设备和安全措施已经相当充分,常常会

屈从于经济效益。这就要求运行监督人员不但需要具备丰富的科学知识、熟练的技能和综合管理能力,还需要具有优秀的思想品德和强烈的安全意识。

②检查监督不充分。检查就是要查思想、查制度、查隐患和查事故处理。监督就是不断地观察和跟进,寻找计划与实际运行的差距,有效纠正规章制度的偏差。出现检查监督不充分的情况很多,通常表现为:没有提供适当培训、没有提供专业指导、没有提供最新资料或足够的技术数据及程序、没有提供足够的休息间隙、缺乏责任感、没有检查和追踪资格期限等。

③运行计划不适当。即在安排工作时没有将工作计划与人员的能力、生理承受力结合起来考虑。通常表现为:机组搭配不当(人际关系失调)、没有提供足够的简令时间或风险大于收益、没有为机组提供足够的休息机会、超负荷的任务或工作量等。例如,工作负荷也是运行监督人员需要考虑的因素,让技能欠熟练的管制员到繁忙机场单独值班显然是不合适的。

④没有纠正问题。组织监督过程中,明明知道人员、设备、培训和其他相关安全领域的行为不合规定或存在安全隐患等,但就是不去纠正,放任事态的发展。通常表现为:没有纠正不适当的行为或发现危险行为、没有纠正安全危险事件、没有纠正行动和没有汇报不安全趋势等。如果监督人员作"老好人",习惯于不纠正问题,还会助长违规现象的发生,进一步增加了不安全的因素。

⑤监督违规。指监督者本人故意忽视现有规章制度的行为。通常表现为:授权不合格的机组驾驶飞机、没有执行规章制度、违规的程序、授权不必要的冒险、监督者不尊重权威、提供的文件数据不充分、提供的文件证据不真实等。

4.5.3 组织文化

组织文化,是指一个组织或机构在运行中所特有的基本的价值观、准则、理念或精神面貌。它是组织成员潜意识中的行为规范,是经过长期的渗透、浸润和潜移默化的过程所形成的一种根深蒂固的力量,组织机构可以调整,规章制度可以修改,但业已形成的组织文化一般不会轻易改变。在防相撞工作领域,组织文化是由各级、各部门、各单位的组织结构、政策氛围、工作态度、安全文化及组织气氛等一系列文化因素所构成的整体印象。它以其特有的亲和力及预防功能受到广泛重视,并作为关键的管理因素,存在于机场、空管和航空单位之中,上至航空管理部门的政策和决策,下至航空单位的具体行为都受其影响。

健全的组织文化可以确保做好防相撞工作,而不健全的组织文化则是导致航空器相撞的根源。

①组织结构。涉及行政管理、领导风格、权限职责、信息沟通、监督管理人员的亲和力等。如果各级防相撞部门职能划分不清;监督组织架构不完善;监督队伍整体素质低;规章制度不健全或落实不到位;责任分工不明确,存在遗漏或重叠的情况;沟通不畅,人际关系紧张等都可能产生消极的组织文化,组织成员人浮于事,行为出现差错,不安全事件发生的可能性增大。

②政策氛围。涉及招聘、解雇、晋升、退休等职业生涯规划,以及收入、福利、待遇、子女上学等。如果防相撞主要部门的政策氛围不利于从业人员职业生涯发展,没有职业自豪感和荣誉感,就会影响组织成员的思想和心理状态,飞行安全得不到保障。

③工作态度。涉及责任心、职业道德、奖励与惩罚、不安全行为容忍度等。如果责任不够明确,安全责任感不强,容忍违反标准操作程序,自我监督、自我审查、自我完善、依法运行

的安全管理能力不足,都会影响组织成员的日常行为,就会营造一种不健康的组织文化。

④安全文化。即关于安全的理念体系和行为习惯,涉及制度层、精神智能层和价值规范层,是组织文化的重要构成。具体包括:防相撞法规、标准和程序,防相撞宣传教育及科研机制体制,以及安全哲学、思维学、行为学、安全科学技术、价值观和行为规范等精神形态。如果管理层忽略安全文化的本质,出台不适当的政策制度,就会产生不健康的安全文化,对飞行安全产生负面影响。例如,简单的"我为公司节燃油"奖励与宣传,势必对飞行员造成影响,促使飞行员"该复飞"时不复飞、"该备降"时不备降、"该返航"时不返航等,长此以往,会形成"重效益、轻安全"的不良文化氛围。

⑤组织气氛。涉及管理层对飞行安全的意见和建议的重视程度、对不安全事件报告的反应与处理方式、不安全事件的责任及调查落实态度等。组织行为学将这种组织气氛分为三种类型:病态型、消极型和健康型[10]。病态型组织气氛的特征是隐瞒信息,拒绝对信息做出响应,发现问题的人受压制,推诿责任,问题被掩盖;消极型组织气氛的特征是信息可能被忽视,能对信息被动地做出反应,对发现问题的人受默认但不鼓励,隐瞒责任,只应付问题本身,"头痛医头,脚痛医脚",不做更进一步深究;健康型组织气氛的特征是积极寻求信息,以乐观的态度对待各种意见,倡导人们发现问题,分担责任,并采取彻底的措施以消除安全隐患。可见,病态型组织气氛是大家都竭力想规避的,消极型组织气氛通常只能满足最基本的防相撞工作标准,也不值得提倡,而健康型组织气氛不仅仅强调处理"显性差错",还追查"潜在差错",是一种最有利于防相撞工作的组织气氛。

本章参考文献

[1] 于殿宝. 事故预测预防[M]. 北京:人民交通出版社,2007.

[2] 李奎. 航空安全管理[M]. 北京:航空工业出版社,2011.

[3] 刘清贵. 机长视野——飞行安全的理论与实践[M]. 北京:中国民航出版社,2005.

[4] 道格拉斯 A 维格曼,斯科特 A 夏佩尔. 飞行事故的人失误分析[M]. 马锐,译. 北京:中国民航出版社,2006.

[5] ORLADY H W,ORLADY L M. 多机组飞行运行中的人为因素. 黄为,等,译. 北京:中国民航出版社,2009.

[6] National Transportation Safety Board. Weather encounter and subsequent collision into terrain bali hai helicopter tours, aviation accident report[R]. Washington: National Transportation Safety Board,2007.

[7] 许国志. 系统科学[M]. 上海:上海科技教育出版社,2000.

[8] 陆惠良. 军事飞行事故研究[M]. 北京:国防工业出版社,2003.

[9]《中国空军百科全书》编审委员会. 中国空军百科全书:下卷[M]. 北京:航空工业出版社,2005.

[10] 孙彤. 组织行为学[M]. 北京:中国物资出版社,1987.

第5章 防相撞工作制度与机制

防相撞工作制度与机制，本质上是各级、各部门、各单位运用系统安全思想，针对空中交通系统中可能引发航空器相撞的“人—机—环境”不安全因素，限定与约束空中交通系统及其人员的行为规范以及确立的风险识别、评估、控制和管理的活动方式。其中，工作制度是防相撞工作中普遍遵循的、具有稳定性的规定，是对防相撞工作实施科学管理、确保飞行安全的基本措施、依据和重要保证。工作机制是防相撞工作程序、规则有机联系及有效运转的基础，并贯穿于飞行安全管理的各个环节。防相撞工作制度与机制的有效运行及更好落实，在很大程度上依赖于建立健全一整套完善的支持架构。

5.1 安全定律对防相撞工作的启示

安全因素,错综复杂。但最基本的,则是安全哲理。在安全哲理中,有三条最基本的定律,即“破窗理论”、墨菲定律和海恩法则,它们对建立防相撞工作制度与机制,做好防相撞工作有重要的启示。

5.1.1 “破窗理论”

美国斯坦福大学心理学教授詹巴斗进行了一项试验。他找了两辆一模一样的汽车,把其中的一辆摆在帕罗阿尔托的中产阶级社区,而另一辆停在相对杂乱的布朗克斯街区。停在布朗克斯的那一辆,他把车牌摘掉了,并且把顶篷打开,结果这辆车一天之内就被人偷走了;放在帕罗阿尔托的那一辆,摆了一个星期也无人问津。后来,詹巴斗用锤子把放在帕罗阿尔托的这辆车的玻璃敲了个大洞,结果仅过了几个小时这辆车就不见了。

以这项试验为基础,政治学家威尔逊和犯罪学家凯琳提出了一个“破窗理论”。该理论认为:如果有人打坏了一个建筑物的窗户玻璃,而这扇窗户又得不到及时的维修,别人就可能受到某些暗示性的纵容去打烂更多的窗户玻璃。久而久之,这些破窗户就给人造成一种无序的感觉,在这种氛围中,犯罪就会滋长。

“破窗理论”不但揭示了社会生活中的一般现象,而且也深刻地诠释了制定防相撞工作制度的重要性,并为落实规章制度和建立防相撞工作监督、检查、问责机制提供了有力支持。

一是“破窗理论”告诉我们:人的行为很大程度上是由环境决定的。空中交通系统就像一幢庞大的建筑物,规章制度就是“门”和“窗户”,营造一个制度严格、管理规范的环境,防相撞工作人员就会依照规章制度工作。一旦有人打破规章制度,也就意味着打破第一扇窗户。如果及时修好第一扇被打破的“制度之窗”,也就维持了一个良好的制度环境,能有效遏制“破窗现象”于萌芽状态。因此,要把落实规章制度的教育贯穿到防相撞工作的全过程及各个环节中去,充分认识落实规章制度对于保证飞行安全的重要作用,增强自觉性,养成按序行事,照章办事的习惯,不做“破窗”的第一人,也不效仿他人去“破窗”,形成全员、全方位、全过程、全天候落实规章制度的浓厚氛围。

二是“破窗理论”昭示我们:制度的生命力在于执行。“破窗试验”证明,汽车被盗,是由于“汽车顶篷打开”或“打破车窗玻璃”的无序状态引发的。如果防相撞工作制度不落实,总会有心存侥幸的人打破第一扇“制度之窗”,制度落实便会出现“口子”和漏洞。一项制度就是一个令,它是硬性的、不讲条件的。因此,严格制度落实是防相撞工作正常运转的必备条件,也是每个人必备的基本素质。各类防相撞工作人员要及时发现问题,自觉做“补窗”人,堵塞漏洞,把不安全因素的影响降到最小。

三是“破窗理论”明示我们:减少人为因素需建立监督管理机制。“破窗理论”体现的是细节对人的暗示效果,以及细节对事件结果不容小视的重要作用。防相撞工作中,一次小小的“破窗”之举,如果没有及时制止、教育、处理或问责,不但效仿“破窗”的人会多起来,而且规章制度“口子”也会愈来愈大。因此,航空安全管理部门要做好防范“破窗”的监管人。监督是执行力的灵魂。要不断地监督和跟进,有效纠正规章制度执行过程中的偏差。

5.1.2　墨菲定律

墨菲是美国空军的一名上尉工程师，他的全名叫爱德华·墨菲(Edward Murphy)。1949 年，墨菲参加了美国空军进行的一次试验，目的是测定人类对加速度的承受极限。其中有一个试验项目是将 16 个火箭加速度计悬空安装在受试者上方，当时有两种方法可以将加速度计固定在支架上，而不可思议的是，竟然有人有条不紊地将 16 个加速度计全部装在错误的位置。于是墨菲做出一个论断：如果做某项工作有多种方法，而其中有一种错误的方法将导致事故，那么在某一时机、一定有人会按这种错误的方法去做，并导致事故。这一论断最终成为著名的墨菲定律：会出错的，终将会出错(If anything can go wrong, it will)。墨菲定律在世界航空界得到广泛的认可和应用，其推论已达十多种，对保证飞行安全做出了重大贡献。

1994 年 6 月 6 日，我国西北航空公司发生的图 154 客机空中解体坠毁事故，不幸验证了墨菲定律的一条推论：如果一个零件错了位置也能装上去，那么，总有一天，总有人会按照错误的方法安装这个零件。这次事故的原因是飞行控制系统的副翼阻尼系统与方向舵阻尼系统的两个电缆插头是可以互插换的，虽然两个插头上标有牌号和不同的颜色，但也难逃墨菲定律的惩罚，机上 160 人全部遇难[1]。国内外航空器相撞事故也一再证明，正视“墨菲定理”规律，未雨绸缪，把防范工作做在前面，就可降低甚至消除出错的可能性，避免事故的发生；反之，必将受到“墨菲定理”的惩罚。墨菲定律对防相撞工作的启示主要有三点：

一是长鸣警钟，消除侥幸心理和麻痹大意的思想。从哲学意义上看，防相撞工作中，人们面对墨菲定理的态度有两种：一种是消极的态度，认为既然差错是不可避免的，事故迟早会发生，那么防相撞工作就难有作为。这实质上是犯错误者自我辩护的借口；另一种是积极的态度，认为差错虽不可避免，但还是可防范的，防相撞工作不能有丝毫放松的思想，应采取积极的预防方法、手段和措施消除安全隐患，从而保证飞行安全，这才是墨菲定理的真正蕴涵。

二是安全第一，重视防相撞安全教育。美国学者爱德华·特纳在《技术的报复——墨菲定理和事与愿违》一书中写道：“墨菲定理并非失败主义听天由命的原则，它要唤起人们的警觉，并适应性地改变。”防相撞工作中，运用墨菲定理案例既生动又有说服力地进行安全教育，会给人留下深刻的印象，从而树立“安全第一”的观念，形成安全氛围。

三是防患于未然，强化防相撞工作的控制职能。墨菲定律指出：只要客观上存在危险，那么危险迟早会变成为不安全的现实状态。由于航空器相撞事故中的不安全因素或状态具有潜在性和突发性的特点，使防相撞工作不得不在事故发生之前采取一定的控制措施，才能使各种隐患被察于端倪、控制于初始、消灭在萌芽、化解为无形，从而实现安全目标。

5.1.3　海恩法则

飞机涡轮机的发明者、德国人帕布斯·海恩，也许是因为太了解发动机这一“飞机的心脏”的重要性，基于大量的事故调查数据统计和丰富的工程经验，提出了海恩法则(亦称“海因里希安全理论”)：每一起严重事故的背后，必然有 29 次轻微事件和 300 起未遂先兆及

1000 起事故隐患。可见,未遂事件和轻伤事故发生的可能性要比严重伤害事故大得多,只要关注和研究未遂事件,查找事故隐患,就有可能控制严重事故的发生,这也是海恩法则为事故预防与控制指明的方向和提供的重要手段。

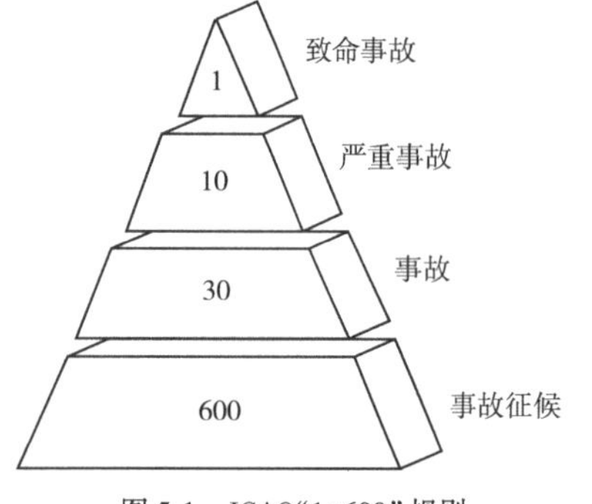

图 5-1　ICAO“1∶600”规则

1969 年,ICAO 根据海恩法则进行了大量的航空事故分析和安全研究,结果表明:伴随每 600 起报告的没有造成伤害或损坏的事件,会有大约 30 起造成财产损坏的事故征候,10 起造成严重伤害的事故,1 起造成重大或致命伤害的事故,从而得到“1∶600”规则,如图 5-1 所示。

无论是海恩法则还是“1∶600”规则,对防相撞工作都有重要的启示,主要包括四点:

一是见微知著,任何事故背后都有征兆,征兆背后都有苗头。海恩法规告诫人们,任何一个事故的发生都是事出有因的,并且是有征兆的。防相撞工作只有坚持预防为主,高度警惕,见微知著,从平安无事中查隐患,从常规现象中找异常,从细枝末节中寻苗头,才能透过现象发现本质,防患于未然。

二是再好的技术,再完美的规章,在实际操作层面,也无法取代人自身的素质和责任心。人的因素是防相撞工作中不可回避的现实问题,也是影响飞行安全的三大祸首之一。我国和世界各国对军民航飞行事故统计结果均显示,77% 的飞行事故是人为因素造成的,而不是传统的机械、气象等原因。中国民用航空局空中交通管理局《空中交通管制中的人为因素研究报告》称,1992—2001 年我国民航所发生的空中交通不安全事件中,人为因素占到 ATCI 总诱因的 84.5%。因此,建立防相撞工作机制的核心就是减少人为差错,提高运行人员的专业理论和操作技术水平,增强心理承受力。

三是建立多重防护机制,前置防相撞“关口”。海恩法则告诫人们,要消除一次严重事故,就必须敏锐而及时地发现事故先兆和隐患,通过多重防护机制可过滤、控制或消除先兆和隐患。防相撞工作是动态性极强的飞行安全管理工作,“人—机—环境”因素都处于运动状态下,时时产生着矛盾,处处潜伏着隐患,经常面临着风险。因此,防相撞工作绝不能仅停留于“亡羊补牢”式安全管理,忙于事故的处理和没完没了的整顿,而是要重视已有的危险、主动识别新的风险,变事后管理为事前与事后管理相结合,变被动管理为主动管理,牢牢掌握安全管理的主动权。

四是海恩法则不仅给防相撞工作提供了理论指导,也给防相撞工作提供了发现并控制各种冲突的具体步骤。步骤为:防相撞工作每一个环节都要进行程序化,这样使整个工作过程都可以进行考量,这是发现飞行冲突或危险接近、跑道侵入和低于安全高度飞行等事故征候的前提;对每一个程序都要划分相应的责任,可以找到相应的负责人,要让他们认识到防相撞工作的重要性,以及相撞事故带来的巨大危害性;根据飞行操作程序或管制工作流程,列出每一个程序可能导致的差错或不安全事件,以及发生事故征候的先兆,培养飞行员、管制员对事故征候先兆的敏感性;在飞行整个过程中,要建立多级现场巡视督查,坚持全程职能监察,坚持重点环节重点监察制度,及早发现人为差错;在任何程序上一旦发现违反规定事件和隐患,要及时报告,及时排除。

5.2 防相撞工作制度

在防相撞工作的法规框架体系内必然包含着相应的制度体系。其主要包括：安全教育制度、形势分析制度、协同工作制度、信息通报与报告制度、登记统计制度、检查考核制度等。各级、各部门、各单位必须严格制度，硬性地、不讲条件地执行防相撞工作制度，维护制度的权威性和严肃性。

5.2.1 安全教育制度

宣传教育是防相撞工作的基础和保证。军民航各单位应大力开展防相撞宣传教育，从安全技术与知识、法规标准、政策措施、管理培训、安全文化等建设方面，强化各类人员防相撞工作的宣传教育和培训，增强全体人员防相撞意识，提高防相撞技能，把防相撞工作的各项要求和措施落实到空中交通安全运行和飞行训练的每个环节。

①安全教育主体。航空管理部门主官或防相撞工作领导小组具体组织防相撞安全教育，亲自授课，确保教育质量；空管部门具体负责宣讲有关法规、本地区飞行管制规定等。防相撞安全教育可采取集中宣讲、多媒体演示、座谈讨论等方法进行。

②安全教育客体。参加防相撞安全教育的人员为各级领导、飞行员（包括飞行学员）、管制员、监察人员、机场管理人员以及其他与飞行有关的人员。

③安全教育内容。教育内容应当根据上级要求，结合本地区、本单位的特点和实际情况确定，主要包括：上级有关防相撞工作的指示、要求和相关法规等；航空器相撞事故以及危险接近、飞行冲突等案例分析；本地区军民航飞行活动特点和飞行管制规定；阶段性飞行任务特点及其对防相撞工作的影响；转场、场外飞行的工作程序、内容；各型飞机性能、飞行特点和指挥方法等。

④安全教育时间安排及要求。军民航定期或不定期组织召开军民航防相撞协调会。通常每年 3 月份为空军“防相撞安全教育月”，由军区空军具体组织实施，军民航共同参加；军航中军师级单位和民航运行单位每年集中组织防相撞安全教育活动不少于两次。航空单位在执行重要任务前、上级指示进行防相撞教育时、本单位发生飞行冲突和危险接近等问题后、其他航空单位进驻开飞前，以及飞行管制指挥体制和方法、本地区空域结构调整变化，或者有关飞行管制规定颁发执行前，必须组织防相撞安全教育。

5.2.2 形势分析制度

为加强防相撞工作形势分析研判，及时跟踪掌握全国航空安全形势变化、发展趋势、规律和特点，为领导决策提供科学客观的信息，全面防止航空器相撞事件或事故发生，军民航各级职能机构应当建立防相撞工作形势分析制度。

①时间要求。军民航机关每年至少组织一次形势分析；军民航各地区机关每半年组织一次；军民航运行单位每季度不少于一次。遇有重大军事活动、执行重要任务以及发生飞行冲突或者危险接近等情况，应当适时分析防相撞工作形势。

②主要内容。形势分析的主要内容包括：军民航飞行现状及其特点；查找防相撞工作的

问题和薄弱环节,剖析原因、教训,提出改进措施;预测军民航飞行冲突,确定防相撞工作重点,协调解决有关问题;布置防相撞工作任务。

③组织方式。防相撞形势分析可以单独进行,也可以结合训练形势分析和飞行安全教育、整顿等同步进行,视情邀请有关单位参加。

5.2.3 协同工作制度

协同工作制度是防相撞工作的根本制度之一,也是保证飞行安全,防止航空器相撞,尤其是防止军民航之间航空器相撞事故或事故征候的有效措施。防相撞工作协同主要包括上下级之间、各部门之间、友邻单位之间和军民航之间的协同。

①上下级之间按照业务关系进行防相撞工作协同,主要内容有:飞行计划及其变更的申请及批复,其他有关请示及批复事项;预先、飞行前和飞行中调配方案;相关的飞行动态;其他有关的飞行情报及设施设备工作情况;飞行冲突、危险接近等问题。

②各管制指挥岗位之间进行防相撞工作协同,主要内容有:飞行计划及变更情况;飞行调配方案;空情动态和有关偏航、超出空域及不明情况的查证;空中特殊情况的处置;情况通报的时机、内容和方法;有关飞行冲突和危险接近等问题的处理及原因分析。

③各级空管部门之间进行防相撞工作协同。根据有关规定,通过军民航之间所建立的飞行情况通报制度进行协同,明确规定通报的范围、内容、方法、时限和要求。

④军民航之间定期召开防相撞协同会议。空军、军区空军每年召开防相撞协同会议不少于一次,担负飞行管制分区任务的单位每年不少于两次,军民合用机场视情召开,遇有特殊情况应当随时召开。防相撞协同会议通常由军航管制部门组织。会议主要内容:通报防相撞工作措施落实情况及任务完成情况;分析军民航防相撞安全形势,协调解决有关问题;通报近期重大飞行活动,分析对飞行安全的影响,研究确定领导决策的重大事宜;研究需要协商解决的其他事宜。

⑤军民航应当按照《空中交通管制联络员管理规定》要求,坚持互派联络员制度,充分发挥联络员在防相撞工作中的作用。

⑥军民共用机场和邻近的军用、民用机场,军民航应当协商制定飞行情况通报制度,明确通报的范围、内容、方法、时限和要求。

⑦军民共用机场的军民航双方,应当协商制定机场飞行管制细则,主要内容:本机场飞行管制区的界线;飞行空域的位置及使用规定;飞机滑行和起落航线飞行的规定;飞机飞入、飞出机场区域的飞行规定;复杂气象条件下的仪表飞行规定;飞行申请及其批准制定;飞行调配预案;塔台飞行指挥协同规定;飞行情况通报规定;飞往备降机场的指挥方案;防止军民航飞机相撞的措施。

5.2.4 信息通报、报告制度

发生飞行冲突或者危险接近问题后,建立协调关系的军民航空管部门应当相互通报有关信息,并按照规定逐级报告。

①报告内容,主要包括:发生飞行冲突或者危险接近的航空器型号、机号(航班号)、二次雷达代码、所属单位,以及发生问题的时间、地点等;飞行任务(课目、性质)、空域(航线)及

航行诸元;当时的通信、导航、监视(雷达)及天气状况;采取的措施及通报协调情况;飞行冲突或者危险接近的过程、原因及结论;值班记录及录音、雷达录像资料等;其他需要说明的事项。

②时限要求,主要有:收到发生飞行冲突或者危险接近信息后,军民航双方应当迅速通报有关情况;收到飞行冲突或者危险接近问题报告后,军民航双方应当在两个工作日内,相互通报核实有关情况,并就反映出的问题提出初步意见和建议;发生飞行冲突,应当立即按级报告至有关航空管理部门;发生危险接近,应当于当日内将简要情况以及规定时限内将详细情况按级报至有关航空管理部门。

5.2.5　登记统计制度

各级军民航空管部门应当建立防相撞工作登记统计制度,并指定专人负责。有关监督检查部门应当把登记统计情况,作为检查考核防相撞工作的重要内容。防相撞工作登记统计的内容主要包括:防相撞工作各种会议情况;防相撞安全教育及考核情况;各类违规飞行及处理情况;飞行冲突、危险接近等问题及处理情况;收集、保存与飞行冲突和危险接近等问题相关的雷达数据、通话录音、录像资料。

5.2.6　检查考核制度

军民航各级领导机关要经常检查防相撞工作,定期组织考核。

①考核对象,重点是飞行员、飞行学员、管制员以及其他与飞行有关的人员。

②考核内容,主要包括:落实首长及上级领导指示、要求和规章制度情况;防相撞工作的组织领导;本地区空域配置及有关规定;防相撞措施;值班人员履行职责情况;飞行任务的实施方法;设备工作状况;通信联络状况;登记统计情况等。

③考核方式。通常单独组织,也可以结合日常值班进行。检查考核可以采用电话了解、现场查看、理论考试等方式。

5.3　防相撞工作机制

建立防相撞工作机制的重要性不言而喻。我国各级防相撞部门需要在 ICAO 倡导的安全管理体系框架下,建立防相撞工作的风险评估机制、危险预警机制、运行监控机制、军民航协调机制和责任追究机制等。

5.3.1　风险评估机制

ICAO 认为,风险包括两个方面:一是危险事件发生的可能性(概率),二是其潜在后果的严重性。风险评估,是根据系统科学的原理,运用系统分析的方法,对空中交通系统内的航空单位、空管部门、机场等可能引发航空器相撞潜在危险的不利因素、产生原因、转化条件以及可能造成后果等,进行识别、查证、登记和归类,通过建立飞行冲突或危险接近、跑道侵入、低高度飞行事故征候和飞行差错或严重不安全事件、一般差错以及更小的不安全事件的指标体系,进行危险因素量化和分析预测,对空中交通系统的安全性做出正确评价与估量,提出风险控制与处理措施建议,完善和丰富整体防范和冲突调配数据库,为防相撞工作科学决策和规划提供依据。

风险评估机制不仅要实现防相撞工作“关口”前移,从事后查处向事前风险防范转变,而且也需要实现防相撞工作由经验型向科学型、粗放型定性评估向精细型定量评估转化。风险评估对于防相撞工作具有重要意义,它本身就具有预防预测性质,经过评估可以发现航空器相撞过程各环节、层次之间的相互作用及影响,便于细化和量化管理,便于制定防相撞工作策略。防相撞工作风险评估的对象是空中交通系统航空单位、空管部门、机场和运行环境等,主体是飞行员和管制员,如图 5-2 所示。其方法主要是采用专家实地考察、问卷调查、安全检查表等“拉网式”普查,获取危险源数据并划分风险等级,再采用事件树分析法、层次分析法、基元事件分析法等进行定量评估,建立综合评估体系。

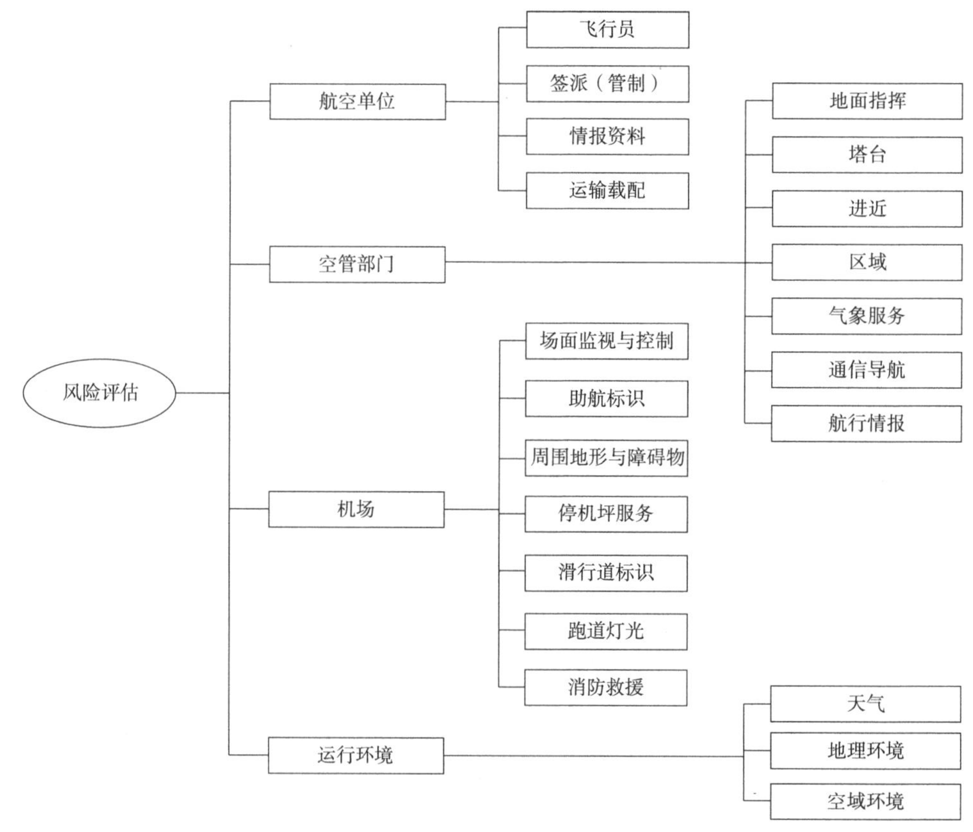

图 5-2　防相撞风险评估因素分解

5.3.2　危险预控机制

危险预控,就是基于风险评估结果,对空中交通系统中存在的危险源状态的不良趋势进行监测、诊断和警示,并在此基础上进行矫正、防范、规避与控制。危险预控机制分为两个阶段,即预警分析和预控对策。预警分析是识错,预控对策是纠错治错,两者相辅相成、缺一不可,如图 5-3 所示。空中交通系统的危险预控及时有效,则可以使劣性趋势转变为良性趋势,而危险预控失效则可能会使劣性趋势加剧而步入冲突状态。

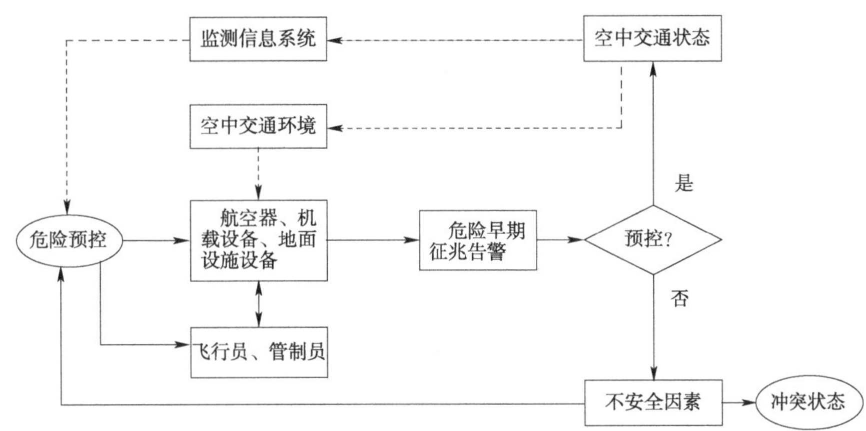

图 5-3　危险预控机制

危险预控包括三个环节:监测、诊断与控制。监测是预警系统正常运转的前提,诊断是技术性的分析过程,控制是采取措施遏制危险的关键环节。其中,监测是针对空中交通环境、航空器运行状态、机组行为及飞行安全管理的过程监测与信息处理;诊断是对处于警戒和危险状态的某些指标进行诊断,分析已被识别的不安全因素产生原因、过程及发展趋势,指明危险性和危害性最大的不安全因素;控制本质上就是纠错治错。三者是前后有序、信息共享的因果关系,相辅相成,缺一不可。

5.3.3　运行监控机制

运行监控,是指对空中交通环境、航空器运行状态、机组人员状态、机场和空管保障等系统是否良好运行进行实时监督与控制。它贯穿于飞行全过程,其作用是确保防相撞工作机制的功能实现,及时规范防相撞工作制度的落实,保障空中交通活动的有效运行。防相撞工作中,运行监控机制通常至少包括三级。一级监控由空军和民航局决策层组织实施,负责对军民航管理层和运行层直接监控或逐级监控;二级监控由军区空军和地区管理局组织实施,分别负责对军民航运行层面实施检查监控,涉及军民航飞行冲突有关问题可由地区空中交通协调委员会负责;三级监控由各航空单位、机场、空管部门对一线及岗位直接监控。例如,由航空公司派出飞行安全检查人员随机对飞行操作实施监控;上级派出安全监察员对空中交通运行的全面监控等都属三级监控。防相撞运行监控机制可采取逐级监控、重点岗位直接监控等手段,采取定期检查、不定期抽查、工作汇报、信息网络实时监控等方法。其涉及多个层次、多个机构,监控机制必须实行内外结合的方式,才能做到全面细致,达到预想的监控成效。

防相撞运行监控流程包括三个环节,即:确定监控标准、查找实际偏差、采取纠偏调控措施。通常,空中交通系统的运行状态可分为:危机状态、不正常状态、基本正常状态、正常状态四个等级。如果空中交通系统处于不正常运行状态,则必须通过调查、汇报、态势分析等手段找出与正常运行状态之间的差距和导致其不能正常运行的原因,并采取切实可行的措施,以求达到监控的目的,使监控真正生效。下面,以空中交通管制部门及其管制员对航空器飞行动态的监控,描述防相撞运行监控机制的活动过程,如图 5-4 所示。

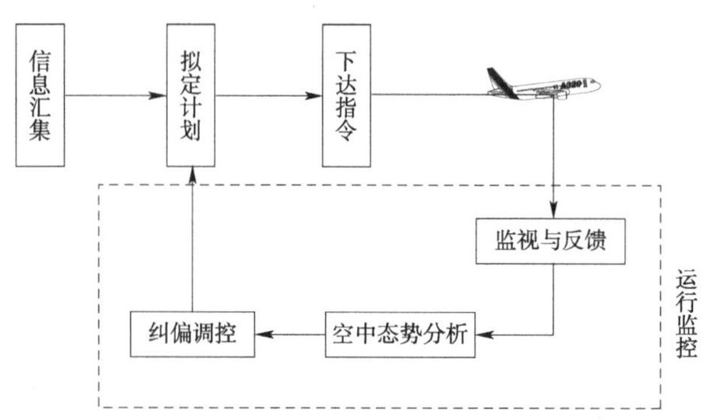

图 5-4 管制员实施运行监控过程

空中交通管制的过程大概分为六个阶段，即：信息汇集、拟定计划、下达指令、监视与反馈、空中态势分析和纠偏调控。运行监控机制主要在监视与反馈、空中态势分析和纠偏调控阶段。管制员下达飞行指令后，便利用空管自动化系统监视航空器飞行动态，通过飞行员位置报告，了解航空器依据管制计划的运行情况，形成反馈信息。将监视信息与反馈信息进行综合，管制员判断和预测航空器的飞行趋势；判明航空器执行管制方案情况（与方案要求的一致性及在方案允许范围内的波动情况）；判明航空器是否违反事先约定的管制约束准则，即预达位置点时间、空域、高度和航线等；判明航空器是否存在飞行冲突、危险接近、空中相撞及与地面障碍物相撞风险。当空中态势分析发现偏差或出现冲突之后，管制员便进行纠偏调控。纠偏调控是管制活动的重要过程，也是建立空管运行监控机制的目的。它要求管制员必须具有快速反应能力、特情处置能力和精湛的专业技能，同时必须具有预见性、及时性和准确性。当航空器的飞行状态没有发生偏差或飞行冲突，或者出现的偏差或冲突在允许的范围之内，那么可以不对其进行调控，但要不间断地了解掌握和预测航空器的飞行状况；当航空器的飞行状态所产生的偏差（冲突）超出允许的范围，管制员就需要根据偏差大小和方向，确定调控的方式和内容，并发出调控指令；当航空器的飞行状况所产生的偏差很大，超出了管制计划的允许范围及管制员的权限时，管制员在不间断监控的同时，必须将情况报上级管制部门或者协调其他管制部门实施纠偏调控。

5.3.4 军民航协调机制

军民航协调，是指军民航管制部门为了实现空中交通安全、顺畅，依据法规、协议和事先商定办法，相互通报、妥协、交涉和及时排除各种冲突的活动过程。它是解决军民航飞行冲突的重要途径之一，既包括事先协议的讨论和签订，也包括双方飞行过程中对协议的执行、信息的沟通，还包括为解决新矛盾、新冲突所做的各项工作。ICAO 认为，各国必须建立并维持军民航之间密切协调关系，建立信息交换机制以保证军民航间相互干扰最小。对此，ICAO 在《国际民用航空公约》附件 11 中，以“军事当局和空中交通服务单位的协调”和“对民用航空器构成潜在危险的活动的协调”为标题，就各国军民航协调问题提出了“全球性意见”，望各国“进行慎重考虑并采取行动”。按照 ICAO 要求，世界各国根据本国具体国情和航空活动实际情况，基本上都建立有相对完善的军民航协调机制，明确军民航防相撞规定，为防止军民航飞行相撞提供了有力保障。

我国军民航协调机制涉及管制部门各个层面，不同层面又有不同的协调组织形式和职责。当前,我国军民航协调机制主要有国家、地区、分区(终端区)和机场四个层面。

①国家层面。中央空管委领导全国的飞行管制工作,并建立军民航空中交通管理联合运行战略协调机制,对军民航双方之间的重大事宜进行高层协商,统一筹划。

②地区层面。设置地区空中交通协调委员会,建立军民航空管联合办公机制。在中央空管委的领导下,负责协调本地区涉及军民航及其他管制工作中的防相撞、空域使用等重大问题。其主要职责是:掌握本地区内各航空部门贯彻执行上级关于空管工作指示和管制规章制度的情况;掌握本地区管制工作情况,定期或不定期分析空管工作形势,及时协调解决各航空单位之间的飞行矛盾,维护空中交通秩序;协调军民航之间空管系统运行保障方面的有关事宜;组织或参与调查处理军民航及其他航空单位之间发生的危险接近事故征候。

③分区(终端区)层面。建立军民航空中交通管理联合运行机制,贯彻落实地区空中交通协调委员会所达成的军民航协议,军航飞行管制分区分别与相关的民航管制机构建立通报协调关系。对本区内飞行活动的协调是由相关军民航管制部门临时组织会议达成协议。本区内部队军事训练飞行与民航飞行存在矛盾时,通过分区管制值班员与相关民航管制员进行协调。

④机场层面。军民航协调工作主要是贯彻落实上级有关军民航协调工作指示和精神,对本机场区域飞行活动的协调是由机场管制部门与民航相关的管制部门临时组织实施。机场内部队军事训练飞行与民航飞行存在矛盾时,由军航机场管制值班员或者通过分区管制值班员与民航管制值班员进行实时协调。对于军民合用机场,军民航双方还要达成管制指挥协议。驻机场的航空兵部队、场站司令部,负责组织与实施本机场飞行管制区内的飞行管制,主动与民航进行管制协调。

5.3.5　责任追究机制

责任追究,是指通过一定程序对没有履行好相应职责或违反规章制度造成事故及事故征候的人员追究,使其承担政治责任、道德责任或法律责任。建立责任追究机制是更好地落实航空安全责任制和防相撞工作制度的重要保证,也是ICAO积极倡导的安全管理责任体系的核心内容。ICAO《航空安全管理手册》的第二章"责任和问责办法"指出:"责任和问责办法是两个密切相关的概念。每名工作人员在对自己行动负责的同时还要就自己安全履行职责对其主管负责,并可能被要求对其行动的理由做出说明。虽然个人必须对自己的行为负责,主管也对向其报告的群体的整体绩效负责。问责制是涉及双方的事情。主管也要对确保其下级人员拥有安全完成交给他们的任务所需的资源、培训和经验等负责。"我国安全生产管理体制是行业管理、领导负责、国家监察、群众监督、劳动者遵章守纪,并规定企业各级领导、职能部门、人员在生产工作中应该担负的安全责任和职责。

我国军民航都建立有相应较合理的责任体系。防相撞工作责任体系由安全领导责任和一线运行人员的安全岗位责任共同构成。各级部门领导特别是主要领导,是本部门防相撞工作的第一责任人。一线运行人员,尤其是飞行员、管制员等,是空中交通活动的直接实施者和操作者,也是安全责任的最后一道把关者和守望者。更为重要的是,我国军民航职能部门都将防相撞工作纳入党委领导的重要工作范畴，形成了由党委领导亲自抓、分管领导具体抓、职能部门全力抓、其他部门配合抓的良好局面。2001 年，我国发布和施行的《国务院关于特大安全事故行政责任追究的规定》明确指出，发生特大安全事故，不仅要追究直接负责人的责任，而且要追究有关领导干部的行政责任；构成犯罪的，还要依法追究刑事责任。据此，我国民航也建立了责任追究机制，并提出“四不放过”原则，即“不查明原因不放过；不分清责任不放过；不采取措施不放过；不严肃处理不放过。”《民用航空空中交通管理运行单位安全管理规则》明确指出，民航空管安全管理工作实行安全事故责任追究制度，依据有关法律、法规和本规则的规定，追究安全生产事故责任人的责任。《中国民用航空空勤人员有关责任追究暂行规定》按照发生特别重大、重大、较大、一般飞行事故和事故征候，以及空勤人员的责任、事故调查期间的表现等，对空勤人员进行责任追究。

5.4 防相撞工作制度与机制的支持架构

组织论认为，架构(Framing)是组织内部各组成部分的基本要素在结构上的安排。防相撞工作通常由组织方式、法规标准、资源配置、信息管理、教育培训、科技支撑和安全文化等不可或缺的要素构成。这些要素之间相互依存并相互作用，紧紧围绕着防相撞的目标，形成具有特定管理功能和安全目标的有机整体，并从不同角度和不同层次来支撑防相撞工作机制的高效运行和制度的全面落实，如图 5-5 所示。

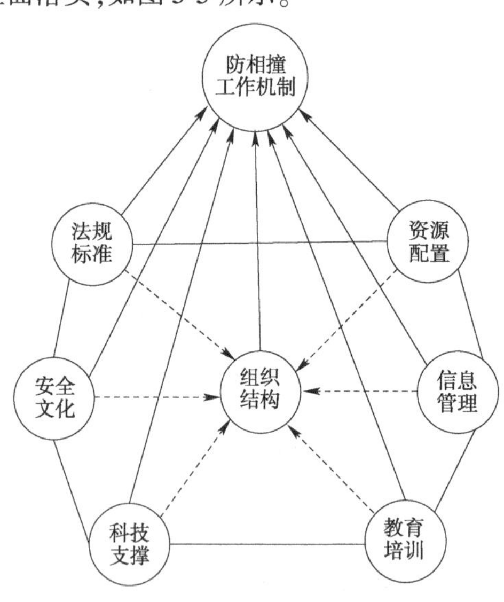

图 5-5　防相撞工作制度与机制的支持架

5.4.1　组织结构

建立架构清晰的防相撞工作组织结构，合理划分各级防相撞职能部门的职责，健全各种行之有效的制度，是实施防相撞工作的根本保证。依据国家安全生产管理体制的“管生产必须管安全”原则，我国防相撞工作组织结构通常是“嵌套”于国家航空管理组织之中，以金字塔形领导机构为基础，采用职能化和地域化矩阵式的部门划分标准，所建立的纵横交错、彼此互动、协调匹配的组织形态[2]。我国防相撞工作领导机构的设置采取“虚实并重，军民结合”的方式，在中央空管委统一领导下，中国人民解放军空军组织实施全国的飞行管制，定期或不定期组织军民航防相撞协调会。中国民用航空局、国家体育总局、中国航空工业集团有限公司，中国人民解放军海军、空军、总参谋部陆航部等航空管理部门，分别组织领导本部门或本军种的防相撞工作；军区空军、海军舰队和地区管理局等部门，组织领导本区或本部门防相撞工作；空军军师级单位、海军舰航、航空兵师级单位等建立防相撞工作领导小组，组织领导本部门防相撞工作。民航各航空公司、机场、空管站等防相撞工作职能部门建立安全监督管理机构，组织领导本部门防相撞工作，并对防相撞工作实施监督、检查指导。军民航之间建立地区空中交通管理协调委员会，负责本地区防相撞工作的组织实施，定期或不定期组织军民航防相撞宣传教育活动。

5.4.2　法规标准

防相撞工作必须建立完善的法规标准体系，用于规定军民航各级组织机构的性质、职能及行为规范。我国防相撞工作涉及的法规体系纵向上大致可分为四个层次。第一层次是《中华人民共和国飞行基本规则》和《中华人民共和国民用航空法》；第二层次是中央空管委制定和发布的规定，如《飞行间隔规定》《通用航空飞行管制条例》等；第三层次是中国民用航空局、中国人民解放军空军、中国人民解放军海军等航空管理部门制定和发布的有关飞行条令、飞行管制条例、空中交通管理规则及有关规定、细则等，如《中国人民解放军空军飞行条例》《中国人民解放军飞行管制条例》《中国民用航空空中交通管理规则》《中国人民解放军空军防止飞机空中相撞工作规定》《中国人民解放军海军防止飞机空中相撞工作规定》和《民航局关于进一步加强防止航空器相撞工作的意见》等；第四层次是军区空军与中国民用航空地区管理局及其下属管理部门制定和发布的法规性文件，如《飞行管制分区飞行管制补充规定》《飞行管制区飞行管制细则》《机场细则》及《军民合用机场飞行管制有关规定》等。此外，还有我国缔结或者参加的民航国际条约中涉及防相撞工作的内容，同样对我国民用航空活动有约束力，如《国际民用航空公约》附件、《安全管理手册》等。

各级防相撞工作组织机构依法设立并履行法律规章规定的职责，并依法协调各单位和部门之间的活动。军民航防相撞主管部门必须依据法律规章对军民航飞行安全进行管理。各类航空单位必须按照防相撞规定标准严格安全运行的行为准则和操作规程。军民航各级安全监督部门必须依据法律、法规对有关防相撞工作情况进行评价，对违法行为给予处罚。军民航协调机构必须依据法律、法规对军民航飞行活动进行协调，定期或不定期组织召开防相撞协调会，制定本地区防相撞规定，规定本地区军民航飞行程序及相互避让办法。

5.4.3　资源配置

防相撞工作的资源配置主要包括与安全密切相关的三个方面：人力资源、安全工程和安全投入。

①人力资源。它与自然资源、资本资源、技术资源并称为人类的四大资源，主要指组织机构内外具有劳动能力的人的总和。防相撞工作人力资源管理最核心的是机组资源管理（CRM）和空管班组资源管理（TRM）。同时，也涉及人力资源的战略规划、决策与管理；人力

资源的招聘、选拔与录用;人力资源的教育培训;人力资源的工作绩效考评;人力资源的薪酬福利管理与激励;人力资源的保障;人力资源的职业发展设计等。

②安全工程。空中交通系统是由设计、制造、运行与管理等环节构成的实践性工程,以保证系统软、硬件安全性为前提指标,通过整体功能的安全运行实现总目标,安全工程则是强化安全功能的有效模式。做好防相撞工作的基本途径是加大安全工程投入,开发安全技术,强化安全工程实践,完善基础设施设备建设。这些安全工程既包括地面的通信、导航、监视和空管自动化设备,也包括驾驶舱自动化及机载安全告警设备和机身照明系统,以及机场助航设备和地面活动引导与控制系统等。

③安全投入。安全投入是以提高空中交通运行安全为目标,在开展防相撞宣传教育、岗位培训、设施设备建设、运行环境、文化建设等各项安全活动中投入的一切人力、物力、财力总和。国家高层航空管理部门统揽全局,制定明确的航空安全投入政策,合理配置安全投入;军民航都建立有安全投入机制,制定中长期规划,拓宽投入渠道,确定防相撞工作安全投入的重点、数量及检查验收方法等。

5.4.4 安全信息

有效的安全管理是“以数据为驱动的”。高质量的数据是安全管理的生命线。安全信息管理系统可方便、快捷地实现对各类数据和信息的收集、分析、共享和利用,它不仅是风险管理的基础,更是风险评估、危险预警和监控机制有效运行平台,可为全面掌握防相撞工作安全形势、制定防相撞工作政策和决策提供支持。

空中交通运行过程中会产生大量的信息,包括值班日志、飞行计划、进程单、地空通话记录、快速存取记录(QAR)、不安全事件报告、航空安全无惩罚自愿报告(ASRS)以及来自不同岗位的人员通过电话、邮件、网站等方式提供的安全报告等。通过对这些信息,尤其是QAR、ASRS和不安全事件报告的分析,可以预测安全趋势,并有效组织实施风险管理、安全绩效监控及安全事件调查等。对不安全事件原始信息进行分析,可以找出事件发生的原因,挖掘内在规律,掌握事故发生机理。并可将分析中发现的重要不安全事件列为风险评估项目,按照风险管理程序进行风险识别、风险评估、实施防范措施及评估措施有效性等工作。安全信息分析结果还可以纳入防相撞宣传教育活动中,用于阶段性地评估安全绩效,规划、部署下一阶段的防相撞工作重点。对部分安全信息和典型不安全事件可编入安全教育材料,在单位内部开展安全宣传活动,提高相关人员的安全意识和安全操作水平。军民航通过建立自动化的安全信息管理系统,实现信息共享、资源互用,加强交流与合作,可更加高效地支持军民航防相撞工作。

5.4.5 安全培训

安全培训是提高从业人员事故防范能力、预防和控制事故的重要途径,为军民航安全管理体系提供强大的智力支持、人才保障和坚实的科技支撑,对于提高各类从业人员的知识、技能、态度,增强安全理念和知识,营造良好的安全环境,以及促进安全文化建设具有奠基作用。从防相撞工作角度出发,应重视人为因素培训力度,增强从业人员安全理念,重点加强机组资源管理(CRM)训练和空管知识、技能、态度(KSA)训练。

CRM 训练是解决飞行员人为差错、熟悉驾驶舱内的人机界面、优化人员活动、协调相互关系的有效途径。CRM 训练侧重于提高飞行机组交流、管理以及机组协调配合的技能，使飞行员能够融入驾驶舱机组整体之中，以便安全地操纵与监控航空器运行。CRM 训练包含的主题通常有：与人为因素和 CRM 训练有关的案例；人的信息加工过程；处境意识培养；工作负荷管理、厌倦或疲劳以及警觉性与应激的管理；机组的标准操作程序；质询、劝告、冲突的解决方案；飞行机组成员之间、飞行机组成员与其他操作人员间的有效交流和相互协调，以及使用检查单、明确任务分工、实施交叉检查与相互支持；错误链以及中断错误链应采取的行动；驾驶舱文化差异；自动化所蕴含的 CRM 等。

KSA 训练目的是树立空管团队意识，使管制员了解团队知识，掌握团队协作技能，释放或改变对团队的不良态度，形成高度的团队协作精神，从而达到空管安全高效运行。KSA 训练内容包括团队知识、协作技能和团队的态度。团队知识包括：管制员的个人因素、任务、责任、信息和目标等内部知识，班组成员的相互信任、相互尊重及成员对班组的高度真诚、对班组的集体认同感、归属感、成就感等团队精神，以及同事性格特征知识。协作技能包括：信息交换、协助他人的行为和团队信息反馈等。团队的态度是指对团队工作重要性的认可、集体效应和团队凝聚力等。

5.4.6　安全文化

安全文化的概念最先由国际核安全咨询组（INSAG）于 1986 年针对苏联切尔诺贝利核电站核泄漏事故提出。该概念一经提出，就迅速在世界各国传播，并得到国际航空界的认可和广泛推行。ICAO 在《安全管理手册》中指出："文化影响着我们与其他各种社会团体成员共享的价值观、信念和行为。文化将我们作为团体成员结合在一起，并为我们提示在正常和非正常情况下该如何规范自己的行为。"防相撞工作实践也一再证明，仅靠完善的工作机制规范和严格的制度约束，无法彻底消除不安全事件、完全杜绝飞行差错及危险接近、跑道侵入、低于安全高度飞行事故征候或航空器相撞事故的发生，最为理想的途径是抓住最大限度减少人为差错这一关键，"以人为本"，推广与普及安全文化，从根本上提高飞行员、管制员的安全文化素养，使安全成为各类防相撞工作人员共同的、有效的、自觉的行动。也就是说，以文化为载体，通过文化的渗透与潜移默化的熏陶，创造"安全第一"的文化氛围，发挥文化的导向功能、激励功能、凝聚功能、约束功能、辐射功能和协调功能，形成以提高人的安全文化素质进而达到减少人为失误、提高防相撞工作水平的安全管理新途径。

本质上讲，防相撞工作与飞行安全管理的安全文化的内涵与结构是一致的。也分为三个层次：制度层次、精神智能层次和价值规范层次。制度层次对文化建设的整体更新和发展起决定性作用，具有凝聚功能和控制功能，主要涉及防相撞工作法规、规章、标准、程序及管理体制和组织形式等。精神智能层次是人的安全思想、情感和意志及对安全客观规律的认识的综合体现，对人的安全价值观的形成至关重要，主要涉及安全哲学、思维学、行为学、安全科学技术及系统安全观等。价值规范层次是安全文化的性质和核心，是最不容易变更的成分，制约安全实践中的一切选择、一切愿望以及一切行为的方法与目标，主要涉及诸如"安全第一"安全价值观念、安全行为规范（道德、风尚、习惯）等。70 多年来，我国防相撞工作已基本形成了自己的一套以"安全第一、预防为主"为核心的安全文化体系，其价值观念已融入空中交通运行和军民航安全管理之中,成为激发各类防相撞工作人员的积极性、主动性和创造性,凝聚人心、激励进取,促进航空事业安全、健康、全面发展的动力。这些安全文化主要有:公正文化、报告文化、知情文化、学习文化和严格文化。

①公正文化。公正文化是一种信任氛围,在这种氛围下鼓励人们在防相撞工作中始终能发现并消除安全隐患、报告不安全事件,提高并应用自己的技能和知识来强化安全,能公平、公正地处理所发生的不安全事件。

②报告文化。管理者与运行人员能自由交流安全信息,而不必担心受到惩罚。防相撞职能部门通过建立易用且高效的安全信息报告和反馈系统及相关制度(如航空安全无惩罚自愿报告系统),对空中交通运行中发生的不安全事件、运行偏差或运行隐患进行自愿报告、信息收集、整理、分析与发布,应用人本主义的管理理念,通过鼓励飞行员、管制员、乘务员等从业人员报告发生在自己工作中的失误或隐患而提醒、帮助其他可能受到同样安全威胁的同行,将工作中的无意失误转化为对集体、团队和组织的贡献。

③知情文化。知情文化是一种开放的文化,要求各级防相撞部门重视安全政策、法规规章、管理制度等宣传工作,维护防相撞工作人员参与安全管理的知情权和参与权。通过以下方式促进知情文化的成长:向各类防相撞工作人员发布安全承诺的声明,进行安全责任沟通,与全体人员就安全政策、目标、标准和绩效进行定期的沟通,鼓励他们识别对安全构成的各种威胁并寻求消除这些威胁的必要改革。

④学习文化。各级、各部门、各单位需要营造浓厚的学习风气,不断提供安全方面的新知识,通报安全问题的最新情况,并将安全报告及时反馈,使得所有人员都能够吸取相关的安全教训。各类防相撞工作人员能主动积极地学习经验教训、安全技能和安全管理知识,正确理解安全管理体系的内涵和方法,能应用自己的知识和技能来加强组织的安全。

⑤严格文化。营造法制严明的良好氛围,防相撞工作人员能遵守规章和标准操作程序。“安全不安全,关键是领导。”严格文化应先从领导严起,自上而下地推行安全管理体系,是严格管理能够真正取得效果的前提。在发生安全问题后,严肃认真地查找系统上的缺陷并切实加以改正。

本章参考文献

[1] 万小明. 飞行事故调查和失效分析[R]. 西安:西北工业大学民航工程学院,2001.

[2] 陈艳秋,史亚杰,等. 民航持续安全的理论与实践[M]. 北京:中国民航出版社,2010.

第6章

防相撞方法与策略

航空器相撞成因分析结果表明，人为差错是诱发航空器相撞事故或事故征候最重要的原因之一。识别与控制空中交通系统可能出现的人为差错是防相撞工作的根本方法。将相撞风险预防和冲突处置融于飞行员、管制员岗位工作任务全过程是防相撞工作的主要策略。

6.1 人为差错的识别与控制

人为差错(Human Error),是指人的行为的结果偏离了规定的目标,并产生不良影响的现象。人为差错的识别与控制是防相撞工作的重心,是防止航空器相撞的根本措施之一,需要建立从个人准备、工作条件到组织机构、运行程序、资源管理及部门协调等一整套防错体系。

6.1.1 人为差错的识别

人为差错识别,是指及时发现空中交通系统中可能出现的人的失误(Slip)、疏漏(Lapse)和错误(Mistake),并辨识其类型、原因、途径及后果的过程。1972 年,爱德华教授首次提出了安全工作中"人"所处的特定系统界面的原理,即 SHEL(Software, Hardware, Environment, Liveware)模型,如图 6-1 所示。在这个积木式图中,人位于核心地位,在其周围存在着四个具有凸齿的界面,即"人—人"界面、"人—机"界面、"人—环境"界面和"机—环境"界面。这四个积木式的界面间的匹配或不匹配与界面本身的特性同样重要,不匹配可能引起人为差错,成为人为差错的发源点。ICAO《安全管理手册》借助 SHEL 模型形象地显示空中交通系统中各组成部分之间的相互关系,描述空中交通系统中人为差错的来源。

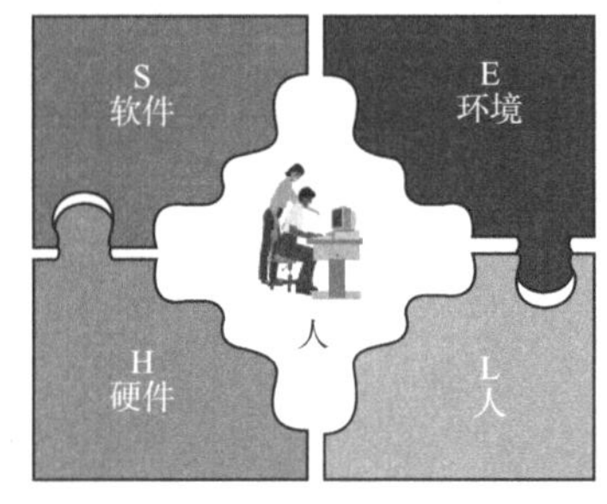

图 6-1 SHEL 模型

从防相撞工作角度审视该模型,可以看出,人在防相撞工作中起主导作用,是最关键的因素。防止航空器相撞事故发生,首先要提高人的可靠性。但人的特性是复杂的,人又有着不同的性格和情绪,不具有与硬件同样高的标准化程度,会受到工作中存在的相当多的变数的影响,因而,提高人的可靠性这项工作变得十分艰巨。正如 ICAO《安全管理手册》指出的那样:"为了避免那些影响人的行为能力的不良因素,必须理解 SHEL 模型各方块与处于中心地位的人件之间界面的不规则效应。为了避免系统中的不良反应,必须使系统中的其他组成部分与人谨慎配合。"影响人的行为能力的几个较为重要因素如下:

①身体因素,指执行所要完成任务的身体能力,如体力、身高、臂长、视力和听力等。

②生理因素,包括影响人的体内物理过程的因素,如供氧量、疾病、疲劳、睡眠不足、空腹以及烟草、药物、酒精或个人压力等。这些因素可能影响一个人的感知能力和反应能力。

③心理因素,包括影响一个人对可能出现的各种情况的心理准备状态的因素,如培训的充分性、知识与经历、工作负荷等。

④社会心理因素,包括个人的价值观、社会态度、道德观、责任感等,直接影响飞行员或管制员行为表现,与飞行安全密切相关。同时,还涉及个人在工作和非工作环境中面对的所有外部因素,如与同事发生争吵、失去亲人或家庭问题等。

SHEL 模型表示的是人与各要素之间的相互协调关系。正确处理这种协调关系,对于实现安全目标,做好防相撞工作至关重要。具体表现为以下几方面:

人—硬件(L-H)。这是诱发飞行员或管制员犯错误的重要原因之一。如果地面和机载设备的设计、制作和使用理念有违于人的生理、心理特点或者缺乏对意外情况的补救措施,人在高度紧张的应激状态之下，犯错误在所难免。例如，驾驶舱人性化设计、机场灯光设计、跑道标志、障碍物标志与照明，或者管制工作台、席位布局、键盘摆设、进程单摆放位置，以及荧屏大小、颜色或耳机话筒质量等设计不良，都可能引发差错。从根本来讲，硬件的设计应以人为核心，其开发、配备要以促进安全、提高效率和方便使用为目的。人则要适应硬件设备，提高效率。我国民航某管制区曾出现过由于雷达显示台控制键盘的误操作，丢失了一架飞机的雷达数据标牌，致使管制员忘记了该机的存在而发生飞行冲突的现象。

人—软件（L-S）。从飞行员角度讲，软件包括：飞行手册、检查单、飞行程序、飞行技术通告、航行情报以及飞行资料等。从管制员角度讲，软件包括：管制部门的安全管理工作制度、管制指挥工作程序、管制员业务培训、工作负荷调节、班组资源管理等。现代飞机由于大量采用自动化操纵技术，传统的“杆舵操纵”逐渐让位于“飞行信息监控”，飞行员的监控行为要凭借个人的意志和身体来保证，很容易游离于被监控对象动态的变化，当意外情况发生且急需处置时，飞行员在短时间内很可能弄不清问题的来龙去脉，必然感到措手不及。1992 年 11 月 24 日，我国某航空公司波音 737 飞机执行广州—桂林航班任务，在桂林地区撞山失事。造成事故的原因是飞机在下降过程中，出现右发动机自动油门故障而不能随动，导致左、右发动机推力不平衡，飞机缓慢向右滚转，而机组没有及时发现和采取措施，当坡度达到 46°时，机组才猛然发现特情，在慌忙之中错误地向右压坡度修正，从而加速了飞机向右滚转。到撞山前 3s 时，飞机向右滚转竟达 168°，在几乎倒扣的姿态下，又有一猛烈的拉杆动作，加速了飞机的俯冲，以致飞机撞山失事。

人—环境（L-E）。座舱噪声、高空低气压、连续飞行造成的睡眠缺失、复杂天气等，都会增加人犯错误的概率。起飞离场或进近着陆过程中，若飞行航路上出现不好绕越的雷暴天气，碰巧飞机某个系统又发生故障，整个机组此时很可能会将注意力集中于某个方向，诱发飞行差错的出现。如前所述的新西兰安塞特航空公司一架 DHC8 飞机撞山坠毁事故，就是由于机组全神贯注地纠正起落架的不安全状态，而没有注意飞机的飞行高度所致。

人—人（L-L）。该界面描述的是飞行过程中机组成员之间，机组成员与管制员之间，管制员与管制员、签派员、气象员之间的关系。这是所有界面中最关键的界面，涉及信息交流与团结协作的质量。在“二人制”的驾驶舱，机长与副驾驶之间需要相互尊重、相互提醒、相互协作。在空管班组内部，管制员要时刻保持情景意识，严密监控飞行动态，准确发布调控指令，并与通信、气象、情报及军民航管制部门之间搞好协同通报。人际失调，配合不良，交流传递出现误解、缺损或偏离，都可能会引发人为差错。大量的航空器相撞事故已经证明了这一点。1994 年 8 月 10 日，韩国大韩航空公司的一架 A300 客机的加拿大籍机长与韩国籍副驾驶配合不良，导致决策失误，加之操纵不当，最后飞机高速接地且冲出跑道，撞上防护栏起火烧毁。

基于上述 SHEL 模型对人为差错的发源点的描述，结合航空器相撞事故征候的类型，可进一步识别出跑道侵入、危险接近、低于安全高度飞行以及空中交通告警与防撞系统（TCAS）发出告警后处置过程中的人为差错的表现形式。

由于飞行员和管制员的工作性质、内容和环境不同，因而他们所产生人为差错的类型及表现形式也不一样。但总体上讲，飞行员的人为差错涉及 SHEL 模型的所有四个界面，其类型主要有：

①故意违规差错(人)。

②程序差错(软件)。

③沟通差错(人—人)。

④熟练性差错(人—硬件)。

⑤操作决策差错(人)。

管制员的人为差错主要涉及 SHEL 模型的“人—人”界面和“人—软件”界面,其类型主要有:

①个人违规操作和技能低(人—软件)。管制员忽视和违反规章、程序和标准的工作行为;疲劳上岗,造成工作能力严重下降或完全丧失;技术不娴熟、思路狭窄,造成应变能力差、准确性差、效率低下。

②注意力分配不当和思想麻痹(人)。管制员在管制过程中注意力的分配、注意的范围、注意转移的速度和方式等方面具有缺陷;小流量情况下,过于松弛,管制能力在无意识中被弱化;对飞行动态未实施有效监控,忽视对相关飞行动态的监控或监控方法不当,造成错、漏、忘。

③业务基础知识掌握不牢(人—软件)。管制员的理论知识的广度、深度不够,不具备全面和稳固的专业基础知识;没有熟练掌握特殊情况处置程序,应变能力及心理承受能力差。

④指令错误和班组配合不当(人—人)。管制工作中粗心大意、心不在焉,导致指令错误。忽视飞行员对指令的复诵,未能及时发现机组对指令的误解;班组成员职责不明确、搭配不合理、工作不协调和交流不充分;教员对见习管制员放手量过大,监控不力;相关管制单位间管制移交协调规定不完善,协调不及时、不准确,甚至未按规定进行移交协调。

图 6-2 描述了可能导致管制员产生人为差错的因素。如果管制员不能很好地处理这些因素之间的相互关系,它们有可能成为影响管制员认知过程和行为的威胁因素,从而诱发管制员在管制工作中发生差错。例如,训练和经验的不足作为一种潜在的威胁因素而存在,在特定情况下有可能导致管制员做出错误的判断和决定;管制员与飞行员之间的沟通和交流不够,有可能导致小于间隔飞行或飞错高度层;设计不良的空域结构和交通流量过大或过小都有可能诱发管制员产生差错。

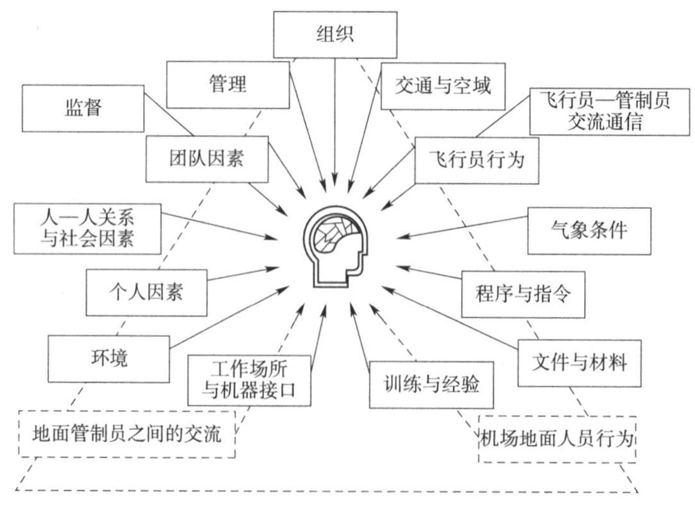

图 6-2　可能导致管制员产生人为差错的因素

1. 跑道侵入事故征候中的人为差错

跑道侵入一直是威胁飞行安全和影响飞行效率的主要因素之一。据 FAA 跑道安全办公室(ARI)不完全统计,从 2000—2003 年间,美国共发生跑道侵入事件 1474 起,其中飞行员差错 844 起,管制运行差错 339 起,车辆或行人偏差 291 起。虽然设备故障也会引起极少的跑道侵入事件,但几乎所有的跑道侵入事件都源于人为因素,小型通用航空器比商用航空器更容易发生跑道侵入。导致跑道侵入事故征候的人为差错类型及其原因分析如下:

(1)跑道侵入事故征候中的飞行员差错

飞行员差错导致跑道侵入最普遍和最重要的原因是失去“情景意识”,即飞行员认为他们在机场某处(如特定滑行道或道口),而实际在另一处(如另一滑行道、交叉口或跑道)。最典型的例子就是 2000 年 10 月 31 日,新加坡航空公司波音 747-400 客机在台北桃园机场滑行,该机获准在桃园机场 05 号左跑道起飞,飞行员也认为自己在 05 号左跑道滑行,而实际上该机是在 05 号右跑道滑行,最后撞上跑道停放的工程车,酿成灾难。

其次是飞行员与管制员之间的通信差错,包括复诵差错(即飞行员向管制员重复其指令出错)、误解管制员指令或接受管制员发给另一架航空器的许可等。发生通信差错的原因包括:滑行道符号和标记不清(尤其是在等待线处看不到),管制员一次发送的信息太多(记不住或混乱),管制员在航空器着陆滑跑过程中发送指令(此时飞行员的工作负荷大、驾驶舱噪声大),以及飞行员关注某些任务而忽视了管制员滑行指令。

(2)跑道侵入事故征候中的管制员差错

与跑道侵入相关的管制员差错类型主要有:

①忘记了航空器位置、跑道关闭、跑道上车辆和自己已发出的许可。研究表明,导致跑道侵入的管制员差错中,27% 的原因是管制员记忆失效。

②管制员之间协调不足。导致跑道侵入的管制员差错中,20% 的原因是管制员之间协调不足。

③认错某架航空器或其位置。这主要与机场能见度有关。研究发现,在有管制塔台的机场因认错航空器或其位置造成的跑道侵入事故征候中,只有 17% 的跑道侵入发生在白天能见度良好的情况下。

④通信差错。复诵或复听出错。

⑤频率堵塞。无线电频率堵塞可导致发话阻塞、信息不全、重复通信或指令误解。

⑥麦克风卡阻。通话断断续续,信息不全,复诵阻塞,通信阻塞或部分阻塞。

下列因素可能会引发管制员差错:

①塔台视线限制。

②机场机动区内相关人员扫视技能低。

③航空器或车辆无明显标志。

④由滑行道灯开放而导致的蓝色光区、给管制员造成混乱。

⑤管制员的工作程序有误或扫视技能差。

⑥空中交通管制指令许可的发布时间与用词产生歧义。

⑦塔台与地面协调程序有问题。

⑧飞行员、管制员、机动车驾驶员使用非标准及模糊通话用语。

⑨在退出、进入、穿越跑道时，复诵指令不完整。

⑩驾驶舱及塔台内的背景噪声大。

⑪飞机、车辆呼号的分配和使用方面有问题。

⑫设备可靠性和维护水平低。

⑬地面无线电通信拥挤等。

2. 危险接近事故征候中的人为差错

据统计，1999 年英国空域交通流量大约为 260 万架次，商用飞机共发生各类危险接近事故征候 46 起。其中由飞行员飞错高度造成危险接近事故征候 13 起，约占 28%；而由管制员差错造成危险接近事故征候 33 起，约占 72%。1991—1994 年 6 月间，我国共发生危险接近事故征候 18 起，其中民航机组原因 4 起，管制原因 11 起，其他原因 3 起。可见，飞行员和管制员差错是造成危险接近的主要原因。

(1)危险接近事故征候中的飞行员差错

①违章飞行。飞行程序不规范，缺少必要的交叉检查，操纵飞机存在“错、忘、漏”。

②错飞高度层、错飞航向。飞行员对飞行仪表不熟悉，识别仪表有误。

③飞行员不复诵或复诵不清楚。

④通话程序和语言使用不标准。没有听懂且不询问，误解管制员指令。

⑤飞行员在飞行过程中不主动及时报告航空器的位置，甚至擅自更改航向、高度，尤其是飞行员因天气绕飞或改变航向时，没有及时向管制员和相关部门请示，致使管制员不能及时协调该航空器与其他航空器之间的矛盾。

⑥空中交通告警与防撞设备使用不当。

⑦军民航互不了解对方航空器性能，忽视对规定的飞行位置和空域边界的检查，飞行高度保持不严格，上升或下降时机不当，对军民航空域飞行活动情况不了解、不掌握。

(2)危险接近事故征候中的管制员差错

①情景意识差。对所管制区域内的军民航飞行动态(如位置、高度、间隔、速度等)不掌握。

②飞行调配能力弱。管制员技能达不到在同一时间、同一扇区所能管制航空器数量要求，难以准确掌握航空器飞行动态，调配达不到最优化，空中交通混乱。

③缺乏警惕性。思想松懈，不掌握各架航空器飞行动态，主动管制意识差，指挥不及时。

④精力分散。管制员需要承担多种任务，包括：监视、通信、飞行数据处理、人机对话等，容易分散注意力，往往只重视飞行间隔，而没有注意其他潜在的问题，或忘记发出必要的飞行调配指令。

⑤没有使用规定的基准面，致使航空器的飞行高度因基准面的不统一而小于安全间隔。

⑥信息传递问题。美国运输安全委员会研究发现，1976—1981 年间，美国飞行员和管制员提供的 28000 份报告中，70% 的飞行冲突事件都与通话有关，其主要原因是：使用专业术语不正确或不准确；未正确地复诵或听诵；未进行适当的沟通；不准确的补充说明；指令程序错误或差错；雷达移交不准确，数据处理错误；通话速度不适当等。

⑦协调移交不及时或不进行移交。没有按规定与相邻管制部门移交或通报军民航飞行活动。

⑧没有按照规定将军民航飞行动态或产生冲突的关键信息通告相关航空器。航空器有危险接近趋势时，没有及时果断地发出避让指令。

⑨交接班存在隐患或工作环境不良。交接班时，心理图式更新不及时，没有保持情景意识。还可能因吃饭、上厕所等原因造成监控缺失，注意力转换不及时。工作场所空气干燥、缺氧、噪声等导致疲劳、短时失去记忆等。

3. 低于安全高度飞行事故征候中的人为差错

低于安全高度飞行是可控飞行撞地(CFIT)的事故征候。自从喷气式飞机投入商业运行以来，全世界死于 CFIT 事故的人数已近 10000 人。2002 年，全世界民航共发生 37 起飞行事故，其中 11 起与 CFIT 相关，占到了 30% 左右。研究表明，70% 以上的 CFIT 事故都是机组缺乏对航空器相对于地面、水面或障碍物的垂直位置和水平位置的环境警觉性。其原因如下：

①准备不充分。不熟悉航路(航线)以及进离场航线相关机场的安全高度。

②警惕性差。不掌握飞机航径上的障碍物分布及其高度，盲目下降高度，没有充分意识到低于安全高度飞行或接近地面的真实情况。

③标准程序的观念不强，特别是在复杂天气等外界干扰情况下，机组分工不明确，程序混乱，监控缺失。

④技能、知识与经验缺乏。混淆 QNH(修正海平面气压)、QFE(场面气压)、QNE(标准大气压)，不懂近地告警系统(GPWS)警告。

⑤不遵章守纪。表现为不遵守仪表飞行最低安全高度规定。

⑥没有实施交叉检查，没有做好进近简令，没有人负责监控飞行动态，机组缺乏有效交流。

⑦没有核实无线电高度表的指示。

⑧机组漏听、错听、误听高度指令，又未能得到机组内部或管制员及时有效的纠正。

⑨近地告警系统(GPWS)告警后，反应不及时，没有正确实施机动。

4. 空中交通告警与防撞系统发出告警后处置过程中的人为差错

在由空中交通告警与防撞系统(TCAS)、飞行员和管制员构成的防相撞安全系统中，如果 TCAS 发出告警，飞行员能否正确做出判断、及时做出反应和准确实施机动，与飞行员本身及管制员的素质有关。TCAS 通过“收听—询问—应答”方式来监视本机周围空域中其他航空器的位置以及运动趋势，发出告警产生交通警戒信息(Traffic Advisory，TA)或决断信息(Resolution Advisory，RA)，主动地采取规避措施，防止与其他飞机危险接近。下面采用故障树(Fault Tree)逻辑分析方法，形象、直观地分析 TCAS 发出告警后处置过程中的人为差错。如图 6-3 所示，TCAS 发出告警后，“顶层事故”是要求采取机动以避开危险接近，但飞行员没有机动[1]。导致这一故障状态的“中间事件”，即直接人为差错可能有三种：一是即便管制员发出指令，飞行员实施的机动仍不足以避免危险接近；二是飞行员根据自己对冲突的理解，没有采取行动或避让机动不足以避免危险接近；三是 TCAS 发布了决断信息，但飞行员没有避开危险接近。依此类推，最终可找到导致飞行员没有规避危险接近的所有直接原因，即“底事件”，以及所有这些“底事件”的各种可能组合方式。

需要指出的是，在图 6-3 中，由于该故障树规模较大，为了节省空间，故障树并未采用标准的记号，而是将标准故障树中的垂直分解用向右缩进代替，菱形符号(终端节点)用

“ < > ”标记表示，房型事件(不进一步分解的正常事件)用“[ ]”标记表示，其他未加起始和结束标志的语句代表中间事件。“或”门用一条直线表示，“与”门用两条直线表示。

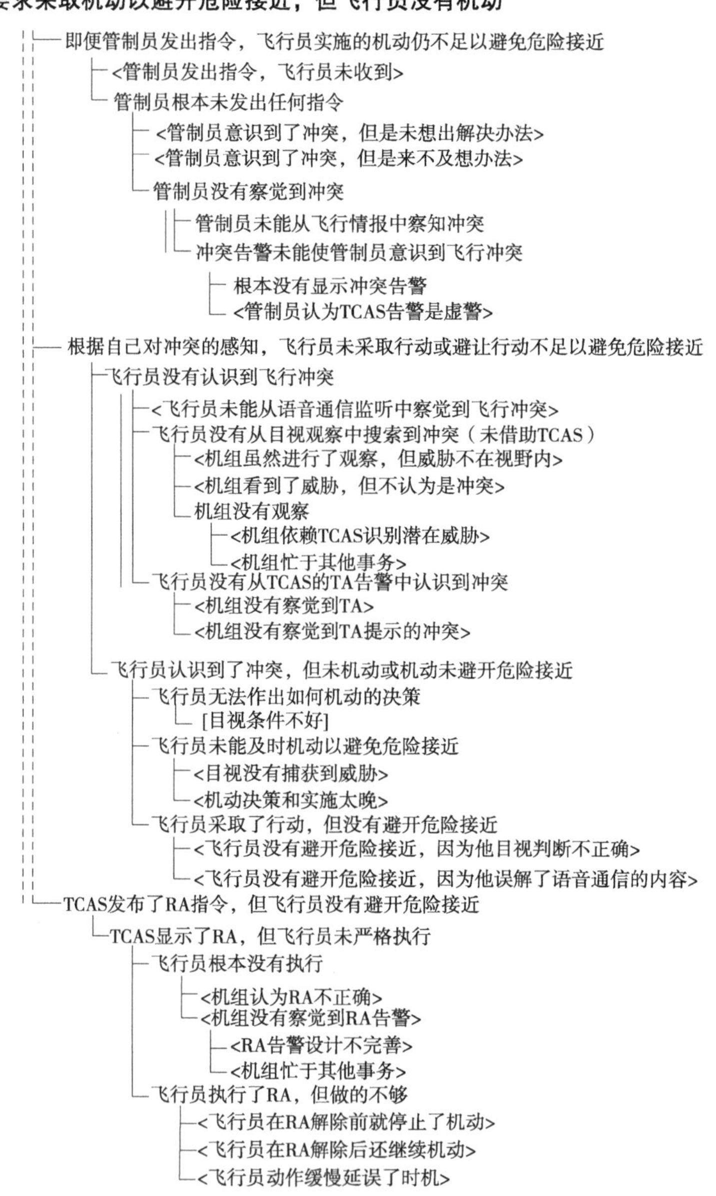

图 6-3 TCAS 发出告警后处置过程中的人为差错故障树分析

6.1.2 人为差错的控制

人为差错控制，是指运用技术方法和管理方法控制、减少可能引起人为差错的因素，或者出现人为差错的情况时，能够主动防错或自行改正，限制事态发展，使人为差错不至于引起事故或事故征候。

正确地识别出空中交通过程中的人为差错类型，并辨识其产生原因和机理，便可有针对性地进行人为差错的控制。然而，在实际防相撞工作中，由于人的特性是复杂的，不同的人拥有不同的先天遗传品质，因而人为差错往往呈现三大特点：一是个体差异。这种个体差异主要受遗传、教育和环境的影响。二是同果异因。例如，同样都是可控飞行撞地事故，不同的“人—机—环境”条件，其致因却相差甚远，要放到具体的情境中去挖掘深层次原因，这样才能真正避免类似问题重复发生。三是同因异果。按照“事故链”原理，对于同一诱因，只有当各事故环节完全相同且环环相扣，才可能导致唯一的同一事故后果。可见，防相撞工作中的人为差错控制表现出极其复杂性，既涉及飞行员差错控制，又涉及管制员差错控制；既需要技术方法，也需要管理方法；既有事前防错，也有事后防错。需要建立严密的、层层设置的防错体系。

1. 职业道德与行为规范

职业道德与行为规范是航空领域人为差错控制的基本措施。为了防止航空人员的错误或玩忽职守，我国借鉴国际上有关的航空条约、公约和国际民航公约有关附件，先后制定了相应的法律、法规以及相关飞行条令、飞行管制条例、防止飞机空中相撞规定等，并把飞行员、管制员等人员的职业道德和行为规范纳入到法律规范之中，以保证航空人员在各种环境中能按正确方式工作。例如，《中华人民共和国民用航空法》要求机组人员协同配合共同保证飞行安全，并对机组提出 10 条规定，特别是对机长在飞行活动中的职责和各项权利与义务有明确规定；军民航有关防止飞机空中相撞规定和工作意见中，进一步明确了飞行员、管制员、航空监察员以及其他保障人员的防相撞工作职责。

我们以法国国家宇航科学院制定并获得批准的飞行员道德规范为例，介绍飞行员应具备的职业道德与行为规范，以供大家参考和借鉴。

(1)行为标准

行为标准包括：

①飞行员必须严格执行职业规范。

②飞行员必须在任何情况下能正确评估自己的能力和设备性能的极限。

③飞行员无论在地面还是空中，必须保持对现场情况客观的判断，决不能隐瞒自己或部属的错误和过失。

④飞行员必须保证自己身体和精神处于良好状态，以消除可能造成严重后果的人为错误。

⑤飞行员有责任保持并不断提高自己的专业技术水平和业务能力。

⑥飞行员必须永远注意自己的行为，一言一行要同自己所穿的制服一样保持威严，并自我约束。

(2)职责要求

职责要求包括：

①飞行员只能参加其所持等级的驾驶执照、适航证和合格证限制内的飞行活动。

②机长的职责是完成所接受的任务。当上级分派的飞行任务超出自己能力时，机长一定要拒绝接收该项任务。

③机长在任何情况下，都要对飞行过程中的安全负有绝对责任。

④机长要保证飞行任务在安全有效和舒适方面达到最佳状态。

⑤在整个飞行过程中,所有旅客和机组人员(无论职位高低)都受机长领导和指挥。除有特别指示外,机长在所有旅客和货物运抵目的地之前不能认为自己的任务已经完成。

⑥机长有责任帮助机组人员处理运输途中可能遇到的任何问题,如处理晕机和受伤人员。

⑦机长一定要和机组成员保持平等的关系,并确保机组成员之间关系良好。机长有责任听取机组成员提出的任何意见。同样,机组成员有责任向机长报告任何有关飞行的信息。

⑧在任何情况下,机长和机组成员一定要向地面维修组提供全部与完成任务有关的资料。

⑨机长一定要对所有旅客保持亲切友善的态度,所有旅客在机长眼里都是平等的。机长一定要让旅客了解飞行的进展情况,特别是在飞行有变化时。机长一定不要使旅客处于没必要的危险状态,必须对机上的秩序和安全负责,必要时机长可强制执行纪律规定。机长要帮助和协助旅客,并且一定要永不离弃旅客。

⑩所有飞行员一定要努力提高飞行安全,在接受飞行任务时一定要出示有关方面认可的飞行记录和飞行状况信息。

(3)应尽的义务

应尽的义务包括:

①飞行员有义务互相帮助、团结友爱。

②飞行员在完成任务中发现或遇到困难时一定要把情况报告给有关部门。涉及飞行或公共安全事故时,飞行员的报告非常重要。

③飞行员一定要把任何蓄意的假报告当作非常严重的过失。

④飞行员一定要避免发布可能对任何人不公正或造成不必要伤害的草率声明。

⑤飞行教员一定要认真履行职责,在最大限度保持客观性的同时,要特别关心自己所带飞的飞行员的进步。

2. 技术防错

在空中交通系统中,常用的防止人为差错的技术措施主要包括:用机器代替人操作、采用冗余设计、增加威胁告警以及改进工作环境等。

(1)用机器代替人

用机器代替人操作是防止人为差错发生的可靠措施之一。自动化程度越来越高是社会技术系统发展的一个突出特点,也是现代航空以人为中心的自动化发展理念。航空业自诞生之日起,就以极大的热情吸纳着各种最先进的科学技术,其中当然包括自动控制技术。像伊尔 14 型飞机上使用的自动驾驶仪,属于第一代自动化设备;到波音 707 飞机,晶体管取代电子管,航空自动化进入第二代;20 世纪 80 年代的波音 767 飞机,广泛采用电传操纵、数字计算机和网络技术,引进了综合飞行管理系统,实现了一体化的自动控制和显示。尤其是“玻璃驾驶舱”投入使用,标志着真正的航空自动化时代的到来,大大减轻了飞行员的工作负荷并弥补其能力不足,改善了安全性能,提高了效能和效益。例如,现代自动驾驶仪的飞行高度预选/告警系统,能够自动通过改变飞机的俯仰姿态实现对飞行高度的控制。飞行管理系统(FMS)可以大大减轻飞行员负荷,能够提供飞行导航和飞行轨迹的横向及纵向控制;监测飞行包线并计算每一飞行阶段的最优速度,自动控制发动机推力以控制航空器的速度。

良好的空管自动化系统能够提供更为直观的飞行动态信息显示，更快地发现航空器之间飞行冲突，有力地保障了飞行安全。

与人相比，机器运转的可靠性较高。机器的故障率一般在 $10^{-4} \sim 10^{-6}$之间，而人失误率一般在 $10^{-2} \sim 10^{-3}$之间。因此，用机器代替人操作，不仅可以减轻人的劳动强度，提高工作效率，而且还可以有效地避免或减少人为差错。应该注意到，尽管用机器代替人可以有效地防止人为差错，然而并非任何场合都可以用机器取代人。这是因为人具有机器无法比拟的优点，许多功能是无法用机器取代的。因此，在考虑用机器代替人操作的时候，要充分发挥人与机器各自的优点，让机器去做那些最适合机器做的工作，让人做那些最适合人做的工作。这样，既可以防止人为差错，又可以提高工作效率。表 6-1 列出了机器与人各自的基本特征的对比情况。

机器与人的特征对比　　表 6-1

特　性	机　器	人
感知能力	可感知非常复杂的信息； 感觉范围较大； 在受干扰情况下会偏离目标	可从各种信息中发现不常出现的信息； 可以从各种信息中选择必要的信息； 在受干扰情况下很少偏离目标
信息处理能力	有较强的识别能力； 成本越高则可靠性越高； 可以快速、正确地运算； 处理的信息量大，记忆的容量大； 没有推理和创造能力； 过负荷会发生故障	可以把复杂的信息简化后处理； 可采取不同方法，从而提高可靠性； 计算能力差； 处理信息量小，记忆容量小； 有推理、创造能力； 可承受暂时过负荷
输出能力	功率大、持续性好； 需要经常维修保养	力气小、耐力差； 持续作业时能力随时间下降，休整后又恢复

总体上讲，在进行人—机功能分配时，应该考虑人的准确度、体能、动作的速度及知觉能力等弱点，以及机器的性能、维持能力、正常动作能力、判断能力及成本等方面的局限性。人适合从事要求智力、视力、听力、综合判断力、应变能力及反应能力的工作；机器适合承担功率大、速度快、重复性作业及持续作业的任务。应该注意，即使是高度自动化的机器，也需要人来监视其运行情况。另外，在异常情况下需要由人来操作，以保证安全。

（2）采用冗余系统

采用冗余系统是提高系统可靠性和防止人为差错的有效措施之一。冗余系统的特征是，只有一个或几个而不是所有的元素发生故障或失误时，系统仍然能够正常工作。航空领域用于防止人为差错的冗余系统主要是并联方式工作的系统。

①“二人”操作机制。即本来由一个人可以完成的操作，由两个人来完成，一人操作另一人监视，形成相互核对或交叉检查的运行机制。根据可靠性工程原理，并联冗余系统的人失误概率等于各元素失误概率的乘积。例如，为保证飞行安全，民航客机通常有正驾驶和副驾驶员。为了防止同一环境、同一原因导致“二人”同时发生差错，还要建立相应的防错机制。例如，为了防止民航客机的正、副驾驶员同时食物中毒，分别供给来源不同的食物；为了防止处于同一驾驶舱的正、副驾驶员发生同样的差错，机组中常常有安全检查人员，并由处于不

同环境的地面管制员实施监视。

②人机并行。由人和机器共同操作组成的人机并联系统,人的不足由机器来弥补,机器发生故障时由人发现并采取适当措施来克服。由于机器运行时其可靠性比人的可靠性高,这样的核查系统比“二人”操作机制的可靠性高。例如,现代航空器上普遍装备有自动驾驶仪系统,可实现自动驾驶仪与人工驾驶的转换。当人操作失误时,有自动控制系统来纠正;当自动控制系统故障时有人来控制,使系统的安全性大大提高。

③监察。各种监察也是防止人为差错的重要措施。在时间比较充裕的场合,通过监察可以发现差错的结果而采取措施纠正失误。例如,通过跟机的安全检查人员的监察可以及时发现飞行员操作差错;通过管制单位的监察员,可以发现管制员指挥错误或发现飞行冲突。

(3)增加威胁告警

在飞行操作过程中,人们需要经常保持警惕,注意到危险因素。通过威胁告警提醒飞行员或管制员注意,将威胁信息经过人的感官传送到大脑,使其调用相关知识或经验,迅速作出正确的决策。例如,现代航空器的飞行驾驶舱普遍安装告警系统,其作用除对危及飞行安全的最危险的故障状态提供目视和音响的报警外,还包括干预、提示、辅助任务管理或应急程序启动等,如空中交通告警与防撞系统(TCAS)和近地告警系统(GPWS)。飞行驾驶舱告警信号通常分为系统告警和主告警。系统告警是指与航空器各个系统对应的告警。它可以是一个单独的信号灯、信号牌,也可以是按照航空器的系统排列的由告警灯、提醒灯组成的信号装置,每一个信号器均具有说明有关系统失效的文字。为了提高信号的易识别性,常用不同的颜色来表示航空器各系统的状况:红色信号灯表示某种警告性失效,需要立即采取纠正措施;琥珀色信号灯表示某种提醒失效,需要引起注意,不必立即采取纠正措施。主告警和系统告警是协同工作的,主告警灯一般为红色,主提醒灯一般为琥珀色。

航空器上通常采用的告警信号装置按其工作方式来讲,可分为三种类型:一是灯光类,包括信号灯、信号牌或信号盒;二是音响类,包括警铃、谐音或话音装置;三是文字信息类,现代飞机主要由计算机系统综合提供故障信息。

(4)改进工作环境

工作环境对飞行员和管制员的操作和处置差错有直接的影响,可分为“硬条件”和“软环境”两个方面。

①硬条件。主要包括:

a. 完备且完好的设备、设施,可以方便地获得并立即使用,这意味着良好的维修、保管和供应服务;

b. 良好的工作环境,充分的照明,良好的通风,宽松且方便的工作场所等。对于需要观察的工作要有开阔的视野,如塔台管制员需要观察的机场范围内没有障碍物遮挡,没有刺眼的照明灯影响等;

c. 信息透明畅通,运行信息及时准确,必要时可方便地得到技术规程和参考资料,标志信号醒目,工作单卡、检查单或文件齐全。

②软环境。主要包括:

a. 优化的工作流程和操作程序;

b. 合理的排班和工作负荷；

c. 和谐的工作团队，成员间关系融洽、分工明确，相互配合，彼此坦诚相见；

d. 严格的监督与合理的激励机制。

3. 岗位防错

岗位防错，包括三个环节：个人准备、主动防错和自行改正。个人准备、主动防错属于事前防错，自行改正属于事后防错，但从认知过程看，事前防错与事后防错是紧密联系、相互交织的。不论事前准备多么充分，防错多么完善，人总是会犯错误的，所以事后防错意义重大。事后防错的第一个关口就是操作者自己，由操作者自己发现和改正。岗位操作者的"主动防错"和"自行改正"本质上取决于一个统一的认知过程，其影响因素及改进措施是共同的。

(1)合理分配注意力

合理分配注意力是指不要在一件事情上花太多的精力，不能因为一个故障而失去对飞机的控制，或者丧失高度、偏航。在飞行员操纵和控制、管制员指挥和监控过程中，飞行员和管制员既要做到注意力高度集中，又要防止注意力"凝滞"，对涉及安全的关键信息、告警信息要保持高度的警觉性。

①科学调配工作负荷。不同飞行阶段，驾驶舱内的操作重点也不同，工作尽可能安排均衡，避免工作负荷时重时轻，注意力过分集中或分散。

②保持对航空器的控制，按轻重缓急分配注意力。

③把握飞行的关键点。进近与着陆阶段、航路汇集点是航空器相撞事故多发地带，穿越航路或空域、军民航同时飞行是航空器相撞的多发时机，飞行流量过大或过小时段、管制员交接班等是航空器相撞事故可能发生的时间点。这些地域或时段，飞行员和管制员都需要合理分配注意力。

④理性调节个人情绪。飞行过程中，无论是飞行员还是管制员，如果情绪紧张、激动，易发生注意力"凝滞"，情绪过于松弛、散漫，注意力不易集中，警觉性降低，思维和反应都会变得迟钝。

(2)保持情景意识

情景意识(SA)，即在一个特定的时间对影响航空器的因素和条件的准确感知。简而言之，就是要知道自己现在在哪里、正在做什么、应该怎样做。整个飞行过程必须保持情景意识，一旦情景意识下降或丧失，判断航空器变化的能力就会降低，要么飞错航线、飞错高度、滑错跑道，要么判断失误、指挥出错、遗漏某架航空器，飞行安全系数就会下降。当情景意识下降到一定程度，就等于丧失了情景意识，安全就无法保证。丧失情景意识的原因是多方面的，最常见的是工作受干扰、被打断、注意力分散、操作人员较长时间脱离了系统操作回路。航空器处于持续不断的运动变化之中，相对于飞行员和管制员的情景也时常变化，因此，保持情景意识需要持久不断的努力。

(3)认真执行标准操作程序

通俗地讲，程序就是按时间先后或依次安排的工作步骤。标准操作程序是从长期经验中总结出来的。飞行员只有遵循设计标准及运行规章，按标准飞行程序将飞行性能、运行轨迹、数据、要领等诸要素有机结合起来实施操纵，才能使航空器在人的正确驾驭下，安全、舒适、快捷地运行。而凭印象、凭经验、凭个人习惯操作极易出现混乱和遗忘，一旦使用了非标准操作，或者超过了正常运行范围，随时都有可能发生意想不到的情况。鉴于此，认真执行标准操作程序需要强调以下几点：

①要树立强烈的飞行标准观念，将标准程序熟记于心。

②按程序严格落实检查单的规定项目。

③严格执行《飞行手册》中明确的正常和非正常操作程序，避免飞行随意性。

④一丝不苟地用“标准喊话”进行监督。

⑤切实加强技术、理论的训练和学习，特别是对新机型的操作程序做到熟练掌握。

(4)搞好交叉检查

交叉检查是加强个人和团队监控的标准安全惯例，是通过增加冗余度来达到控制人为差错的目的。机组资源管理(CRM)强调机组成员作为一个整体运行，它可以保证机组不至于因个人失误导致整体出差错。搞好交叉检查至少需要做到以下三点：

①将“标准喊话”落到实处。凡改变飞行状态、飞行高度或飞行方式，都应进行“标准喊话”。以唤醒机组其他人员同步实施交叉检查，将可能发生的错误消灭在萌芽状态。

②对机组其他人员的操作动作保持警醒。机组成员之间，要相互信赖，但不能“迷信”。在机组内部，每个飞行员都是另一飞行员的备份系统，要及时检查对方的操作动作，并随时准备接替主控飞行员的职责，这是飞行安全所必需的。

③要监控飞行状态指示牌信息(FMA)的变化。航空器各系统工作并不都是稳定可靠的，因此需要实行全程、不间断地监控。要充分利用驾驶舱资源、交叉检查各仪表的指示信息，避免因某一设备的失效性指示而导致飞行陷入危险境地。

(5)充分利用检查单

通常讲，飞行员都有比常人更好的记忆力，但“遗忘”是人大脑中时刻都在发生的自然现象。尤其是当操作程序被打断，注意力“凝滞”或分散，丧失情景意识，以及主观预期、思维定式时，人大脑的神经信号传播可能会产生“遗漏”。鉴于此，航空领域开发了一整套检查单和工作单卡，以弥补人的记忆缺陷，控制人为差错。检查单通常可分为正常检查单和非正常检查单。正常检查单通常按飞行阶段划分，主要用于核实某些关键的程序和步骤是否已经完成，通常只包括那些如果省略将会对正常操作有直接或不利影响的程序和步骤。非正常检查单的特点是以纠正非正常情况和不利状况的步骤作为开始，包含了飞行计划的重点信息。当飞机需要着陆时，非正常检查单将提供如何合理完成着陆形态的具体步骤和关键顺序。

4. 管理防错

基于管理的人为差错控制措施主要涉及人员选拔、教育培训、资质认证、安全督察和安全文化建设等内容。下面介绍三种ICAO推荐使用的管理措施，即机组资源管理、航线运行安全审计及空管知识、技能、态度训练。实践证明，它们对预防和减少航空器相撞事故或事故征候中的人为差错是十分有效的。

(1)机组资源管理

机组资源管理(CRM)最早由美国联合航空公司推出付诸实施，其目的是管理飞行员的差错。1986年，ICAO在关于飞行安全与人为因素A26-09号决议中极力推广CRM计划。1989年，FAA正式将Cockpit(驾驶舱)改为了Crew(机组人员)，使CRM不仅包括驾驶舱内的各个界面，而且还将人力资源从驾驶舱内的机组人员、客舱中的乘务员扩展到空中交通管制员、地面维修人员及其他与飞行相关人员，实际上已经扩展到整个航空公司，形成对飞行安全有着深远影响的企业安全文化。

从本质上讲，CRM 的突出特点是强调群体或团队的相互作用，群策群力，而不是将个人技术上的胜任能力进行简单累积。它是目前解决人机界面、优化组员活动、协调相互关系的有效途径。一般在正常条件下，要搞好机组之间的协调配合并不难，但在紧急情况下机组之间的配合要做到默契、有序却不容易。因此，在出现特殊情况下的机组协调配合才是 CRM 管理的重点。为了统一不同国家和不同航空组织对 CRM 概念的理解，ICAO 曾专门针对 CRM 概念理解做出解释，见表 6-2。

正确理解 CRM 概念　　表 6-2

正确的机组资源管理概念	对一些错误的机组资源管理概念的澄清
CRM 是改善机组表现的一个综合系统	CRM 并不是仅用几个特殊的或者“固定”的案例来实施的训练大纲，也不是独立于其他训练课目之外的某个单一的系统
CRM 适用于所有的机组和所有飞行员	CRM 并不是针对个别机组成员进行训练的形式
CRM 是一种可以拓展到所有形式机组训练之中的一种系统	CRM 并不是给机组成员们教会怎样与其他机组成员共同一起工作的特别方法系统
CRM 侧重于机组成员的态度和行为及二者对飞行安全影响的训练	CRM 并不是企图指导驾驶舱行为的固定管理模式
CRM 为机组检验其行为提供机会，通过这种检验，可以使机组就如何改善其驾驶舱群体工作做出选择	CRM 并不仅仅是讲座形式的课堂教学
CRM 将机组作为一个整体单元进行训练	CRM 并不是一种速成教育，不是一夜之间就可以完成的技能

CRM 管理的核心是机组成员之间的密切配合。作为有效控制人为差错的有力措施，CRM 管理有一个前提条件，即“人会犯错”且不可避免。基于这样的前提和认识，航空领域的安全专家认为，在控制人为差错方面，CRM 管理可建立三道防护屏障：第一道防护屏障是事前防错，即事前机组合理排班、成员之间能力互补；运行中明确操纵与监控分工、配合默契。这是最根本的避免差错发生的措施。第二道防护屏障是事中防错，即当出现错误征兆时，及时控制和阻止正在发生的差错。第三道防护屏障是事后防错，也是最后的、最关键的措施，即将业已发生的错误的后果降到最低，并控制那些还没有发生的错误。大量分析表明，机组成员发生差错后，大约 60% ~70% 可自己发现，自己改正，而对剩余差错的防范主要靠 CRM 管理，可阻挡或防止大约 20% ~30% 的差错。充分发挥 CRM 管理的屏障功能，要做到以下几点：

①正确把握操纵与监控的角色。波音公司提倡在“二人”制机组中，将原先机组成员分为机长（PF）和副驾驶（PNF）的做法，更改分为操纵飞行员（PF）与监控飞行员（PMF），其意义重大[2]。

a. PF 因为操纵飞机必然要占用大量剩余精力，在监视飞机方面难免出现“挂一漏万”的现象，作为“旁观者清”的 PMF 正好将自己的监控作为 PF 的补充，避免监控“死角”。

b. 直接明确 PMF 的责任。PMF 的主要职责除了正常陆空通话之外就是作为 PF 的备份，全面监控飞机，随时发现飞行状态的非正常偏离并及时进行“标准喊话”。

c. 提升了 PMF 的地位，“操纵”与“监控”同等重要。PMF 则突出了监控责任，虽然他不操纵飞机，但负有监察飞行状态正确与否的责任和权力。

②增强人员之间的沟通。包括：

a. 驾驶舱内部人员之间。明确既定任务、标准和方法；价值取向趋于一致；操纵飞行员(PF)与监控飞行员(PMF)之间，有疑必问；创造良好和谐的驾驶舱氛围；要标准喊话；尊重对方人格；技术交流，操纵飞行员要归纳实施要点。

b. 飞行人员与乘务组。飞行组与乘务组应该共同实施并完成紧急生存训练课程；当飞机按最低设备清单(MEL)放行时，就相关的注意事项，要向乘务长介绍清楚；飞机发生特殊情况后，在条件允许时，要将真实情况、处置方案及需要乘务组配合的注意事项通报给乘务长。

c. 飞行人员与管理层。坚持运行标准，当效益与安全发生冲突时，要果断行使“机长的最后决定权”，保证安全第一；正确理解空中交通管制指令。

③提升机长综合能力。机长是飞机的领导人，应行使自己的权力，充分履行机长职责。在整个飞行过程中机长的能力包括：

a. 业务精湛，有责任向机组其他成员传授专业知识、经验和技巧，充分自信，有权威性。

b. 要以坦诚、友好的态度对待其他成员，让其他人充分了解自己的意图和想法，同时善于听取意见，态度温和。

c. 幽默、风趣、有远见，驾驶舱气氛和谐。

d. 对飞机外形、航迹、高度、运行状态进行良好管理。

e. 关心了解部下，公正、公平。

④注重加强疑问表达。

a. 任何不一致都可能是重大差错的征兆。例如，仪表指示之间不一致，现实情况与预报、资料不一致，实际发展与理论推断不一致等。每个机组成员只要发现了不一致，有疑问就应当立即说出来，引起机组注意，分析原因并采取应对措施。

b. 机组间关系融洽、坦诚相见，不怕丢面子，不怕伤和气。如果怕指出别人差错，担心使人难堪，就会丧失发现问题、解决问题的时机，增大威胁航空器安全风险。

c. 飞行过程中，机组人员要经常多向自己提问：我们现在在什么位置？我们将要去哪里？飞机的续航能力怎样？目的地机场的天气如何？障碍物如何？看到的跑道正确吗？现在的飞行高度是多少？现在的飞行管理系统处于什么方式？下一种方式将会是什么？我想让自动驾驶仪做什么？谁正在操纵飞机？我的分工是哪些？

⑤准确判断，果断决策。遇到特殊情况，机长应沉着、冷静，处事果断，及时宣布和处理紧急情况，机组成员“各就各位”、各司其职。包括：

a. 良好的状态意识。

b. 相互沟通。

c. 良好的专业技能。

d. 准确的判断。

e. 轻重缓急，判断清楚再实施。

f. 随时准备评估绕飞或中止飞行(中断起飞、改航、备降、复飞等)态势。

⑥关注“人—机”界面,保持清醒头脑。包括:

a. 不过分依赖自动飞行设备。

b. 防止对自动飞行信息判定和处理失误。

c. 严格监控飞行原始数据变化。

d. 正确处理自动飞行与人工飞行方式之间的关系。

(2)航线运行安全审计[3]

航线运行安全审计(LOSA),是1991 年在FAA 人为因素处(AAR-100)的资助下,得克萨斯大学人为因素研究小组和美国大陆航空公司共同开发出的一种人为差错控制方法。它可以协助航空公司发现安全隐患,确定飞机运营系统的优势和缺陷,同时,也能对机组的飞行技术进行全面评估,从而提高空中交通系统安全水平。1999 年,ICAO 正式认可并推行该项人为差错控制策略,并把它作为预防人为差错的主要措施之一。

LOSA 的核心是威胁和差错管理,其理念来自美国得克萨斯大学威胁和差错管理模型(UTTEM),如图 6-4 所示。该模型认为,威胁和差错是机组日常飞行中无法回避的问题,机组必须对它们进行管理。目前,UTTEM 模型已经成功地应用于机组的培训计划。威胁和差错是 LOSA 的两个重要概念。

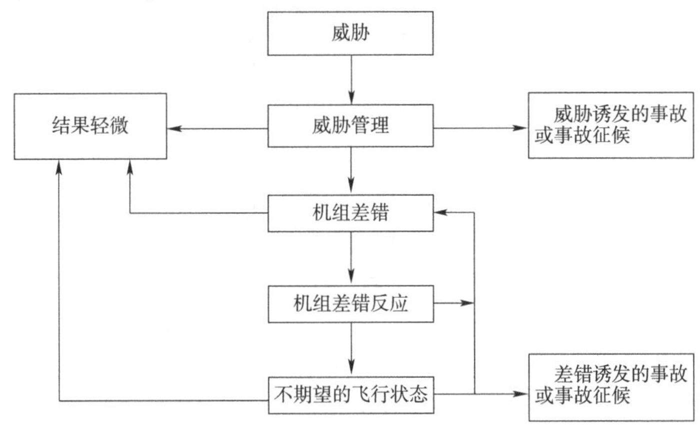

图 6-4　威胁和差错管理模型

①威胁(Threat)。所有非机组成员造成的错误,都可以看作威胁。威胁是机组成员在每天正常航班中所必须应对的外部情况,这些情况增加了飞机操纵的复杂性,给飞行安全带来了潜在风险。例如,机组发现地面管制员的放行许可错误或签派缺陷及天气、地形、不熟悉的机场等环境因素,都是机组可能面对的威胁。机组对这些威胁管理得好,飞行的风险就低;管理得不好,飞行的风险就高。

②差错(Error)。机组发生差错必然降低飞行安全裕度,增加事故或事故征候发生的可能性。有些原始差错情节较轻,机组很快就纠正过来。欧洲航空部门曾做过自动化“玻璃驾驶舱”试验,在 11 个飞行小时内,记录到飞行机组 162 个原始差错,有 157 个在 15s 内飞行员自己便改正过来,虽然有些差错未造成后果(如忘记做检查单),但情节严重,不容忽视。

LOSA 给出以下五类机组差错。包括:一是故意不遵守规章。故意忽视规章和操作程序;二是程序错误。在执行规章和操作程序上出现违规。机组的意图正确,但执行上存在缺陷。例如,机组在执行规章时遗漏了某些程序;三是交流错误。机组之间和机组与外界(如ATC)之间错误地联络、交流和解释;四是操纵程序不熟练。缺乏技能训练;五是决策错误。机组做出的决定不符合规章或运行程序的要求,如机组做出的决策没有向其他机组成员通报,给航空安全造成了不必要的风险。

机组对差错做出的反应,就是对差错实施管理。LOSA 定义出三种机组可能的反应:一是制止。这是一种积极对待差错的反应。机组意识到差错,并对它进行管理,将危害减到最小。二是恶化。机组意识到过失,采取不正确措施或没有采取措施,都使其发展成另外的过失,甚至诱发事故征候或事故。三是没有反应。由于疏忽或没有发现,机组对差错缺乏必要的反应。

LOSA 定义出三种不同的结果:一是轻微后果。机组消除了先前差错产生的风险。二是不期望的飞行状态。机组的反应使飞机处于不必要的风险之中。三是附加过失。机组的反应诱发出另一个机组差错。例如,飞机偏航是一种"不期望的飞行状态"。发生这种情况有两种可能,一种可能是由机组差错引起,包括违反规章、错误通信、操纵不熟练或决策失误等;另一种可能是由威胁造成,如高度表或飞行管理系统(FMS)失效,管制指令错误等。

以上这些信息,都是 LOSA 观察的内容。观察员会将其输入到 UTTEM 模型提供的一个量化表中。该表就是观察员需要完成的观察表。观察表通常由以下几部分组成。

a. 机组信息:主要包括起降机场、机型、航路飞行时间、机组在航空公司的飞行年限、机组成员在各自岗位上的飞行时间以及机组之间的熟悉程度。

b. 书面描述:机组在什么方面表现出色,什么方面存在不足,以及如何管理各个飞行阶段的威胁和过失。

c. 机组资源管理(CRM):从计划、执行和检查三方面对机组 CRM 管理情况进行评分。评分标准分为 4 个等级:不及格、及格、良好和优秀。

d. 技术工作单:记录机组在下降、进近、着陆阶段面对威胁和过失的表现,观察机组的行为是否遵守了规章中对稳定进近的要求。

e. 威胁管理工作单:列出在滑行、起飞、爬升、巡航、下降、进近、着陆和滑至停机坪各阶段机组遇到的威胁,并记录下机组的处理方法。在 LOSA 中,机组常见的威胁分为 6 类:进离港环境威胁(如恶劣天气、紊流或复杂地形等)、航空器自身的威胁(如航空器或机载设备失效等)、运行威胁(如不熟悉的机场、错过进近、航班返航等)、客舱威胁(如来自客舱的干扰或乘务员的失误等)、空中交通管制的威胁(如管制指令差错、不标准的发音、无线电通信繁忙等)、地面保障的威胁(如飞行手册或航图携带不全或不正确、签派失误等)。每项威胁都有一个代码,观察员填写工作单时,可以直接填写代码。

f. 过失管理工作单:列出机组在滑出、起飞、爬升、巡航、下降、进近、着陆和滑至停机坪各阶段的过失,并记录下机组的处理方法和结果。和威胁管理工作单类似,LOSA 把机组的每类过失和"不期望的飞行状态"等内容都进行了编码。观察员填写工作单时,可以直接填写代码。

g. 机组意见建议:就飞行及训练等方面向机组征求提高安全水平的意见建议。

通过完成上述观察内容,信息被量化收集和分类。这些信息经过处理和分析后,就可以回答诸多类型的问题:

a. 机组最常遇到的威胁是什么？什么时候、什么地方会遇到？哪些是机组最难处理的威胁？

b. 哪些是机组最常犯的过失？哪些过失是最难于处理的？

c. 处理不当的过失会带来什么后果？有哪些后果会使飞机处于“不期望的飞行状态”？

d. 在不同机场、机队、航线或飞行阶段，机组所面对的威胁和过失有什么明显不同？

(3)空管知识、技能、态度训练

空管知识、技能、态度(KSA)训练是 ICAO 极力推荐和流行的一种有效的空管班组资源管理方法，其核心是通过团队协作精神的培养，营造一个配合默契、分工协作、相互监督提醒、取长补短的和谐氛围，从而弥补和控制管制员人为差错，建立多层次的空管防错屏障。虽然个人难免出错，但集体的智慧和团队的力量可以控制个人差错。空中交通管制系统对监督检查是开放的，航空监察员及管制同事之间可以检查管制员的行为，可以对其能力进行判断，在他超负荷工作时提供帮助，在他忽视重要问题时进行提醒。KSA 班组资源管理主要有以下四方面：

①应激和疲劳管理。应激是人对施加于其身心的各种要求的反应，如果这种要求带给管制员的压力过高或过低就会使管制员产生不良的影响，而疲劳又将会加重这种不良影响，因此，必须对其进行控制和管理。KSA 班组资源管理要求培训中增加一些应激管理内容，包括：如何通过遗漏、动作不准确、视觉难以集中、反应减慢、注意力固化等现象，及时识别疲劳的症状；如何运用语速、语音及手势等控制疲劳；提出日常生活中加强体育锻炼、散步与游览和培养工作以外的兴趣及建立亲朋密友关系等，消除疲劳，提高应激反应能力的建议。

②通过计算机进行辅助训练。KSA 电子化训练是向管制员提供一个模拟场景和标准模式。例如，编制一个管制交通图，指明每个位置的职责，让受训者来发送和接受信息，使受训者在相同过程中获得相应的知识和能力。此外，还可以通过角色扮演和模拟练习得到反馈，把不安全事件中收集的信息放到模拟训练和角色扮演中，使受训者明白各种不同行为的后果，以期改善管制员的某些固化的不良心理定势。

③增强在职培训的效果。在职培训广泛用于工作实践中，通常由两个或两个以上有经验的管制员对新管制员一对一地辅导和帮助。研究表明，专家要把知识、经验和技能传授给受训者需要有效的交流和协作。有经验的管制员知道在管制过程中哪些行为是有效的，哪些是无效的。在职培训可将团队的任务进行分解，实施精细化培训，对每一项任务设计一个问题，再针对问题提出解决的办法。在职培训实施中应注意：一是制订科学合理的见习大纲，编写针对性强的教材。各管制单位根据本地区的情况制订培训计划和教材，并定期更新内容，以确保受训者能得到本管制区最翔实的资料和最精确的数据，同时加强对受训者的考核。二是了解与管制工作相关的飞行知识，如各机型的性能特点、飞机各系统的工作原理等。三是严格执行规章制度，培养良好的工作方法和习惯，如正确使用标准通话程序，防止陆空通话产生歧义或误解。四是注意培训方法，因材施教。因为受训者在知识、能力、态度以及性格等多方面都存在着个体差异，这就要求在培训过程中需要针对每一位受训者的特点制订相应的培训计划，使受训者能尽快地进入角色。

④小组简述。小组简述就是向管制员提供一个论坛来解决矛盾，并共享期望。对每个人提出的信息及时反馈并制订计划，这类似于运动队的赛后总结。简述可帮助团队成员获

得任务性质、经验、期望以及应激等方面的知识,了解班组成员的长处和短处、性格、处理问题的方式等。

6.2 飞行员防相撞策略

飞行员与飞行安全关系最密切、最复杂,是防相撞工作的主体和实施者,是保证飞行安全的“最后一道防线”。

6.2.1 地面防止航空器相撞

飞行实施前,飞行员需要个人精心准备。起飞和降落阶段,飞行员需要提高警惕,严格飞行简令,与空中交通管制员通话保持畅通,听从管制员指挥,按飞行规则主动避让,防止跑道侵入事故征候发生。

1. 个人精心准备

飞行员的个人准备对于能否保持良好的飞行状态有着直接的关联。准备包括:

①精神准备。充分认识到自己岗位对于飞行安全的重要意义和肩负的责任,充分发挥能动性,保持旺盛的精力和高度的警觉性。

②心理准备。通过学习和交流,正确处理家庭问题,缓解人际关系紧张,正确对待上级的考核与审查,学会压力控制,不要将压力带到工作之中。

③知识准备。熟练掌握飞行标准程序,了解设备工作原理,特别是不正常情况的表现、机理、影响因素和处置流程。熟悉有关航空法规、规章、规则、细则和程序等。了解人犯错误的机理及其影响,掌握差错防范方法。

④身体准备。要有良好的身体状态。飞行前要有充分的休息(睡眠),防止滥用酒精和药物,以免工作中神经系统处于不良状态。

⑤技术准备。飞行前要做好充分的技术准备。了解任务的性质,收集相关信息,查阅相关飞行技术资料。准备好个人装备和技术文档。

2. 遵守滑行规定

①地面滑行阶段,飞行员应多注意观察外部环境,密切配合,及时提醒。按照规定要求滑行,直线滑行速度应不大于该机型《飞行机组操作手册》所规定的最大滑行速度。

②滑行期间如果对与障碍物的间隔有怀疑,应该停止滑行,请求协助,同时听从管制员的滑行指挥,按飞行规则主动避让与滑行有冲突的航空器。

③严格执行机场安全规定及ICAO《跑道侵入预防手册》要求内容。

3. 保持高度警惕

①地面运行阶段。飞行员在充分准备了起飞机场和目的地机场、备降机场资料的基础上,还要掌握最新航行情报信息。虽然航空器地面运行主要以目视为主,且运行速度较小,能及时发现冲突,处置起来也有相对充裕的时间及精力,但飞行员仍需要严格执行驾驶舱标准程序(SOP),机组成员间要共同核实滑行指令。

②操纵飞行员或监控飞行员作简令时,必须包含滑行阶段信息;进入穿越跑道要得到管制员的明确许可,收到许可或指令后,如有任何疑问,在执行许可或指令前应立即向管制员

予以澄清。若对机场场面上的某一确切位置存有任何疑问,飞行员应立即联系管制员并核实情况;保持清醒的空间情境意识,及时发现和识别航空器地面相撞风险。

6.2.2　空中防止航空器相撞

从防相撞角度看,空中阶段航空器面临两个威胁:一是航空器可控飞行撞地;二是航空器与航空器飞行冲突、危险接近甚至空中相撞。在避免和预防这两类风险时,最关键的是机组成员要监控航空器的飞行航迹,实施有效的交叉检查,并正确理解管制员意图,做好指令复诵。同时在空中,飞行员可以通过机载设备来判断航空器当前的航径、位置及状态,对于航空器与地面山峰、山脉、水域和其他复杂地形的位置关系,可利用无线电高度表、近地告警系统和空中交通管制系统获取;而对于其他航空器的相对位置关系,除了可以通过空中交通告警与防撞系统反映的信息来了解,还可通过对空中无线电通信的守听获得有关信息,加以分析、判断来掌握航空器之间的相对位置关系,从而可以及早发现潜在的飞行冲突,增加飞行员预防及避免发生可控飞行撞地或飞行冲突的时间及空间裕度。

1. 监控飞行状态

监控飞行状态是飞行员预防航空器相撞的生命线。ICAO 在对 29 起 CFIT 事故分析认为,有一半的原因是机组对航空器监控的疏漏造成的,因而要求每位机组成员,必须认真地监控航空器的飞行航迹和系统工作状态。现代飞行自动化程度越来越高,在大大地减轻飞行员工作负荷并弥补其能力不足的同时,也使飞行员产生过分依赖性,滋生新的人为差错。例如,飞行管理计算机(FMC)在提高了导航精度、计算速度和飞行计划管理等能力的同时,也带来 FMC 数据输入错误的风险。

现代飞行自动化系统的运行顺序是:计划→输入→证实→监控→修正(必要时)。在由机长和副驾驶构成的"二人"制机组中,其中一人是操纵飞行员,另一名便是监控飞行员。美国国家运输委员会指出,自我监控有利于操纵飞行员发现运行环境的变化并采取修正措施。操纵飞行员的职责是对航空器的飞行诸元进行控制,并监控自己的飞行程序及实施操纵。而监控飞行员不仅要完成监控飞行状态及飞行轨迹、执行必要的喊话、读检查单、通信等工作,而且必须要做好配合和提醒。因此,飞行过程中,无论是操纵飞行员还是监控飞行员,必须始终保持良好的情景意识,透过表面现象,敦促自己按照程序监控航空器的运行状况,交叉检查自动飞行情况。一是监控飞行员只要发现不正常,不管任何时候都要向操纵飞行员质疑。二是当操纵飞行员因某种客观原因(如处置特殊情况、绕飞雷区)需要暂时减弱对某一部分的监控时,要明确将这部分监控职责完整地移交给另一名飞行员,避免出现监控"盲区"。三是监控的目的在于发现偏差,监控的要点包括:飞行轨迹(如滑行、飞行航线和速度、导航)、自动系统和模式状态(如飞行管理系统输入)、模式控制面板设置与选择、自动模式告警、飞机系统和组件(如油量、飞机构型、系统状态)。四是监控关键飞行阶段,主要包括:爬升、下降、进近和顶点下降(从巡航改为下降)阶段。这些阶段最容易出现高度偏差,要专心致力于对高度改变的监控,防止高度发生错误。

2. 避免飞错高度

飞行高度是飞行员的生命线。飞错高度是导致危险接近或空中相撞、可控飞行撞地等一系列事故或事故征候的主要原因之一。对于飞行员来说,保持正确的飞行高度并非是一个复杂的技术问题,但飞错高度却经常发生,竟占飞行事故征候的10% ~15%。

发生飞错高度大致有四种类型:穿越过渡高度或过渡高度层时,忘记调定或错误调定高度表调定值;高度换算错误;机组错听、漏听高度指令,又未能得到机组其他成员或管制员及时有效地纠正;操纵程序或动作不正确。造成飞错高度的主要原因有:标准程序的观念不强,在复杂天气等外界因素干扰下,机组分工不明确、程序混乱,出现监控"死角",忘记调定或错误调定高度表气压调定值;某些操纵飞行员将操纵、监控与通话集一身,失去了其他机组成员"标准喊话"和"交叉检查"式的监督;通话不严谨,精力不集中,指令漏听、误听、错听,在定势思维的驱使下想当然地去调定高度;机组疲劳,警惕度下降。机组人员在密切监控飞行状态下,要避免飞错高度需要做到以下几点:

①认真研究航图。仔细研究执行任务所经停的机场以及选定备降机场的标准仪表进、离场图和进近程序,对各位置点规定的高度(场压或修正海压高度)、速度,高大障碍物的具体位置,扇区划分和各扇区的最低飞行安全高度做到心中有数。

②做好简令,明确分工。起飞或进近前,机组应依据自动航站情报服务(ATIS)或空管指令再次研究起飞或降落机场的离场或进场的有关规定,仔细核对飞行管理计算机(FMC)数据输入是否正确,按项进行起飞或进近简令的复述,分工要明确。不论何时调定高度表气压调定值,凡通过过渡高度或高度层时,必须进行标准喊话。

③确保通信畅通。机组在飞行过程中,必须保持与空中交通管制部门的通信联系,必须严格执行戴耳机的规定。当驾驶舱内还有其他机组成员时,应打开扬声器,机组其他成员严格注意收听。当机组与下一管制部门联络时,必须调谐一部电台与本区域管制部门持续保持通信联络。

④通话严谨,核实准确。机组在收听到管制部门改变航线、速度、场面气压值、高度的指令后,必须完整复诵。复诵时,语速要放慢、语气要加重、口齿要清楚,以确认收听到的指令的正确性。若机组成员对收听到的指令有异议时,应再次进行核实,直到确认为止。

⑤标准喊话,交叉检查。凡改变高度,必须进行标准喊话。在已确认改变高度的指令后,若自动驾驶仪未接通,监控飞行员应将高度窗调定到指令高度数值,并报出所调定的数值。

⑥合理分配精力,注意飞行状态指示牌(FMA)的变化。不论上升还是下降,当航空器的实际高度与预定的高度差值还有1000ft时,飞行员应注意FMA的变化,并把指示牌的每一个变化通过"标准喊话"喊出来。

⑦保持清醒头脑,顺利"过渡"。严格按机场的过渡高度或过渡高度层的规定调定高度表气压调定值。如果空管指令的高度与过渡高或高度(或过渡高度层)的高度数值相同时,应及时证实指令高度是场压高度、修正海压高度还是标准气压高度。

⑧掌握位置,防止低于扇区安全高度。进近中遇到非正常情况时(如恶劣天气、飞机系统故障等),机组中必须明确一名成员判定航空器的实际位置是否正确?是否在有效扇区范围之内?是否满足扇区安全高度的要求?否则,必须立刻上升到该位置所需的最低安全高度。

⑨及时调定复飞高度。五边进近截获下滑道后,高度窗应调定到降落机场复飞程序所规定的上升高度数值。

⑩注意观察,统揽全局。飞行中,尤其在进、离场时,机组成员应注意守听整个飞行动态信息,掌握与自身飞行相关的各航空器的位置和高度,做到心中有数。如果对空中交通管制

发出的指令产生怀疑或认为不正确时,应及时进行询问与核实,防止盲目执行管制指令。

⑪合理利用设备。安装有空中交通告警与防撞系统(TCAS)的航空器,在飞行中,TCAS应全程放置在有效位置。严格执行全程开放航行灯、频闪灯、防撞灯和10000ft以下开放内侧着陆灯的规定。无TCAS的航空器,特别是有相对飞行时,机组要适时对外进行观察。飞行前,必须测试近地告警系统(GPWS)工作状况,避免可控飞行撞地。飞行中不得解除GPWS系统,一旦出现GPWS警告,必须立刻进行判断和处置。

3.及时通报绕飞雷暴意图

飞机进入雷暴是十分危险的,除剧烈颠簸和发动机吸水外,更大的危害是遭雷击或冰雹。避免飞机进入雷暴的最好方法就是绕飞。绕飞雷暴涉及飞行员的气象知识、机载气象雷达使用、对绕飞方向和距离的判断、绕飞经验、所飞航路有关规定以及管制员的调配指挥等多个方面。更重要的是,飞行员对雷暴的绕飞意图需得到管制员允许后才能实施,这不仅是飞行规则的要求,同时也是航路调配和飞行安全的需要。

①机组绕飞雷暴,若能及时通报管制员,可避免冲突的发生。高密度航路区域,航路交叉点多,航路上飞行密度大,若在航路上出现雷暴,机组的绕飞极易引起飞行冲突,危及飞行安全。若飞行员能把绕飞雷暴的意图及时通报管制员,管制员可及时调配,维护空中飞行秩序,避免冲突的发生。

②机组绕飞雷暴,若能及时通报管制员,可有效避免飞机误入空中禁区。空中禁区和限制区往往分布在航路附近,未经许可擅自进入禁区和限制区将面临被追究责任甚至被地面防空武器击落的后果。在实际飞行中,机组对雷暴的绕飞,习惯于从雷暴较弱、绕飞距离较短的一侧绕飞,往往会忽略禁区和限制区,这种情况有时会造成误入禁区和限制区。但机组若能将绕飞雷暴意图及时通报给管制员,就可以避免绕飞中误入禁区、限制区。

③机组绕飞雷暴,若能及时通报管制员,可确保航路飞行航空器的安全高度。一方面,航线两侧由于地形不同,安全高度也不同,特别是沿山脉一侧飞行的航线更是如此,有时航线两侧的安全高度相差上千米。机组向山区一侧绕飞雷暴的意图在通报管制员后,必然会得到管制员的提醒和制止,建议机组向平原一侧绕飞,避开地形,不会发生撞山的情况。另一方面,有些航路上,对某个航路点的高度限制要求十分苛刻,航空器飞越该航路点必须遵守其高度限制的规定,否则可能会引起飞行冲突。管制员对此控制很严格,但若碰巧雷暴在这一高度,或比该高度略低,机组需实施云上绕飞雷暴,这种情况下机组一定要将绕飞意图及时通报管制员。

④机组绕飞雷暴,若能及时通报管制员,可获得更多绕飞信息。空中同航路有许多飞机在飞行,对雷暴的绕飞是群体行为,但由于飞行高度的不同、机载气象雷达性能差异、飞机放静电能力的强弱以及雷暴的移动方向等因素,不同的机组对同一雷暴会采取不同的绕飞方案。绕飞决策通过报告管制员,也可为后机提供重要的绕飞信息。这些信息包括雷暴的强度、分布情况、移动方向、速度、云底高度、云顶高度、绕飞方向、绕飞距离等。

⑤机组绕飞雷暴,若能及时通报管制员,可避免进入相邻管制区或相邻国家。机组绕飞雷暴距离过大时,可能会进入相邻的管制区。这种情况下,机组应将绕飞距离及时报告管制员,对可能会进入相邻管制区的情况给予通报,在进入相邻管制区时听其指挥,避免冲突。长途国际航班飞行,会飞越不止一个国家,有些国家的国土面积很小,绕飞雷暴时,绕飞距离

过大，会进入他国。若事先没有得到飞机进入领空的批准，临时飞入该国，可能造成国际争端。这种情况下，机组若能及时通报管制员，可以避免被误认为侵入，而遭到军机拦截，甚至被防空武器击落的危险。

⑥机组绕飞雷暴，若能及时通报管制员，可避免通信出现问题时误入雷暴区。首先，甚调频（VHF）通信存在盲区，低高度飞行在管制区交接点附近，往往会出现通信不畅的情况。若雷暴出现在该区域，相邻两个管制区均不清楚机组的绕飞情况，但只要机组根据天气系统预报，正确使用雷达，及时发现雷暴，早做决策，及时报告给管制员，就能避免此情况出现，避免绕飞时引起不必要的飞行冲突。其次，高频（HF）通信信号易受电离层干扰，飞行员与管制员的联系困难，会使绕飞意图迟迟得不到批准，错过绕飞时机，误入雷暴，或者机组在没有得到管制员许可就实施绕飞，极易造成飞行冲突。最后，无论是 VHF 通信还是 HF 通信，飞机离雷暴距离越近时，无线电静电干扰越强，通信越困难，机组应提前与管制员联系，及时通报绕飞意图，避免距雷暴较近时，机组因联络不上管制员而擅自绕飞。

⑦机组绕飞雷暴，若能及时通报管制员，可避免因气象雷达性能限制而误入雷暴区。有些机载气象雷达探测信号受到前方大雨区的抑制，探测不到雨区后的雷暴。如果机组按照这样的雷达显示，往往误认为前方是安全的，等到飞机穿越雨区，雷达才显示探测到雷暴，而此时飞机已来不及避让。鉴于此，机组若能及时联系管制员，管制员便可利用地面气象雷达功率大，探测能力强，对雷暴的强度和分布显示清晰的优势，帮助机组避免进入雷暴区。

4. 正确理解管制员指令意图

美国航空航天局（NASA）航空安全报告分析结果显示，在地面和空中通话错误引起飞行事故的原因中：通话内容不正确，包括数据、判断、理解错误，约占 14%；通话语言含糊不清，包括非标准用语，约占 9.9%；通话用语内容不充分，包括内容不完整，信息不齐全，约占 5.5%；通话无复诵，约占 13%。在防相撞领域，由于飞行员与管制员之间沟通障碍或复诵不全面，致使飞行员没有正确理解管制员指令意图，从而导致航空器与地面障碍物相撞或航空器与航空器空中相撞的例子很多，因此，正确理解管制员指令很重要。

我国有关航空法规明确规定，监控飞行员负责通信联络，不允许操纵飞行员包揽通信工作；监控飞行员在复诵完管制指令后应向机组其他人员通报管制指令。之后，操纵飞行员方可实施指令；若机组其他成员对管制指令有疑问时，必须向管制员证实，而不是机组内部证实。监控飞行员完整无缺地复诵管制指令，其好处有：一是通过复诵使负责通信的飞行员（也包括其他机组人员）对收到的指令很自然地进行第二次验证，容易检查出错误指令；二是管制员通过飞行员复诵的指令，再一次对刚才发出的指令是否准确、是否合理进行证实；三是其他航空器上的飞行员也会对其指令进行二次判断，看是否构成飞行冲突趋势。

实际上，空中交通管理活动是“空中交通管制指令”通过管制员→飞行员→航空器的动态链式结构来传递和实现的。因此，航空器若要运行畅通、有序、安全，其前提条件是空中交通管制员发出的指令必须具有引导性、准确性和唯一性；飞行员通过复诵，正确理解管制员指令意图，根据指令要求和航空器运行反馈信息综合判断，作出正确的操纵；管制员通过全程监视航空器的动态变化，及时发出有效的修正指令或下一步指令，调整飞行活动。从 SHEL 模型界面关系看，管制员和飞行员都属“人—人”界面范畴，二者工作的目标都是为了保证航空器的安全运行，因此二者之间的指令信息传递，特别是关键性的动作指令传递，必须是无歧义和标准化的，且其内涵和外延都必须重合一致，只能是一令一果，不允许一令多果，只有这样才能保证航空器对管制指令“不打折扣”，最终实现飞行安全。

飞行员做到正确理解管制员指令意图，关键是在飞行员与管制员之间建立双向沟通关系，即“证实指令无误→证实接受对象无误→证实飞行员复诵无误→证实飞行状态无误”。简言之，就是说对、听对、诵对、做对。

①说对。管制员要熟悉各种飞机的性能，熟悉飞机的机动范围，熟悉飞行间隔规定，飞行指挥要有预案，要提前预见潜在的飞行冲突，要充分利用雷达设备监视飞行动态，避免指令产生歧义。

②听对。飞行员应当严格执行飞行规则，各机场的细则，熟悉进离场规定，明确高度配备情况，飞行中要全神贯注，注意收听。在起飞、着陆和航线飞行过程中机组成员要戴好耳机防止漏听、错听管制员指令。机组成员对收听到的指令有异议时，应再次进行核实，直到确认为止。

③诵对。机组在收听到管制员要改变航线、速度、场面气压值，特别是高度的指令后，必须完整复诵，并明确航班号。复诵时，语速要放慢、语气要加重，口齿要清楚，以确认收听到的指令的正确性。

④做对。机组人员只有全面了解机场导航设备状况、机场资料、跑道布局、周边地理环境以及进离场飞行程序等，才能正确理解管制员指令意图，正确地按管制员指令操纵飞机。否则，一旦管制员因调整飞机间隔或天气原因，而在短时间内改变先前发布的指令或改变进场方式时，飞行员便会显得束手无策，在紧张、忙乱之中很难“做对”，极易造成与其他飞机的冲突，或者因周围地形复杂，触发近地告警，导致可控飞行撞地事故。

5. 正确使用空中无线电

在飞行活动稠密地区，飞行流量较大，空域拥挤，军民航飞行活动纵横交织，是飞行冲突、危险接近或 CFIT 事故多发区域。在此期间，机组人员更要注意正确理解管制指令意图，严格遵守《空中无线电陆空通话用语》规定。

①绕飞雷区。在绕飞雷区时，航空器基本上不在正常的航路上飞行，有时还要改变飞行高度，这时准确执行管制员的指令及监听其他航空器的活动就显得尤为重要。在有雷达监控的区域，管制员能够较准确地掌握各航空器的位置关系，而在无雷达服务的区域，管制员通常是按照各航空器报告的位置来判断航空器间的相对关系，此时，无线电准确的报告和守听均显得非常重要。

②返航、备降。当返航、备降时，航空器在加入正常的返航、备降航路前，通常要改变航路和高度，而改变到反向航路时航空器又会改变到现飞高度的逆向高度，这时管制员在给新的指令时还通常伴有执行新指令的时间要求，所以此时听清指令和及时完成指令要求就显得非常关键。

③紧急下降。空中遇到特情，需要执行紧急下降程序，这时飞行员要准确、迅速、安全地到达所需的安全高度。由于航空器紧急下降通常要穿越多个高度层，对其他航空器的影响较大，因而紧急下降前，飞行员要及时向管制员报告，提出紧急下降申请，获得一个合适的飞行高度。

6. 合理分配机外观察注意力

由于受人的视觉局限性、缺少相对运动以及复杂背景等因素影响，航空器相撞事故通常发生比较突然,处置时间也非常有限。尤其在进场或离场阶段,飞行活动集中,飞行状态改变频繁,空中环境瞬息万变,加上视觉功能限制,发生飞行冲突的概率相对增加。因此,克服视觉限度,加强注意并定时扫视机外是目前国内外有关专家极力推崇的一条走出视觉误区、发现冲突和危险接近的有效措施。

然而,对于人来说,注意是一种非常有限的心理资源,从认知的角度而论,这种资源一次最大限度只能分配给几个认知过程。一般来说,飞行过程中,飞行员的注意力主要集中在两方面:一是飞行程序,二是飞机操纵。如果飞行员的全部注意力都集中在这两方面,便无暇观察机外冲突和其他外界信息源,这种注意分配显然不能适应飞行安全要求。为此,飞行员若要增大注意广度,就必须对飞行程序和航空器操纵进行反复操练提高熟练程度,从而"压缩"对飞行程序和航空器操纵注意的裕度,利用多余的注意力对外观察和扫视。

①保持风挡清洁。要确保驾驶舱风挡上无任何污点。

②知道自己飞机的视觉盲点,以及掌握避开盲点和对外观察的方法。1996 年 11 月 9 日,美国执行 5925 航班任务的比奇 1900C 与空中国王 A90 在两条跑道交叉处相撞事故中,尽管空中国王 A90 有视界局限,但是当时只要处在跑道上的空中国王 A90 驾驶员对外面情况观察时移动一下身子或头,就会发现比奇 1900C 飞机正在向机场进近着陆,可惜空中国王 A90 驾驶员却没有这样做。详情见附录一(6)。

③扫视窗外。对外观察的最佳方法是扫视。将驾驶舱风挡,按每 10° ~15°划分为一个注意区,这样可在风挡上建立 9 到 12 个区,双眼在每个区至少应停留 2s 时间。此外,还要根据飞行量和空域内航空器密度,正确分配机外扫视和机内仪表板扫视的时间,正常情况下机外扫视的次数是机内的 3 ~4 倍。

④机组协同。一个人的知觉与意识与另一人的知觉和意识相加的时候会形成一个非常明确的共识,特别是对冲突飞机的辨识,从两个不同的位置进行观察可得出一个更合理的判断,因而机组成员之间要明确分工,协同搞好对窗外的观察和扫视。

⑤不要过分依赖安全设备。现代化大型飞机一般都安装了空中交通告警与防撞系统(TCAS),然而,即便是新一代 TCAS 系统也并不是可以完全依赖的。一方面是它的可靠性和稳定性问题,需要人们观察其运行状态;另一方面,TCAS 系统正常运行的条件是:至少要求对方航空器上装备或必须打开二次雷达应答机,如果没有装备二次雷达应答机或该应答机处于关闭状态,TCAS 系统也就失去作用。

6.3 管制员防相撞策略

空中交通管制员的主要职责是负责航空器起飞、降落及空中飞行安全,为航空器配备安全间隔。他们通常采用程序管制或雷达管制手段动态地实施冲突管理,在完成监控、寻找冲突、解决冲突和指挥决策的任务过程之中,确定冲突类型,选择间隔模式,优化冲突解脱方案,提供间隔保障。

6.3.1 管制员冲突管理

冲突管理概念是 ICAO 于 2003 年 9 月 22 日第十一次航行会议正式通过的《全球空中交

通管理运行概念》(Doc 9854 AN/458)中提出的,并从“作用、相关术语、管理层次、战略管理、间隔保障和避撞”六个方面进行了详细地描述。其作用是把航空器与障碍物相撞的风险限制在一个可以接受的水平。管制员冲突管理就是基于 ICAO 空中交通管理运行概念,根据管制任务、飞行阶段和冲突类型,确立冲突管理的层次,选择冲突处置策略的过程。

1. 飞行冲突类型

冲突分类是防相撞工作的一项基础性安全管理内容。ICAO 认为,冲突是指航空器与危险物之间在时间和空间上汇聚,构成违反规定的最低安全间隔标准的情况。这些应与航空器“隔开”的危险物有:其他航空器、地形、天气、尾流等,以及当航空器在地面时,停机坪或机动区内的车辆及其他障碍物。飞行任务、管制范围和飞行阶段不同,冲突的类型也不一样。从规范管制员运行保障程序和增强冲突管理的有效性角度出发,可按飞行任务、飞行空间和引发飞行冲突的原因三个方面,对飞行冲突进行分类。

(1)按飞行任务分类

按飞行任务,分为战斗飞行与其他飞行、专机和重要任务飞行与一般任务飞行、班期飞行与国内一般任务飞行、训练飞行与任务飞行之间的冲突。

①战斗飞行与其他飞行之间的冲突。由于战斗飞行具有任务紧急,飞行时间、航线、飞行高度不确定等特性,管制员预先不能掌握飞行计划,飞行实施时又不能及时掌握飞行动态,容易形成战斗飞行与其他飞行之间的冲突。

②专机和重要任务飞行与一般任务飞行之间的冲突。专机和重要任务飞行具有时间准确性要求高、任务保密性强、连续集中等特点,其飞行保障要求高于一般任务飞行,除战斗飞行外,通常要组织其他飞行进行避让。

③班期飞行与国内一般任务飞行之间的冲突。由于国内一般任务飞行具有专业性强、活动地域广阔、作业环境复杂等特点,组织实施过程中有很多不确定的因素,容易与民航班期飞行产生冲突。

④训练飞行与任务飞行之间的冲突。训练飞行的目的是提高飞行员的飞行操作技能和战术技能,特别是军事飞行训练的灵活性容易造成对其他航线飞行或空域活动的影响,从而与任务飞行之间产生冲突。

(2)按飞行空间分类

按飞行空间,分为航路(航线)与航路(航线)、航路(航线)与特殊用途空域、空域与空域之间的飞行冲突。

①航路(航线)与航路(航线)之间的飞行冲突:主要存在于两条或多条航线的交汇点,尤其是飞行活动频繁区域或机场密集地带,是航线与航线飞行冲突的多发点。它受机场的分布密度、军事训练航线的选择、民航飞行航路(航线)和临时航线的划设情况影响较大。

②航路(航线)与空域之间的飞行冲突:主要存在于航路(航线)上飞行的民航班机及转场、场外飞行的军用航空器通过一个或多个飞行空域的情况。有时一条转场或场外训练航线,往往要通过多个飞行空域,各飞行空域实施的飞行科目和飞行高度又常常不同,因此,航线与空域之间的飞行冲突时间相对固定,且多存在于中低空。

③空域与空域的飞行冲突:主要由于空域划设时受地理位置限制而导致的空域与空域之间重叠,以及由于诸如军事演习、科学试验等临时使用空域而导致的空域与空域产生

重叠。

(3)按引发冲突原因分类

在实际运行中,由于管制调配原因、航空器机组原因和其他原因造成的飞行冲突,主要有以下类型:

①航空器在上升、下降状态或平飞状态下,在航路(航线)上的汇聚、逆向和顺向飞行冲突。主要存在于机场密集地区或机场邻近固定航线、空中走廊进出口附近航空器上升或下降阶段。

②航空器在上升、下降状态或平飞状态下,在管制移交点附近的汇聚、逆向和顺向飞行冲突。主要存在于区域、进近(扇区)、塔台各管制区内部或其之间的移交点。

③平行跑道仪表进近时,航空器之间的飞行冲突。主要存在于多跑道机场。

④最后进近阶段的航空器与起飞航空器之间的冲突,进近复飞的航空器与起飞离场航空器之间的飞行冲突。主要存在于机场管制区。

⑤航路(航线)飞行与训练空域冲突。主要存在于飞行活动频繁区域和机场密集、军民共用机场,军用航空器场外航线穿越航路(航线),民用航空器穿越军事训练空域。

⑥航空器由于自身或外界原因,造成紧急情况下引发与其他航空器的飞行冲突。主要存在于航空器设备故障、发动机失效、迷航、失去通信联络等特情时,出现特情的航空器与其他航空器之间的飞行冲突。

⑦航空器与障碍物之间小于安全间隔。主要存在于低空空域飞行、航空器上升下降阶段、恶劣天气以及飞行情况监控不严密的阶段。

⑧滑行道内航空器与地面障碍物之间小于规定的滑行安全间距。

⑨航空器在空中交通告警与防撞设备 RA 指示下操作,引发与其他航空器之间的飞行冲突。

2. 冲突管理层

空中交通活动中,航空器空间位置状态的不断变化,使得冲突管理过程也表现出相应的动态性。管制员监视空中交通动态,根据飞行动态的变化,检测飞行冲突,随时启动冲突管理。根据 ICAO《全球空中交通管理运行概念》要求及我国空管体制和运行程序等具体情况,管制员冲突管理可分为四个层次[4],其中第一层为飞行计划预先调配,第二层为飞行实施阶段的中期冲突探测和解脱,第三层为飞行中的短期冲突探测和告警,第四层为机载冲突检测和避撞,如图 6-5 所示。

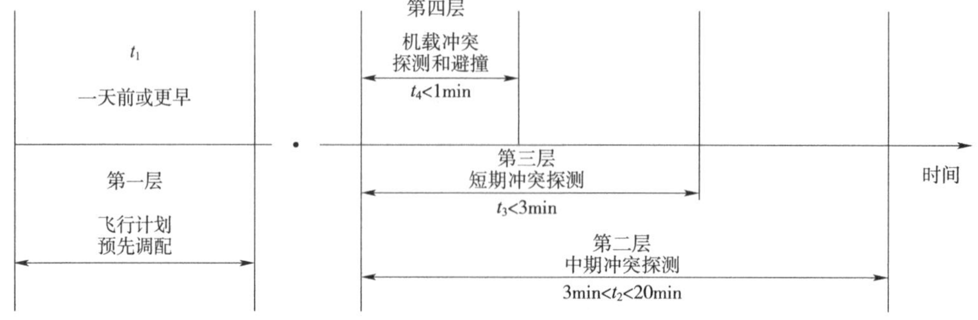

图 6-5 冲突管理层次

(1)飞行计划预先调配

属于管制员冲突管理的第一层,即 ICAO 提出的战略冲突管理(Strategic Conflict Management)。该层次是在飞行前一天或更早,根据中长期的航班飞行计划、临时航班飞行计划、飞行训练计划,以及飞行空域容量的限制、气象条件等进行飞行计划冲突计算,判断可能的冲突航段、冲突时间和冲突类型,并依据有关法规、标准和程序通过对飞行计划的修改来实现对冲突的调配。飞行计划调配涉及全局或局部区域内飞行计划的调整,需要通过军民航管制部门与航空单位之间相互协调后确定,是一种非实时的战略冲突管理技术,在飞行量较小的地区调配较容易,可以通过简单的排序实现;而在飞行量较大的地区,主要通过对整个区域的优化算法来实现。

(2)中期冲突探测与解脱

属于管制员冲突管理的第二层。再完善的飞行计划预先调配,在飞行量大的地区,由于重要任务或紧急任务飞行及其他影响飞行活动因素的存在,通常需要临时修改或调整飞行计划,从而引发新的飞行冲突。该层次是在飞行实施后,根据飞行计划、历史航迹、飞行意图、航路气象状况等预测某一架航空器几分钟到数十分钟(一般为 20min)内可能存在的冲突,通过管制员对冲突航空器的飞行计划进行调整,以保证安全飞行间隔。

(3)短期冲突探测和告警

属于管制员冲突管理的第三层。由于飞行活动的动态性及“人—机—环境”不安全因素的影响,航空器很可能会偏离预定的飞行航线,管制员主要依据实时的监视数据,检测在较短时间(一般为 2 ~3min)内可能出现的飞行冲突,并立即对冲突进行响应,通过甚高频通信设备与飞行员保持联络、发布指令(如改变飞行高度、航向、速度等),来避免冲突的发生。

(4)机载冲突检测和避撞

属于管制员冲突管理的第四层。该层次通过航空器机载设备主动探测周围飞行情况,根据高度层的不同,产生预警交通警戒信息(TA)或决断信息(RA)解脱建议。通常情况下,飞行员此时必须依据解脱建议对航空器的运行轨迹进行调整,这是防止航空器相撞的最后技术手段。考虑到可能与之前管制员根据短期冲突告警给出的解脱建议矛盾,目前欧洲已提出了空地协同实现防相撞的思路,通过地空数据链将机载空中交通告警与防撞系统(TCAS)的监视信息、意图信息、TCAS 系统的预警 TA 和 RA 解脱建议等信息,下传给空中交通管制系统,使管制员在发现 TCAS 告警并给出解脱指令前获得航空器的监视信息和意图,在航空器 TCAS 告警时及时地得到航空器的状态,有利于管制员增强对当前态势的判断,避免出现与 TCAS 建议相反的指令。

3. 飞行冲突处置策略

当航空器与航空器、航空器与地面障碍物之间已经发生或即将出现飞行冲突时,管制员应按照既定处置程序采取有效措施,对冲突航空器的飞行状态进行调整,及时化解或控制飞行冲突,避免冲突或冲突趋势进一步恶化,建立安全间隔,将冲突航空器与危险物“隔开”。管制员飞行冲突处置策略包括:垂直机动、水平机动、调速、等待和紧急回避等[5]。

(1)垂直机动

垂直机动是指航空器在垂直方向上改变运动状态,使处于冲突状态的航空器之间建立和保持规定的垂直间隔。采取垂直机动策略,需要考虑航空器的垂直机动能力。通常,航空器垂直机动能力越高，垂直机动处理冲突的效能也越高；反之，则低。现代大型商业运输飞机，其正常上升率一般为10～15m/s，正常下降率为15～20m/s，垂直响应较快，常规垂直机动可以在30～60s内完成300～600m的高度变化。这意味着现代商业运输机采用垂直机动方法可以在1min以内消除垂直冲突状态，或按照空中交通告警与防撞系统（TCAS）的垂直机动指令可在25s（RA预警提前量）内避免与特定的航空器相撞。可见，采用垂直机动策略，消除垂直冲突所需时间短，控制过程简单，对空中交通正常活动的影响较小，冲突处理的效率高、可靠性好。但易受到航空器空气动力特性限制。

（2）水平机动

水平机动是指航空器在水平方向上改变运动状态，使处于冲突状态的航空器之间建立和保持规定的水平间隔。采取水平机动策略，需要考虑航空器的水平机动能力和监视能力。航空器水平机动能力越好、监视能力越强，则水平机动冲突处理效能就越高；反之，则低。大型商业运输飞机，代表其水平机动能力的指标通常是水平转弯性能，其转弯率一般为3°～5°/s，转弯半径为10～15km，即实现90°航迹变化约向前飞行15km，其空气动力响应时间在十几秒以内。总的看来，水平机动具有控制过程复杂，需要较大水平机动空间，对监视要求高和不利于航空器正常活动等缺点。在缺乏水平机动空间、监视能力不足、航空器水平机动能力较差的情况下，采用水平机动策略，冲突处理的效果会比较差。

（3）调整飞行速度

调整飞行速度可以达到增加或减小航空器之间的实际距离（或时间），以消除飞行冲突的目的。通常可采取调整垂直速度或水平速度的方法。

①调整垂直速度。即调整航空器的升降率。升降率是表征航空器空气动力特性的一个重要性能指标，它具有明确的上限。现代大型商用运输机的实用极限升降率一般约25m/s，正常升降率为10～15m/s。如果要求过高的升降率不仅可能受航空器性能限制而无法实现，而且，很可能产生诸多飞行不安全因素。因此，垂直速度调整必须控制在飞行员所能接受的范围以内。

②调整水平速度。水平飞行速度也是表征航空器空气动力特性的一个重要性能指标，它具有明确的上下限。不同航空器在不同飞行阶段的水平飞行速度有很大差别，过大或过小的水平飞行速度调整都将受航空器性能限制而无法实现，甚至会影响飞行安全。因此，水平飞行速度调整也必须控制在飞行员能够接受的范围以内。对于加速性好、增加速度余地大的航空器，如果增速有利于消除冲突，则应指令其以可以接受的更大速度飞行；对于减速性好、减小速度余地大的航空器，如果减速有利于消除冲突，则应指令其以可以接受的较小速度飞行，以获得更大的速度差，尽快改变水平距离（或时间），消除飞行冲突。

（4）等待

等待是一种通过推迟航空器进入特定管制区时机，以消除飞行冲突的方法。等待主要在空中交通活动高密度地区。通常可采取地面等待或空中等待的方法。

①地面等待。即指令航空器在机场地面机动区内等待。利用地面等待消除飞行冲突的方法，不适用于专机、医疗急救、应急救灾等法律法规明确规定具有优先飞行权的航空器。

②空中等待。即指令航空器在管制区域特定的空域内等待，或者按管制员指定的方式等待。空中等待需要占用较多的空间资源，是一种资源消耗水平很高的冲突处理方法。空

中等待所消耗的资源主要取决于其空中等待时间的长短、航空器机动性能、等待方式等因素。如果等待时间长、机动性能差、等待方式不合理将可能大量消耗空中交通管理资源。空中等待主要适用于空中交通活动繁忙机场或航线，但不适用于续航能力不足的航空器以及专机、医疗急救、应急救灾等法律法规明确规定具有优先飞行权的航空器。

(5)紧急回避

紧急回避是航空器在危险接近情况下，为了解脱冲突、防止相撞的一种应急机动措施。从现代航空器的相对运动速度和间隔标准看，从危险接近到空中相撞的时间非常短，飞行员紧急回避的时间十分有限，紧急回避的应急机动要求航空器以最快的响应进行有利于冲突解脱的机动。通常可采取垂直应急机动和水平应急机动的方法。紧急回避是冲突处理的不得已措施，飞行员通常不应把防止航空器空中相撞的希望寄托于此。这是因为紧急回避对危险接近的处理是否有效，是否能够确保飞行安全。一方面受到紧急回避指令的及时性、准确性，以及航空器的机动性能、操纵响应等因素影响；另一方面还必须考虑到最低安全飞行高度的限制，以及紧急回避时常常可能引发的新的飞行冲突等问题。

6.3.2　管制员冲突处置任务过程

管制工作任务过程，是指管制员履行岗位职责与承担工作任务期间所表现出来的认知特征和认知活动。围绕着保证飞行安全、防止航空器相撞这一目标，空中交通管制员实施的飞行动态监控、寻找冲突、解决冲突等贯穿于管制工作任务的全过程。1998—2000 年间，欧洲空中航行安全组织(EUROCONTROL)开展了《空中交通管制员综合任务和工作分析》(Integrated Task and Job Analysis of Air Traffic Controllers)项目研究，并以三阶段报告形式发布研究成果。这些研究报告从认知角度，将管制员工作任务细分为：5 个主要任务过程、4 个子任务过程和 1 个控制过程[6]，如图 6-6 所示。

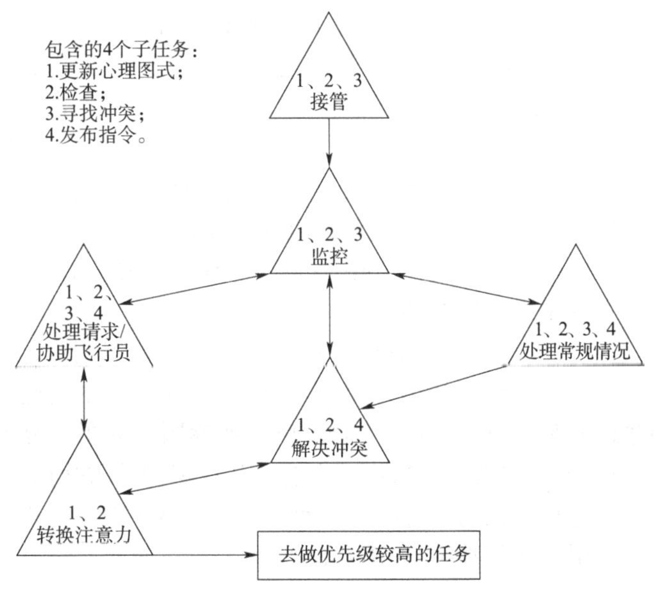

图 6-6　管制员 10 个认知过程相互之间的关系

注：流程图中的阿拉伯数字表示在执行每一项任务过程中，所涉及的子任务过程。

在图 6-6 中,从“接管”开始,进入“监控”过程,“监控”过程有 3 个通道可以转换到相应的 3 个任务过程:存在潜在冲突,则转换到“解决冲突”任务过程;接收到飞行员的请求,那么执行“处理请求/协助飞行员”的任务过程;正常的管制活动,则转到“处理常规情况”就结束。“处理常规情况”根据具体需要,既可回到“监控”状态,也可进入“解决冲突”的任务过程。“解决冲突”和“处理请求/协助飞行员”之间又通过“转换注意力”实现通向“处理请求/协助飞行员”或高优先级任务之间的转换,从而完成管制任务。

我们在具体以流程图方式描述区域管制员工作过程之中的每一项任务之前,有以下几个术语需要先解释一下。

①心理图式(MP):是指管制员对其管制情况在头脑中形成的图像。该图像是活动的,要保持到管制员再次更新或交班为止。

②心智模型(MM):是指管制员通过知识学习和经验积累对冲突所形成的判断和解决方案。

③转换注意力(Switching attention):是指管制员面对多任务,不能同时掌握和处理时,在不同的任务之间分配自己的认知和注意力的过程。

④计时器(Set timer):是指管制员的一种潜意识的“心理闹钟”。

1. 接管

接班是管制员上班后的第一项任务,是管制员所有任务的开始。同时,交接班期间,也是飞行冲突容易出现的阶段。如图 6-7 所示,“接管”始于交班前的简报。如果管制员按常规时间轮班,交班前的简报可以省略。当管制员走向席位之时,他已经了解了扇区的实际情况,获得自己所辖扇区的特征(如交通密度和天气情况等)。接班管制员就位后,通常先校验有关设备,然后查看进程单。接下来,由交班管制员简要地介绍当前的空中交通情况。

当飞行流量较大时,接班管制员需要在交班管制员为他做介绍之前,先观察交班管制员正在处理的交通活动。通过先期检查,将飞行动态信息与自己的心智模式相结合,建立对当前情况的心理图式,初步得出交班管制员扇区管理预案或调配思路,接着,对未来交通趋势做出预测。如果没有冲突,接班管制员根据预期建立一个扇区管理预案,心理图式再一次被更新。通过对空中安全情况的评估,接班管制员“感觉良好”,即“接管”的任务过程完成。如果交接班过程中需要解决冲突,接班管制员一般会采用交班管制员的调配思路解决冲突。

“接管”涉及 3 个子任务过程,即“更新心理图式、检查和寻找冲突”。其中,“更新心理图式”的目的是保持情景意识,连续不断地从环境中提取信息并进行综合,形成连贯的心理图式。在管制员飞行冲突处置中,更新心理图式就是要保持正确的心理交通图像,从而成为空中交通管理子任务过程中最关键的环节。

一般情况下,当管制员的预期与空中情景基本一致时,表明管制员保持了正确的心理图式和情景意识。当预期与实际情况的偏差超出了容差范围时,管制员通常会用自己形成的有关扇区或相似情景的心智模型,找到一个合理解释或诊断。如果反复出现管制员的预期与实际不符的情况,例如雷达屏幕上多次出现没有确认或识别的雷达虚影,就会导致管制员建立错误的心智模型。这种错误的心智模型会使管制员误将一架没有识别的航空器当作雷达虚影,从而发生差错,引起飞行冲突,如图 6-8 所示。

2. 监控

监督飞行活动是管制员的重要职责,其目的之一是全面掌握空中飞行动态,防止航空器任意改变航行诸元,偏离航路(航线),超出预定空域,尽早发现飞行冲突,防止航空器危险接近或相撞,确保飞行安全。

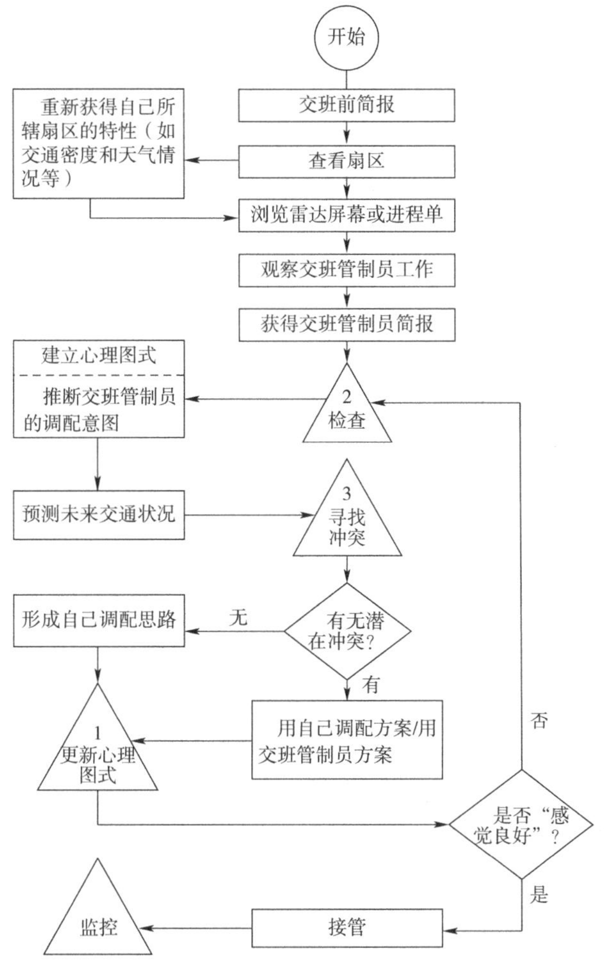

图 6-7　接管

监控是管制员工作中重复最多的过程,“监控”过程始于“心理图式更新”和“寻找冲突”两个子任务过程,如图 6-9 所示。在高工作负荷情况下,管制员通过心理图式验证其扇区管制预案或调配思路已更新的同时,进一步检查管制任务等级,并决定下一步执行的最紧急的任务是什么。有必要采取措施时,“监控”过程便进入 3 个可供选择的任务过程:

①如果所出现的潜在冲突是预料之中的,那么“解决冲突”过程便被激活。

②如果管制员接收到飞行员请求,那么执行“处理请求/协助飞行员”的任务过程。

③否则,“处理常规情况”的过程被激活。

如果没有必要采取行动,并且没有新的信息输入,那么管制员便等待任务。此时,管制员需要保持警惕。有时,他们将注意力转换到雷达屏幕上,以更新自己的心理图式,重新回到“监控”任务过程。这种重新观察雷达屏幕的行为是由一种潜意识的计时器控制。该计时器实质上是管制员自己设置的一个“心理闹钟”,当他们的注意力离开“监控”工作一定时间便自动“响起”。当他们收到新的信息时“闹钟”结束,他们的注意力重新回到工作之中。

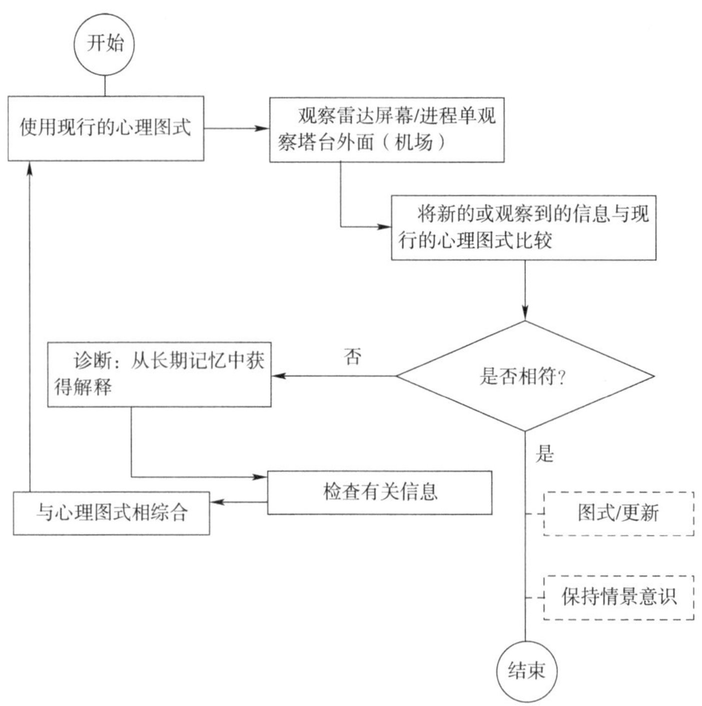

图 6-8　子任务过程：更新心理图式

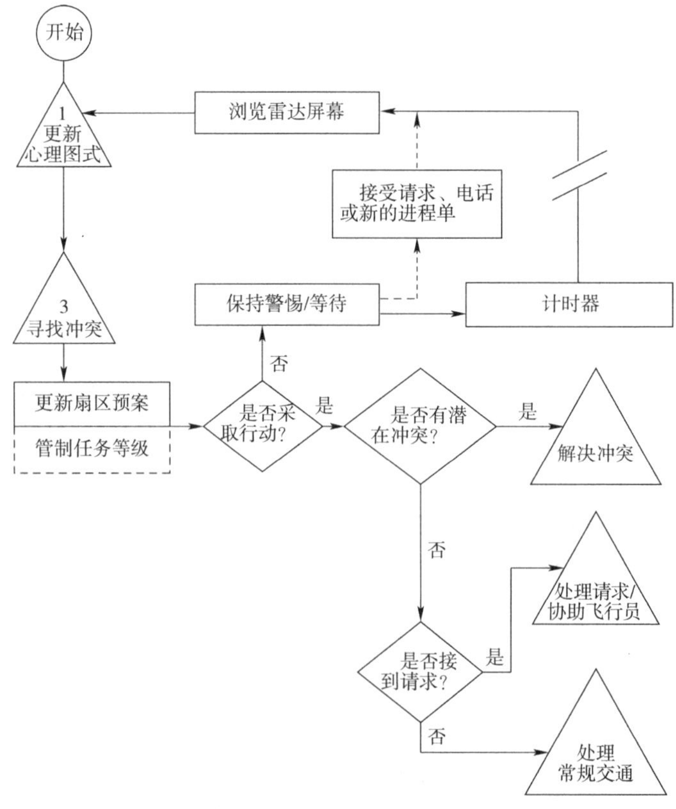

图 6-9　监控

管制员在等待任务的过程中,没有保持警惕性以及注意力分散的情况是造成差错的主要根源。调查研究结果显示,许多管制员的失误和差错最容易在大流量后的小流量时期发生,经过前期的大流量飞行管理和调配,管制员心理曲线由波峰转向波谷,注意力下降,最容易引发飞行冲突。

“监控”也涉及 3 个子任务过程,即更新心理图式、检查和寻找冲突。其中,“检查”处于所有子任务过程的第二个主要位置,是管制员将自己注意力主动放在一些外部信息源的过程,这些信息源包括雷达屏幕、进程单、特定信息显示器(如气象)、提醒装置或询问一些特定的信息。当管制员接收到新的或意料之外的信息时,或者他们怀疑有些情况没有按照预期和计划实施时,他们就会执行检查程序。

经过全面检查后,管制员的心理图式得到确认或更新,如图 6-10 所示。

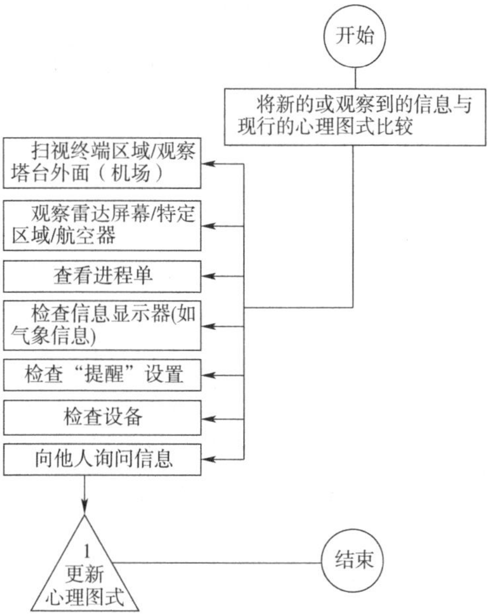

开始
将新的或观察到的信息与现行的心理图式比较
扫视终端区域/观察塔台外面(机场)
观察雷达屏幕/特定区域/航空器
查看进程单
检查信息显示器(如气象信息)
检查“提醒”设置
检查设备
向他人询问信息
1 更新心理图式
结束

图 6-10　子任务过程:检查

3. 处理常规情况

除执行监控任务外,管制员大量的工作是处理常规情况,包括“检查、寻找冲突和发出指令”等子任务过程。“处理常规情况”任务过程始于飞行员呼叫或有新的进程单信息到来,如图 6-11 所示。

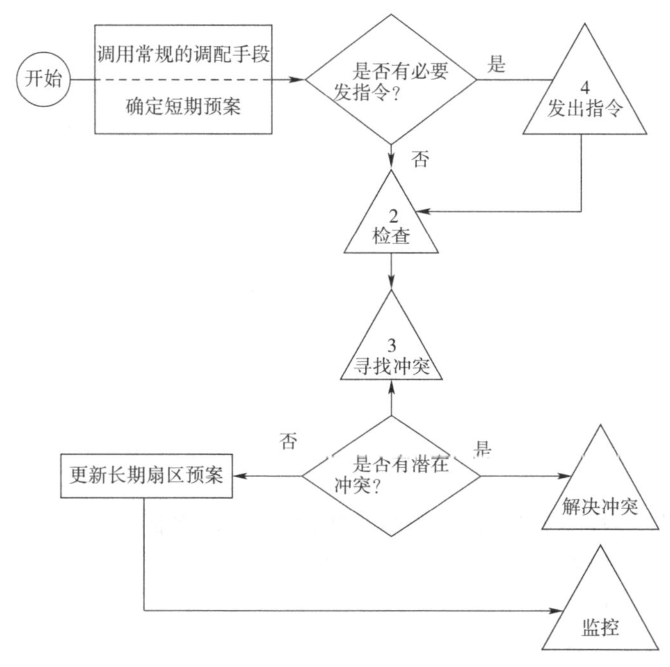

图 6-11　处理常规情况

在图 6-11 中,当管制员接收飞行员请求或新的进程单时,执行检查和寻找冲突两个子任务过程。当发现存在冲突危险时,管制员会根据冲突调配方法,确定短期行动预案(思路),判断是否需要发出指令。如果需要,便依据行动预案发出指令,监听复诵,检查指令发布的准确性,并监视飞行员的执行情况。在信息检查阶段,再次执行“寻找冲突”任务过程,判断是否存在潜在冲突。如果仍有冲突,管制员就会根据经验以及调配方法解决冲突;如果没有冲突,则更新长期扇区行动计划,回到监控任务过程。如果没有必要发出指令,则直接进入信息检查阶段,收集新的信息,寻找冲突。

“处理常规情况”涉及全部的四个子任务过程,即“更新心理图式、检查、寻找冲突和发出指令”。对于区域和进近管制员来讲,他们“寻找冲突”的任务过程基本相同,但进近管制员更加注意雷达屏幕上的信息,对冲突的预测时间较短。

①区域或进近管制员的“寻找冲突”始于管制员接收到外部有关信息之时。例如,通过雷达屏幕监视航空器、接收到新的进程单或收到飞行员请求后,管制员便开始寻找冲突。管制员“寻找冲突”的过程并非盲目或随机的,而是由管制员的心智模型引导完成的。因为常年积累的管制经验告诉他们,本地区哪些高度层、航段和时间段最容易发生飞行冲突,从而形成“冲突可能库”。管制员查看本管制区内所有航空器飞行情报后,便能够对未来一段时间内的飞行趋势做出预测,估计出哪些航空器之间可能会出现冲突,然后,更新自己的心理图式,如图 6-12 所示。

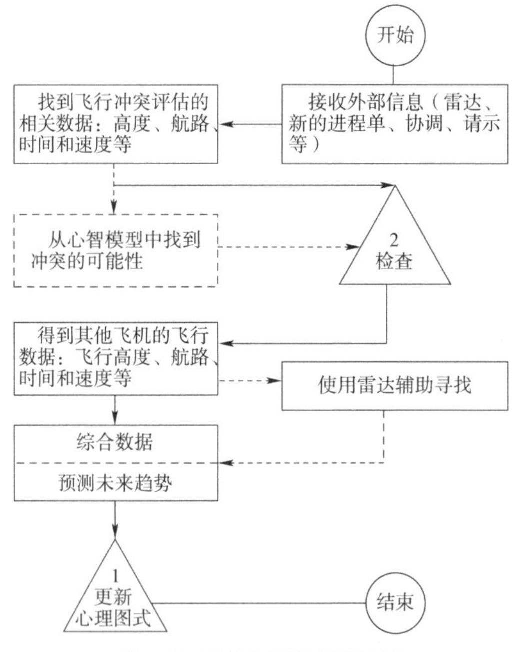

图 6-12　子任务过程:寻找冲突

②机场管制员“寻找冲突”与进近管制员相似,但机场管制员寻找冲突的信息源不是进程单,而是对塔台外的扫视和雷达屏幕观察。同时,机场管制员对潜在冲突的评估也主要取决于个人经验及“冲突可能库”的补充程度。

4. 处理请求/协助飞行员

当飞行员呼叫管制员并提出相应的请求时,管制员需要对请求进行处理或协助飞行员处理。“处理请求/协助飞行员”始于管制员接收到飞行员请求。

当管制员接收到飞行员请求时,综合考虑安全间隔、责任扇区和邻近扇区的工作负荷等因素后,依据当时的心理图式和扇区管制预案,对备用方案进行评估。如果当时的工作负荷较重,管制员会拒绝增加自己或同事工作负荷的请求;如果工作负荷适中,时间和空域资源允许,且在预期的航向上没有冲突的情况下,飞行员的要求一般会得到许可。在这种情况下,即使是"处理常规情况"任务过程,也必须转换注意力。一旦决定回应飞行员的请求,"发布指令"这个子程序就被激活。当"处理请求"任务过程结束后,管制员便回到"监控"任务过程,如图 6-13 所示。

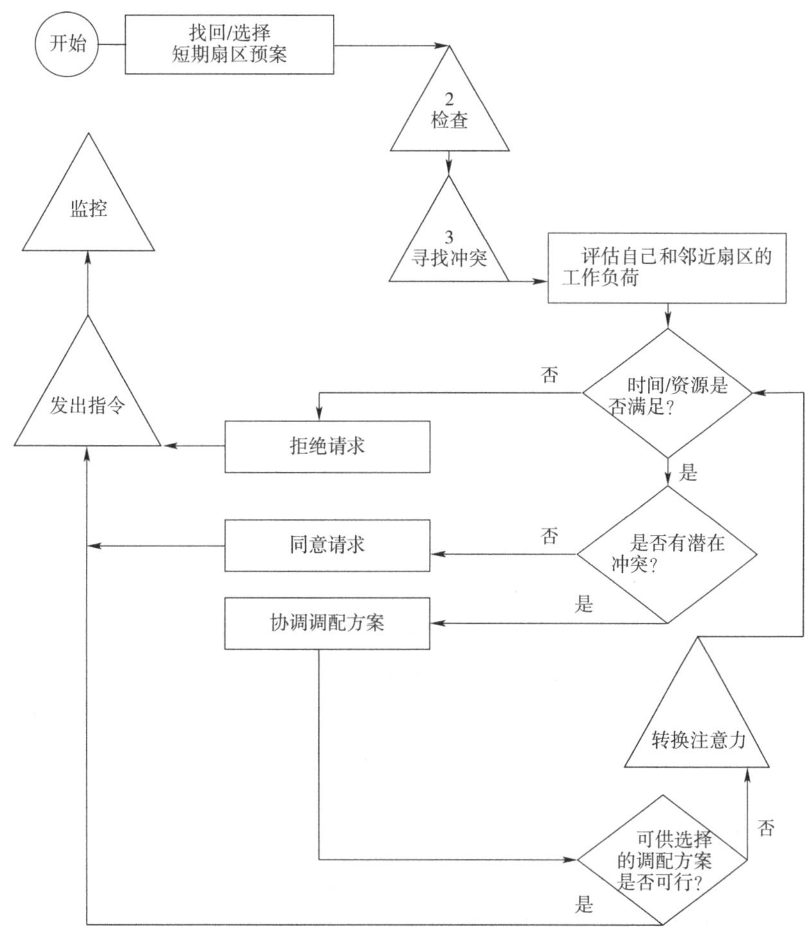

图 6-13　处理请求/协助飞行员

"处理请求/协助飞行员"也涉及全部的 4 个子任务过程,即"更新心理图式、检查、寻找冲突和发出指令"。其中,"发出指令"是管制员最具普遍性的行为。当对飞行员的请求进行回复或通报有关信息时,就需要执行"发出指令"子任务过程。"发出指令"任务过程包括监听复诵的全面性和正确性。通常,每次"发出指令"后,管制员都做简短的核查。如果飞行员未完全按照指令执行或未收到指令信息,管制员立即对这种偏差或失效情况的安全性做出评估,并且做出应对方案。如果偏差危及飞行安全或非常关键,管制员立刻重新执行"发出指令"子任务过程。如果这种偏差或失效情况不严重,管制员会先放下"发出指令"子任务过程,返回较高级别的任务过程,如图 6-14 所示。

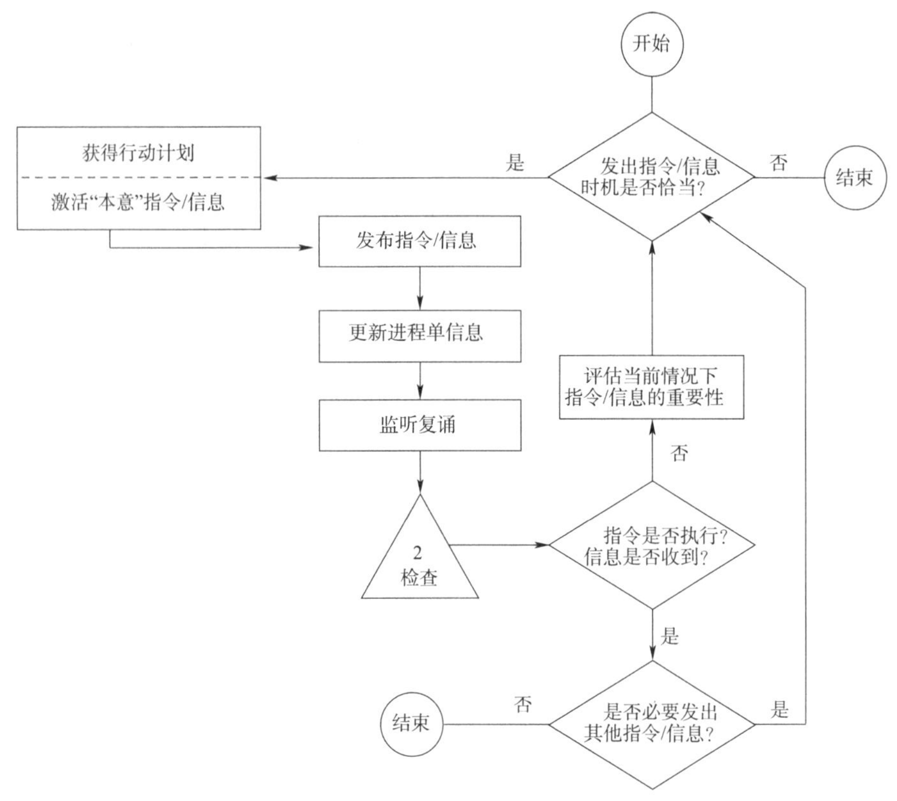

图 6-14　子任务过程:发布指令

5. 解决冲突

"解决冲突"是管制员的核心任务之一,也是管制员的最终目的。"解决冲突"任务过程始于预计有潜在冲突发生的时候,如图 6-15 所示。

面对潜在的冲突,管制员有两个选择:要么马上采取措施处理冲突,要么继续监控冲突。如果管制员需要执行其他等级更高的任务,就必须不时地转换注意力。如果管制员决定立即采取措施解决冲突,他需要从基于经验的记忆中获得直接解决方案。这些解决方案来源于管制员大脑中的"冲突解决库"。由于该"冲突解决库"中存储的调配方案使用频繁,因而也可称作"常规解决方案"。当然,考虑当时的实际空中情况,管制员要对从"冲突解决库"调用的调配方案进行评估。如果常规调配方案不适用或者说效果不能令人满意,管制员便从"冲突解决库"中寻找一些非常规的调配方法,或者基于自己的知识形成针对性的冲突调配方案。一旦管制员确定了最好的解决方案,一般需要与班组的其他同事协调。

在管制员向飞行员发出和检查过指令后,他们会转移注意力到高优先级的任务,达到一个决策点。如果问题或冲突最终解决,管制员的心理图式得到更新,随后便转向下一个问题,要么再次着手解决其他冲突,要么返回到监控状态。

如果管制员通过努力,没有解决当时的飞行冲突,他就要启用备用方案。通常情况下,备用调配计划虽然非常安全,但效率不高。在时间允许的情况下,管制员宁可寻求新的调配方案,也不用备用方案。如果没有充足的时间,管制员便采用备用调配方案,并执行"发布指令"子程序。

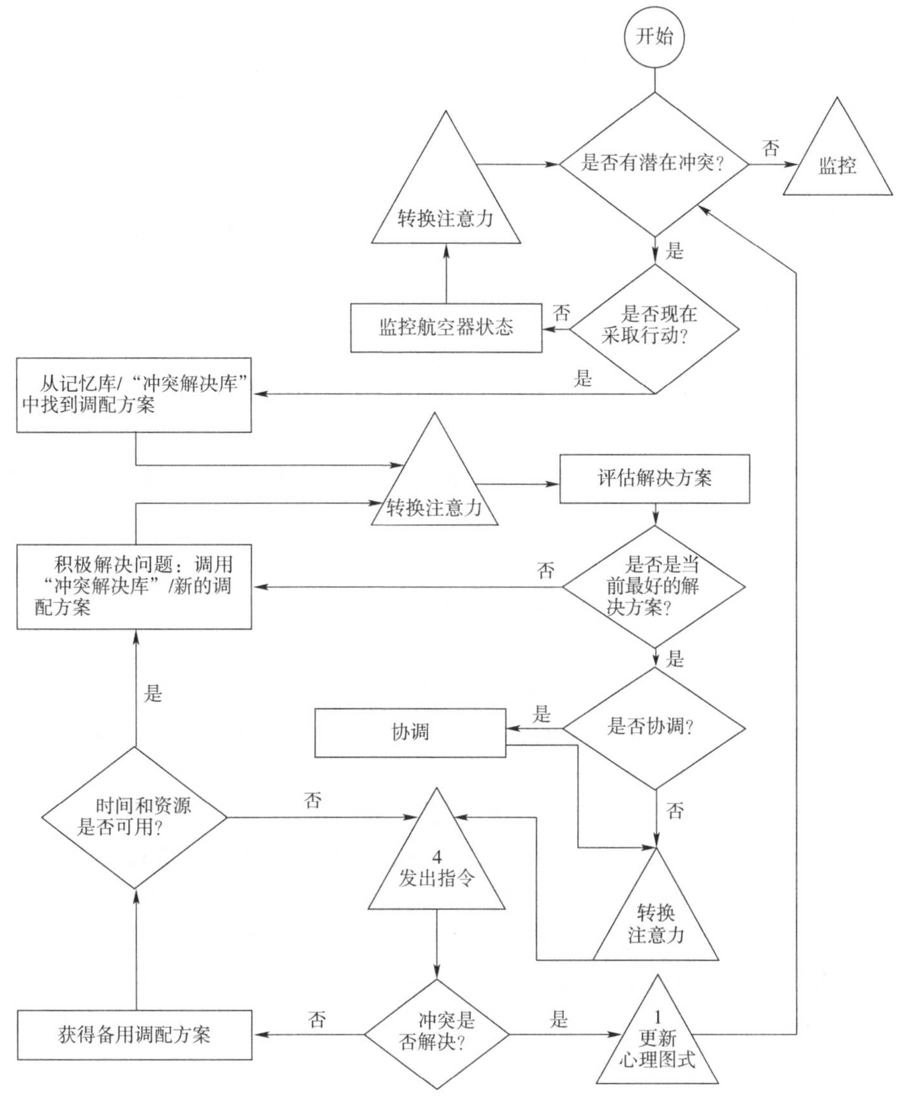

图6-15　解决冲突

综上所述,基于管制工作任务过程的飞行冲突处置需要把握以下几点:

①“接管、监控、处理常规情况、处理请求/协助飞行员和解决冲突”是管制工作中最为常见、重复次数最多的任务过程。这5个任务过程以监控为中心,以解决冲突为目的,相互关联,相互影响。“更新心理图式、检查、寻找冲突和发布指令”4个子任务是执行每一个任务过程所必需履行的职责,并贯穿于5个任务过程之中。

②管制员在交接班过程中出现工作差错的概率明显大于其他工作时段。不仅因为管制员在交接班时段容易发生心态上的变化,还因为接班管制员面对突然进入工作状态需要有一个适应的过程。因此,交接班过程中管制员更需要注意力集中,接班管制员要详细对照交接班检查单,避免出现漏交事项。

③为了防止过多的转换注意力,管制员通常会确定出执行任务的先后次序,一般为:影响安全的指令、改变航空器航行诸元的指令、解决交叉冲突的指令、解决飞行员请求的指令、

动态通报、协调等。

④在工作负荷较大的情况下，管制员通常会直接解决冲突，而不采用继续监控。如果管制员关注某一个飞行冲突的时间过长，势必将减少在其他任务上的注意力，在这种情况下，安全性就会降低。

⑤管制员在初期培训时虽然学会了一些解决冲突的策略，但在实际岗位中，管制员主要根据个人经验产生自己的解决冲突策略，他们通过对扇区的了解和指挥经验的积累，通常会建立自己的心智模型。一旦遇到飞行冲突，他们可以从自己的心智模型中获得调配思路，根据自己所经历的类似情况调整行动方案。

⑥选择解决冲突方案的标准首先是安全，其次是高效。方案的好坏受到管制员考虑方案的时间影响。在工作负荷较重的情况下，管制员通常趋向于简化程序，主要考虑方案的安全性。

⑦面对每种不同飞行冲突，管制员通常都有一个备份解决方案，用于防止初始方案失效。

本章参考文献

[1] University of Waterloo Department of Philosophy. Examining the collision safety system in commercial aviation a study of cognition and human performance[R]. Waterloo: University of Waterloo Department of Philosophy, 2002.

[2] 刘清贵. 机长视野——飞行安全的理论与实践[M]. 北京: 中国民航出版社, 2005.

[3] 杨琳. LOSA——航空安全管理的新方法[J]. 北京: 中国民用航空, 2003: 59.

[4] 冯子亮, 杨红雨. 航空器防相撞技术体系研究[J]. 空中交通管理, 2009(8): 18.

[5] 施和平. 空中交通管理新论[M]. 厦门: 厦门大学出版社, 2001.

[6] EUROCONTROL. Integrated task and job analysis of air traffic controllers[R]. [S. l.]: EUROCONTROL, 2000.

第7章

防相撞技术与应用

空中交通系统是高风险、高投入的技术密集型产业，安全技术与生产技术彼此关联、相互作用。人们在设计、制造、使用和管理空中交通系统过程中，一方面不断引入和开发新的生产技术，提高任务自动化程度，减轻飞行员工作负荷，在高效运行中获得效益；另一方面，必须以系统安全性要求为目标，引入和开发新的安全技术，消除各种危险因素或不安全状态，优化环境与运行要素，控制系统处于安全状态运行。其安全技术与应用的最根本目的，就是实现生产过程中的本质安全。即便是出现了“人”的不安全行为、“机”的不安全状态或环境的不安全成分，都应会因为安全技术系统的容错设计、冗余设计、告警或提示装置和安全标志等可靠性作用而避免事故的发生。从防相撞角度讲，这些安全技术主要有：飞行驾驶舱自动化系统、管制中心自动化系统、防相撞安全告警设备及辅助技术设备等。

7.1 驾驶舱自动化系统

波音公司的戴莫·范登将现代意义上的驾驶舱自动化分为三种:一是控制自动化,即帮助飞行员控制任务或用自动化装置取代人的手工操作;二是管理自动化,即辅助飞行员管理任务的自动化系统;三是信息自动化,即所有显示仪表、电子设备和告警系统等。这些驾驶舱自动化系统在减少飞行员工作负荷、增加操纵有效性的同时,也大大提高了飞行的安全性。

7.1.1 驾驶舱人机界面系统

飞行驾驶舱是典型的"人—机—环境"系统。它通过将来自机内、外系统的海量信息加以比较、融合和显示,改善飞行员的态势感知以及操作的灵活性和安全性;通过集成安全系统设计和人为因素方面的考虑,很好地解决了飞行员注意力分配问题,提高了飞行员对冲突航空器或障碍物的感知;基于认知科学的人性化、智能化设计理念,引入平视显示、三维综合显示和智能数据输入与控制等,使信息更直观易读,显示与控制变得越来越简明,从而大大减轻了飞行员的工作负担,有效降低了人为差错发生的概率。

现代飞行驾驶舱显示系统主要有两大块:

①电子飞行仪表系统(EFIS)。主要包括:

a. 主飞行显示器(PFD),用于显示飞机姿态和姿态指引信息、高度和速度信息、飞行状态信息以及其他与航路航线有关的信息。

b. 导航显示器(ND),用于显示相对于其环境的位置信息。

②电子中央飞行监控系统(ECAM)。主要包括:

a. 发动机预警显示器,用于显示发动机主要参数、燃油量、副翼和襟翼位置;显示告警、警戒信息或备忘录信息。

b. 系统显示器。图 7-1 描述了现代飞行驾驶舱显示系统的安装位置、符号形状、颜色编码及组合方式等。这些具有 Windows 风格的驾驶舱显示器使人机接口更直观、操作更方便,为飞行员提供与飞机其他系统的可视化交互以及全新的视景,顺应了人的认知和习惯,增强飞行员的态势感知能力,减少飞行员人为差错,从而有效地做好防相撞工作。

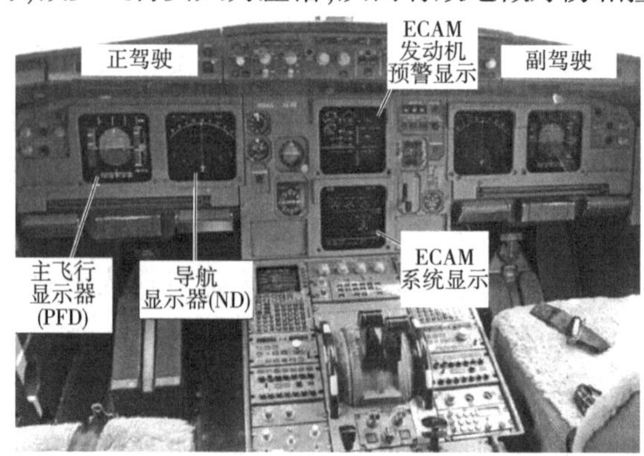

图 7-1　飞行驾驶舱主控制显示板

7.1.2 自动飞行控制系统

自动飞行控制系统(AFCS),是由自动驾驶仪、高度与速度控制系统、侧向航迹控制系统、自动着陆系统等自动操纵设备所组成的综合自动化系统。AFCS能够提供自动驾驶、飞行指引、速度配平、马赫配平和高度警戒功能,使飞机能可靠地从起飞到着陆的整个飞行过程中,以既安全又经济的速度、良好的配平状态,沿着预定的航线飞行。AFCS一般由数据输入装置、飞行控制计算机(FCC)以及自动驾驶仪、高度控制系统(自动俯仰配平)、速度控制系统(M数配平)、自动油门系统和其他自动装置等组成,输出数据通过指示器显示给飞行员,同时输送到飞机和发动机有关单元,如图7-2所示。

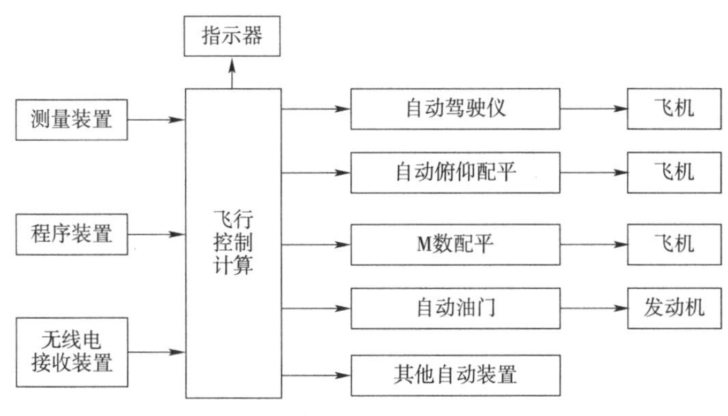

图7-2 自动飞行控制系统构成

7.1.3 飞行管理系统

飞行管理系统(FMS)是现代飞机航空电子系统的核心,它通过组织、协调和综合机上多个电子和机电系统的功能与作用,生成飞行计划,并在整个飞行进程中全程保证该飞行计划的实施,实现飞行任务的自动控制。其主要作用是帮助飞行员以最优的方式管理飞机飞行,自动地执行尽可能多的任务,从而减轻飞行员的负担。FMS通常由一个飞行管理计算机(FMC)、控制与显示单元(CDU)和所需的相关接口设备组成,如图7-3所示。FMS与机组人员之间的人机交互是通过两个显示器实现的。一是机长和副驾驶员的导航显示器(ND)。该显示器是电子飞行仪表系统(EFIS)的一部分,它可以用多种不同方式显示信息;二是CDU1和CDU2。该显示器既可以显示信息,又可以作为机组人员手动输入数据的工具。

FMS控制与显示单元(FMS CDU)是飞行员与导航系统之间关键的人机接口,它能使飞行员输入相关数据并显示关键导航信息,如图7-4所示。与EFIS导航显示器显示的图像信息不同,CDU有一个小屏幕,上面显示字母—数字信息。触摸式键盘上既有字母—数字键以便手动输入导航数据(也可将导航计划的最后修改输入进去),也有各种功能键以选择特定的导航模式。显示器侧面的键是软键,通过这些键可以使飞行员进入一个由菜单驱动的子显示器系统以获得更详细的信息。在许多飞机上CDU用于描绘维修状态,并通过采用软键和菜单驱动特征来执行测试程序。最后,还有各种指示灯和照明控制系统。

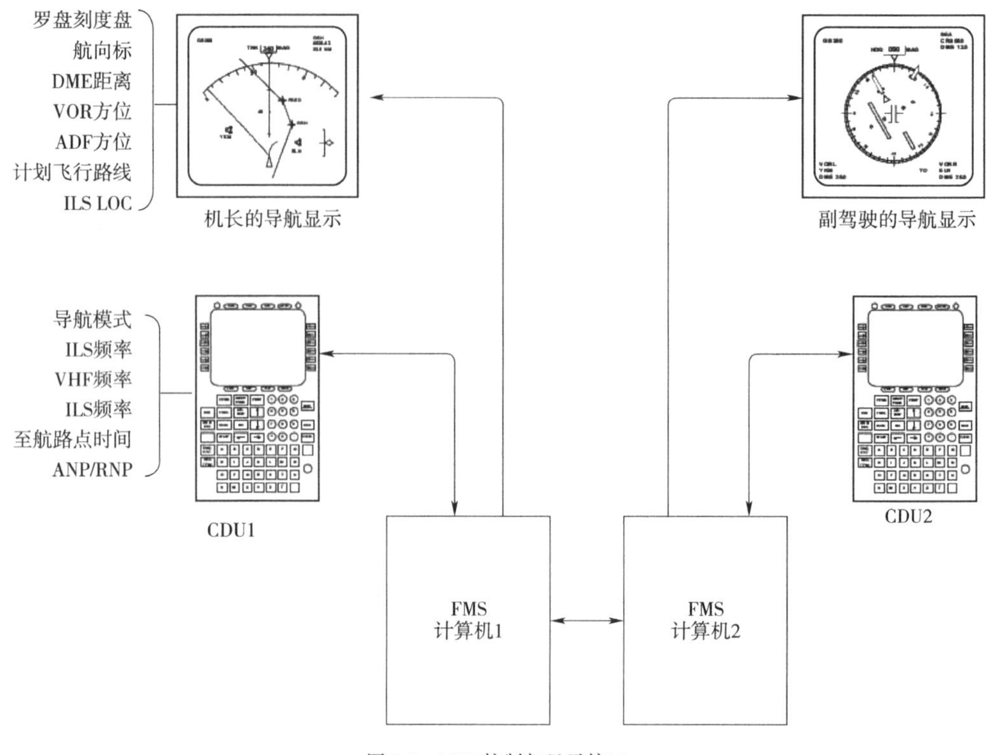

图 7-3　FMS 控制与显示接口

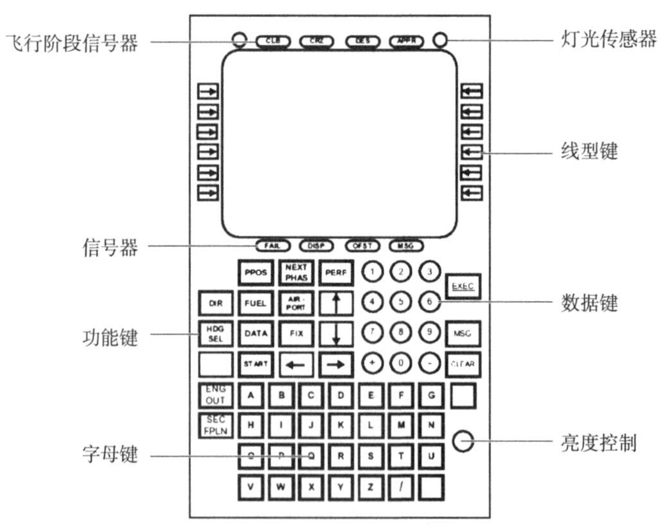

图 7-4　典型的 FMS 控制与显示单元

FMS 能完成或辅助飞行员完成的基本功能包括:导航计算和数据显示、导航传感器、飞行计划、导航与制导、性能优化与预测、电子飞行仪表系统显示、人机交互和空地数据链等。飞行员是整个飞行过程的管理人员,监控飞行程序,更新或变更飞行参数。另外,FMS 综合了多方机载电子设备的功能并加以发展扩大,其自动化程度高,表现出许多优点:一是飞行员通过 FMS 操纵飞机显得非常简单、便利。这样,可以让飞行员有更多的时间去更安全地管理飞机,判断、分析和作出决策。二是 FMS 计算机系统计算出的飞行剖面更精确。三是通过综合和参考多路导航数据使导航和引导精度大幅度提高。四是改进和提高了飞行员情景意识。

FMS 的缺点也是显而易见的:一是目前的 FMS CDU 不断增加的系统功能使菜单结构变得非常复杂。飞行员很难记住进入各功能区的操作及各功能区在菜单系统中的位置。二是需要飞行员完成相关数据输入。三是 FMS 晦涩难懂的人机接口,容易使飞行员产生误解或数据输入差错。四是飞行员有时埋头于棘手的操作和系统监控,而忘记对外观察,常常丧失情景意识。

7.1.4　驾驶舱告警系统

驾驶舱告警系统,是一个能够监控和探测航空器运行失效或危险状态,自动地向机组人员发出警告、提醒或建议的电子机械系统。现代飞机驾驶舱普遍安装了告警设备,这些设备在检测到潜在危险或冲突时为机组人员提供视觉、听觉等提醒信息。可分为两大类:一是系统告警。通过持续的监视飞机系统和机载设备的错误和故障,对危及飞机系统安全的最危险的故障状态提供目视和音频报警,并伴随相应的文字信息,及时引起机组人员的注意和采取必要的纠正措施,如发动机指示和机组告警系统(EICAS)、失速告警、火警等都属于此类告警设备。二是安全告警。运用危险探测装置(传感器)对威胁航空器飞行安全的危险天气、地面障碍物及与其他航空器可能相撞等情况发出警告、注意和化解提示信息,如风切变告警系统能显示危险天气的方位和距离;空中交通告警与防撞系统(TCAS)提醒可能的空中交通冲突,并提示规避策略;近地告警系统(GPWS)在航空器接近地形的危急时刻向飞行员提供危险状态警告等。

在飞行驾驶舱内,告警系统具有独特的地位和作用,常常被视作协助飞行员预测、避免和化解冲突的“助手”。尤其是空中交通告警与防撞系统(TCAS)和近地告警系统(GPWS),它们是飞行员防相撞的关键技术设备,其作用已远远超出了原先的告警功能,能指令飞行员实施紧急规避,因而具有一定的执行功能。一是注意力引导。驾驶舱告警系统向飞行员发出灯光、声音或文字警告信息后,飞行员通过视觉通道或听觉通道,立即调整注意指向,查找警告原因,分析判断,作出决策。二是应急程序启动。大多数情况下,告警系统引导飞行员按照可能性和严重性的顺序作出诊断,帮助飞行员结合险情的动态变化寻找最佳解决方案。还有一些情况下,应急程序将飞行员从盲目判断和不知所措的状态中摆脱出来,按照告警系统的要求立即作出反应。例如,FAA 预防 CFIT 事故的培训教材中强烈要求飞行员“听从 GPWS 告警信息”,采取积极的应对措施(全功率和最大爬升姿态);同样,随着发动机火警指示越来越可靠,要训练飞行员不假思索地释放灭火瓶。三是发出指令。诸如空中交通告警与防撞系统(TCAS)这样的告警设备不仅具有警告能力,还具有化解危险的能力。在紧急情况下,告警系统可直接将飞行员的注意引向解决冲突的指令上,如图 7-5 所示[1]。告警系统可能会直接给出要执行的特定配置动作,如出现燃油不平衡情况时,告警系统可以向飞行员提供要执行的特定供油程序。

飞行过程中,飞行员按照既定的航程自由地执行任务流程。而驾驶舱告警系统是专门设计用来打断这种流程的,因此,在使用过程中必然存在诸多潜在的问题。

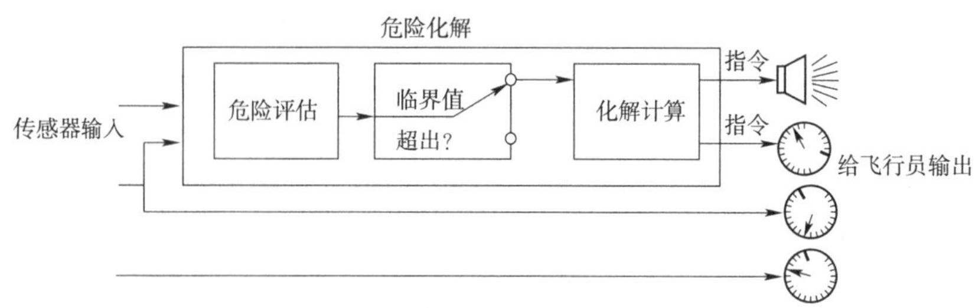

图 7-5　危险探测器

1. 误警告会变成一种干扰

告警系统产生高误报率主要有三个原因：一是由为了满足“苛刻”的漏报标准而设定的警告临界值导致的；二是运行环境的不可预知性，设计人员不可能全部预测到；三是由于告警系统及其内部计算机、传感器故障或数据库以及外部电磁干扰等原因，造成误警告。频繁发生的误警告会变成一种干扰，从而导致飞行员延迟响应、不作出响应、关掉警告，或者对告警系统产生怀疑直至忽视正确的警告。

2. 复杂性导致信任度降低

与驾驶舱的其他自动化系统一样，飞行员常常因告警系统的复杂性而对它们的理解有一定困难，多数告警系统与飞行员间的互动太少，又无法接受更多的告警系统操作训练，飞行员对告警系统的信任程度很难做出公正的评估。在飞行员自信与信任告警系统之间经常会有四种情况，如图 7-6 所示。

图 7-6　飞行员行为决策因素

当飞行员非常自信，同时对告警系统的信任度很低时，飞行员将主要按照自己的判断来采取行动；当飞行员对完成任务的自信度不高而同时对告警系统的信任度很高时，其行动主要基于告警系统；当飞行员同时拥有较高的自信和对告警系统的信任，或者飞行员自信度不高同时又对告警系统缺乏信任时，他们就会不知所措，无法做出决策。当然，实际飞行过程中，走向两个极端的现象比较少见，多数情况是飞行员自信与对告警系统的信任交织在一起，在危险告警信息出现后，常常表现迟疑和优柔寡断。

3. 存在对告警系统过分依赖现象

随着告警系统稳定性提高和误警报率降低，一些飞行员把告警系统作为首要报警和防错设备，而不将它们看作原来设计的辅助告警系统。飞行员会出现过分依赖告警系统的趋势，以至于疏于对飞机运行状态的正常监控，甚至发展到面临危险时让告警系统做决断，从而打开飞行员依赖错误引导而出现差错的缺口。尤其是 GPWS 或高度告警，无论何时听到或看到这种警告，几乎都意味着飞行员有疏忽或差错发生。

7.2 管制中心自动化系统

管制中心自动化系统，是辅助管制员对航空器实施管制指挥的人机系统。该系统借助雷达、通信和计算机系统，可以快速、准确、高效地处理与飞行及管制有关的各种数据，辅助管制员进行管制协调与移交，自动拍发部分管制电报，探测冲突并告警，自动打印进程单等，使管制员将有限的精力集中于飞行指挥上，提高经济效益，保证飞行安全。

7.2.1　管制中心自动化系统结构和功能

管制中心自动化系统从总体结构上可分为区域管制中心、进近(分区)管制中心和塔台(机场)管制中心三个层次。区域管制中心负责向本管制区内受管制的高度航空器提供空中交通服务，负责向航路中告警、遇险和偏离预定航线的航空器提供空中交通服务。

进近(分区)管制中心负责一个或数个机场的航空器进场或离场及其他飞行提供空中交通服务。其任务是为离开航路飞向管制区内某一个机场着陆的航空器提供飞行航线，或者是为离开机场飞向航路的航空器提供飞行航线。进近(分区)管制区是航空器上升或下降的空中区域，进离航路飞行密度较大，航空器在该区域里航迹变化多，姿态复杂，易于发生航空器与航空器、航空器与地面障碍物相撞事故。

塔台(机场)管制中心负责对本塔台(机场)管辖范围内航空器的推出、开车、滑行、起飞、着陆等活动提供空中交通服务，防止与在机场管制地带飞行的航空器、起飞着陆的航空器相撞，以及防止与机动区内的车辆、障碍物和其他航空器发生相撞。

7.2.2　管制中心自动化系统显示界面

管制中心自动化系统的显示界面提供了管制员与航空器之间的可视接口，实时显示了有助于管制员掌握飞行态势和实施管制指挥的各种信息，包括背景图、航迹动态显示、飞行列表和进程单电子显示、气象信息显示、航行情报资料显示、系统状态和通信信道状态显示等，如图7-7所示。

图7-7　管制中心自动化系统的人机界面

7.2.3　管制中心自动化系统人机交互

管制中心自动化系统能够提供具有基于工业标准和功能齐全的人机交互界面，提供各种逻辑的、直觉的信息。其人机交互界面包括：快速查看、电子进程单、通话与数据交换以及提示和告警等。这些实时的屏幕内容、热键设置、选择广泛的菜单全部可以由管制员使用鼠标来操作，便捷的话音通信和数据传输设备使管制员快速地实现地—地、地—空和内部通信，及时有效的视觉和音频告警，建立了一道可靠的防相撞安全屏障。

①快速查看。系统人机界面提供相应工具，管制员通过增加一个航迹符号和标牌亮度，

使被选航迹呈高亮度,查看所显示的相关航空器的飞行计划航路,并对未来冲突进行预测,测量选定的两个航迹之间的角度。其结果可用于确定间隔;预计两个航迹的最近点和时间;图形航路可显示飞行计划航路、呼号、放行高度和每个航路点的不一致告警(ETO),以及基于雷达和ADS获得的速度和航向显示速度矢量。

②进程单。无论是纸制进程单还是电子进程单,都可协助管制员掌握航空器的运行状态;协助管制员预测航空器之间的飞行冲突、实施早期调配;记录管制工作过程;进行管制协调移交;在雷达失效的情况下,保存故障前有关管制数据,为进一步完成管制工作提供支持。飞行进程单的内容包括实时的飞行动态信息和与飞行计划数据及其交互过程等,如图7-8所示。与纸制进程单相比,电子进程单可以做到对目前管制员采取的调配方案是否安全、是否最佳,在雷达屏幕上以预演形式显示出来。

a)

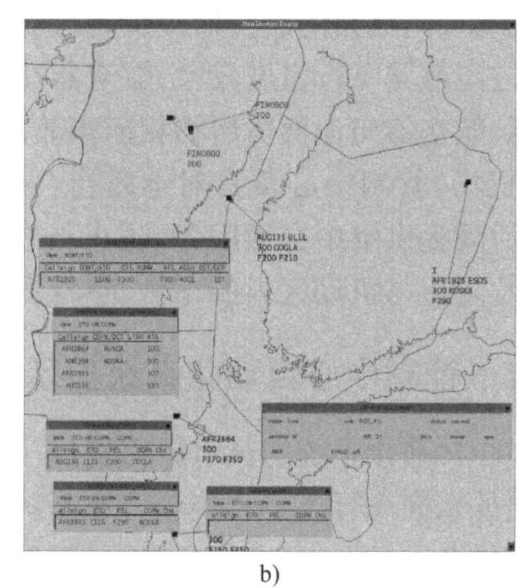

b)

图7-8 飞行进程单

③通信与数据传输。管制中心通信与数据传输是利用电信设备进行联系,以传递航空器飞行动态、空中交通管制指令、管制移交、气象情报和航空运输业务信息的一种飞行保障业务。可实现管制中心之间的管制移交,实现管制中心与航空单位、气象部门之间的通信,实现军民航之间的协调,以及实现管制中心与航空器之间的管制指挥等。

④提示和告警。系统通过人机界面向管制员提供多种为保证飞行安全所必需的提示和告警。这些显示是集成各种外部信息之后计算出来的。提示和告警通过屏幕上颜色的变化、航迹标牌和进程单告警内容及声音通知管制员。紧急告警提示包括:HIJ(劫机,7500)、RAD(无线电通信失效,7600)、EMG(遇险,7700)以及ADS遇险指示。告警提示功能包括:STCA(短期冲突告警)、DAIW(危险区或限制区非法侵入告警)、MSAW(最低安全高度告警)等。

7.3 防相撞安全告警设备

防相撞安全告警设备主要包括空中交通告警与防撞系统(TCAS)和近地告警系统(GPWS),以及地面管制中心冲突告警系统等。这些设备都是ICAO极力推荐和使用的自动化安全技术,对于防止航空器相撞起着重要的辅助作用。

7.3.1 空中交通告警与防撞系统

空中交通告警与防撞系统(TCAS),是一种独立于地面空中交通管制系统的飞行驾驶舱告警系统,是防止航空器空中相撞的最后一道技术屏障。它能有效地避免冲突或阻止冲突趋势进一步恶化,帮助航空器建立安全间隔,给飞行员发出警戒、飞行路线指示和冲突航空器位置显示。TCAS 具有独特的告警逻辑、人机界面和运行规程。

1. TCAS 发出告警的逻辑和组成

TCAS 通过“收听—询问—应答”方式来监视本架航空器周围空域中其他航空器的存在、位置以及运动状况,使飞行员在明了本机邻近空域交通状况的情况下,主动地采取规避措施,防止与其他航空器危险接近或空中相撞。其产生告警的逻辑是:装有 TCAS 的主航空器向周围发出询问信号,利用从侵入航空器获得的应答就能确定对方的高度和高度变化率,并利用发送和应答之间的来往时间确定侵入航空器的距离及距离变化情况。TCAS 计算机将获得侵入航空器的这些信息与主航空器受保护空域的三维空间进行比较,就可以判断侵入航空器是否将会导致与本机危险接近或相撞,并产生相应的交通警戒信息(TA)或决断信息(RA)。目前正在使用的 TCAS 主要有两类:TCAS Ⅰ 和 TCAS Ⅱ。TCAS Ⅰ 版本较早,仅仅提供交通警戒信息(TA),用以帮助飞行员目视搜寻侵入的航空器。这类设备主要用于小型航空器。TCAS Ⅱ 提供交通警戒信息和垂直方向上决断信息(RA),以规避冲突的侵入航空器。商用运输飞机、公务机使用这类设备。

TCAS Ⅱ 能够向主航空器提供一个受保护的三维空间。该三维空间的大致范围是环绕主航空器水平 40n mile、垂直 2700ft 的椭球面,如图 7-9 所示。其中,告警时间区(TAU)是指通过对侵入航空器接近率的连续监视,TCAS Ⅱ 计算机跟踪计算发出交通咨询 TA 和决断咨询 RA 的一定提前时间。

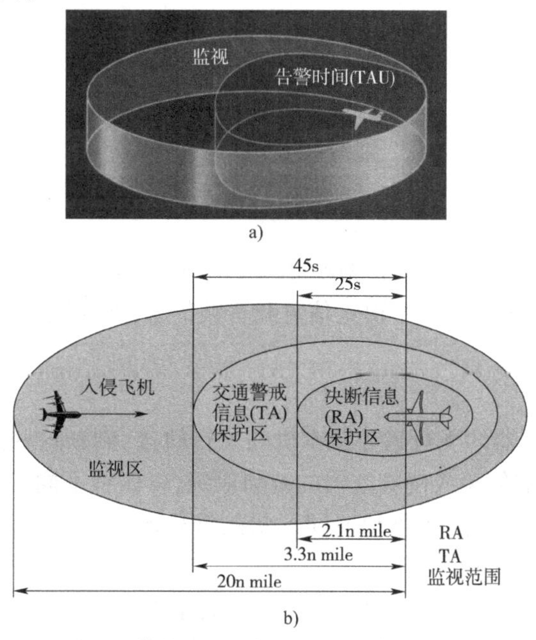

图 7-9　装有 TCAS Ⅱ 航空器周围受保护区域示意图

TA 是一种高度警戒，当预计一架入侵航空器会成为威胁时出现，它大约在入侵航空器到达最近点 45s 出现，声音会提醒机组注意并寻找冲突。RA 是当预计一架入侵航空器间隔不够时出现，它大约在入侵航空器到达最近点 25s 出现，并向机组提供垂直机动路线指引。从 TCAS Ⅱ 计算机发出 TA 到发出 RA 的间隔时间约为 15s，如图 7-10 所示。

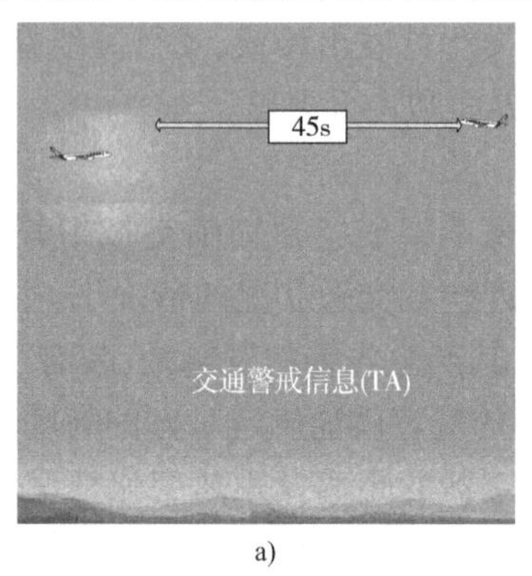

a)

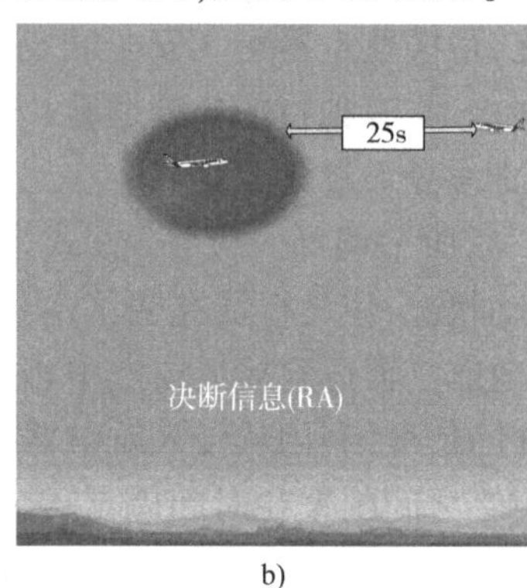

b)

图 7-10　TA 和 RA

2. TCAS 系统人机界面和交互

TCAS 系统构成的防相撞安全系统有三个核心要素：一是能向机组人员发出规避指令的机载告警和防撞系统；二是空中机组人员；三是拥有地面雷达设备的管制员。这三者相互作用的过程如图 7-11 所示。

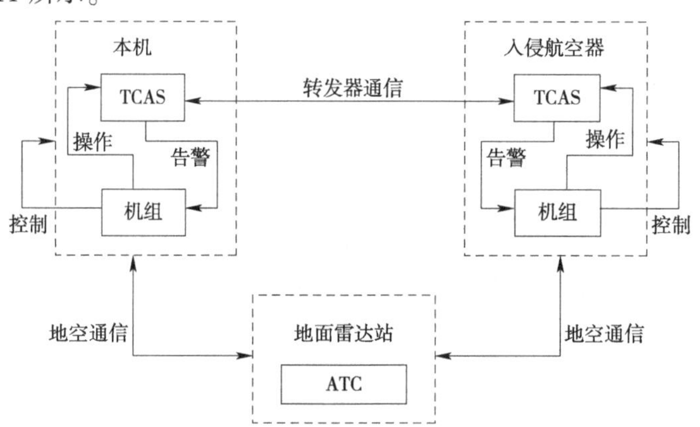

图 7-11　TCAS 构成的防相撞安全系统的相互作用过程

在飞行驾驶舱内，TCAS 能够提供视觉信息和音频信息，下面以 TCAS Ⅱ 为例说明其人机界面和交互过程。

(1)符号

TCAS Ⅱ 根据不同航空器的飞行趋势及本机的飞行轨迹，判断这些航空器是否存在与本机危险接近的可能，并区别各架入侵航空器的威胁等级，以四种不同的符号来表示对本机威胁等级不同的航空器。这些不同颜色和不同形状的符号形式，表示入侵航空器与主航空器之间的不同位置关系，如图 7-12 所示。

①一般(其他)航空器。白色空心菱形框图案，表示该航空器目前对本机无任何威胁。该航空器与本机的相对高度大于 1200ft、小于 2700ft，或距离在 6n mile 以上。

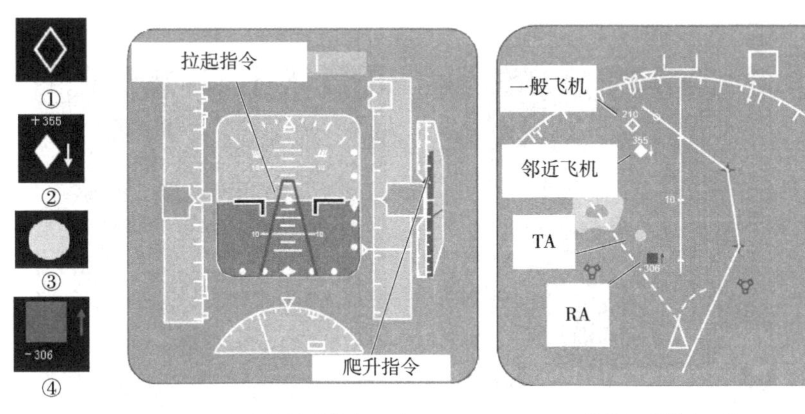

图 7-12　TCAS 四种不同的符号

②邻近航空器。白色实心菱形块图案，表示该航空器与本机的相对高度等于或小于 1200ft，且距离在 6n mile 以内。

③黄色交通警戒的航空器。黄色实心圆图案，表示该航空器与本机存在潜在的危险接近。TCAS Ⅱ会提前一定时间(20 ~ 45s)发出交通咨询。交通警戒信息伴随有语音提醒信息“RAFFIC，TRAFFIC”。

④红色解脱告警的航空器。红色实心方块图案，表示在对已判明为交通警戒的航空器连续监视约 15s 后，如果该机与本机危险接近的状况仍然存在，则 TCAS Ⅱ将发出解脱告警，该航空器的图像变为红色实心方块图案。与此同时，TCAS 还发出相应的解脱咨询语音信息，如“CLIMB”“DECENT”等声音。主飞行显示器上出现红色梯形区，表示需要规避离开的区域，梯形短边向上/下表示需要飞行员执行爬升/下降规避指令。

(2)显示

在飞行驾驶舱内，TCAS Ⅱ信息既可在电子水平位置指示器(EHSI)或导航显示器(ND)上显示，也可在电子姿态指引指示器(EADI)或主飞行显示器(PFD)上显示，还可显示在电子升降速度表上。TCAS Ⅱ根据所获得的邻近航空器的距离和相对方位数据，将其显示在以本机为中心的地图型画面上。观察该图形，飞行员可一目了然地了解 TCAS Ⅱ监视空域中的交通状况，如图 7-13 所示。

显示器上各类 TCAS Ⅱ的信息符号：“ + - ”号表示入侵机相对本机的高度情况，“ + ”表示入侵机在本机的上方，并显示于入侵飞机符号图像的上方；“ - ”表示入侵机在本机的下方，并显示于入侵航空器符号图像的下方。“ ↑ ↓ ”号表示入侵机正以大于或等于 500ft/min 的速率爬升或下降，并在该航空器的符号旁显示一个“ ↑ ”或“ ↓ ”的箭头。

①交通警戒信息(TA)显示。交通警戒显示用于描述附近的其他入侵航空器相对于主航空器的位置，用以帮助飞行员发现入侵者。TA 显示方式也是多样的，既有连续显示的，也有 TCAS Ⅱ探测到冲突时才显示的，飞行员随时打开显示，也可以选择 TCAS Ⅱ显示范围。图 7-14描述了波音 737 驾驶舱 EADI 显示器，有一架航空器接近，以黄色实心圆表示该接近航空器，同时伴有“TRAFFIC，TRAFFIC”的警告声音，黄色实心圆下面数字代表两机高度差，例图中“ -02”表示接近航空器在本机下方 200ft，黄色实心圆右侧箭头表示该机正在爬升，且爬升速度超过 500ft/min。

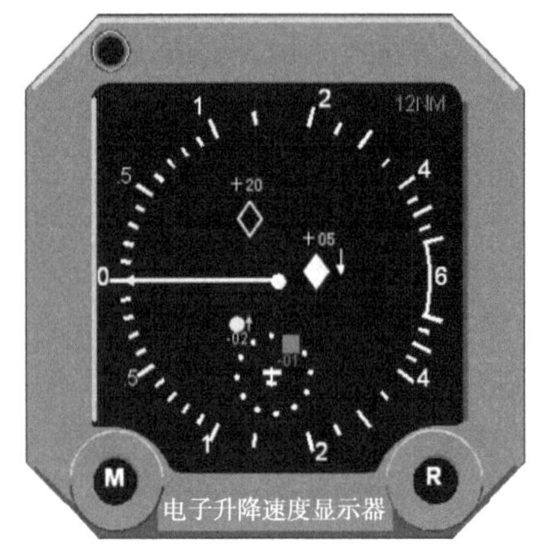

图 7-13　TCAS 显示符号

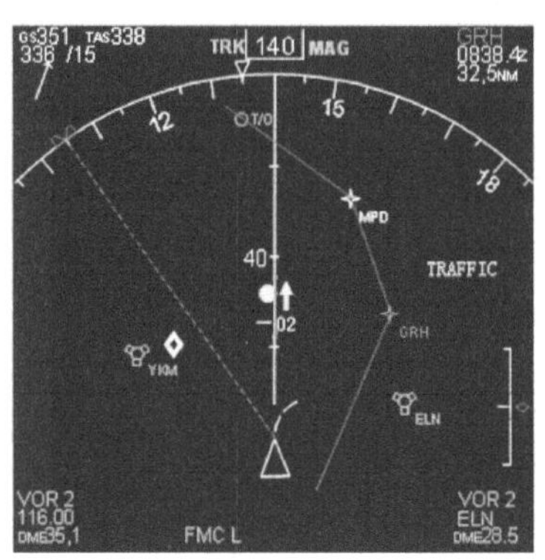

图 7-14　交通警戒信息(TA)显示

②决断信息(RA)显示。决断信息显示是一个标准的垂直速度指示器,TCAS Ⅱ 探测到入侵者后并为飞行员指示应飞行的上升率或下降率。当图 7-14 例中的两机继续接近,代表航空器的符号会变为固定的红色方块,原先黄色的“TRAFFIC”变成红色,同时伴有更为急促的“CLIMB,CLIMB”语音信息,提示机组实施规避机动,如图 7-15a)所示。图 7-15b)为决策告警动作的垂直速度显示,沿垂直速度刻度的周围有红色和绿色的照明弧形框。红色弧形框指示禁止的垂直速度范围;照亮的绿色弧形框则指示获得安全间隔所要求的目标垂直速度范围。

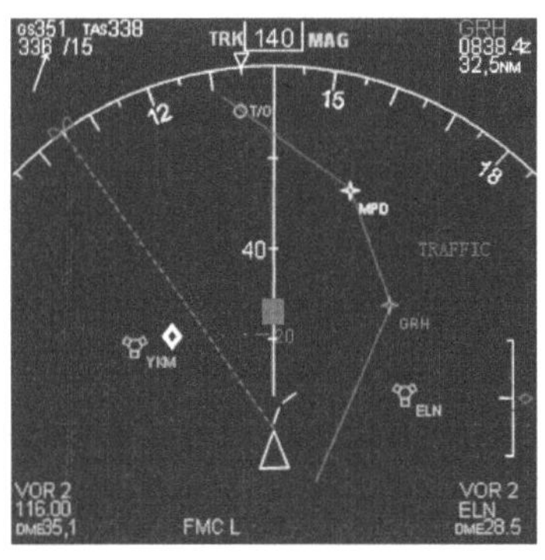

a)EHSI显示

b)电子升降速度显示

图 7-15　决断信息(RA)显示

(3)语音警告

TCAS Ⅱ 除了能以各种视觉信息发出交通警戒或决断信息外,其计算机可产生综合语音警告,用于提醒飞行员执行和操作。

3. TCAS 的运行规程

TCAS 是一个典型的“人—机—环境”系统,其设计是为了加强机组对附近航空器活动情况的了解,并及时发出目视提示信息和适当的垂直航迹改变信息,以避免可能发生的空中相撞,飞行员不应完全依赖 TCAS 显示,而应将主要精力放在保持正常目视观察,遵循飞行规则和 ATC 指令上。ICAO 与我国有关法规文件对 TCAS 使用政策和法规、一般运行和飞行规则都有明确的规定。

(1)政策和法规

《国际民用航空公约》附件 6“航空器运行”第 6.13 节对安装 TCAS 有如下建议和要求：

①2005 年 11 月 24 日之后首次取得单机适航证、最大审定起飞质量超过 15000kg 或批准载客 30 人以上的所有涡轮发动机固定翼飞机,应装备 TCAS。

②2007 年 1 月 1 日之后首次取得单机适航证、最大审定起飞质量超过 15000kg 或批准载客 30 人以上的所有涡轮发动机固定翼飞机,必须装备 TCASⅡ。

③2008 年 1 月 1 日之后首次取得单机适航证、最大审定起飞质量超过 5700kg、但不超过 15000kg 或批准载客 19 人以上的所有涡轮发动机固定翼飞机,应装备 TCASⅡ。

我国有关法规文件中对 TCAS 强制性安装和使用有以下规定：

①中国民航规定区域内飞行的国际商业航空运输飞机应遵守下列规定：从 2004 年 1 月 1 日起,所有最大审定起飞质量超过 5700kg 或批准载客数超过 19 座的涡轮发动机飞机,应当装备 TCASⅡ。

②在中华人民共和国国籍登记的民用航空器上安装 TCAS 必须得到有关部门批准,其安装必须满足有关的适航要求。

③装有 TCAS 航空器的飞行员应当打开并使用 TCAS。

④航空器装备的 TCAS 因临时故障不能正常工作时,航空器飞行员应当在起飞前向空中交通管制单位报告。经报请有关部门同意后,可以批准其飞往维修基地。

(2)一般运行和飞行规则

飞行员要完全清楚自己周围的环境状态,严格按照有关操作手册要求,熟练掌握并准确运用 TCAS 系统告警后的操作程序和要求。空中交通管制员应当严密监视飞行动态,特别是航空器航向及高度变化情况,及时通报有关空中活动情况。当 TCAS 系统出现决策信息(RA)告警时,飞行员应首先按 RA 指令果断操作,随后及时向管制员报告 RA 情况及已采取的措施。管制员在得知飞行员正在按照 RA 进行机动飞行时,不得向飞行员发布与 RA 相抵触的指令,并应向其他受影响的航空器提供相关活动信息。具体内容如下：

①当飞行员已得到空中交通管制许可时,除在紧急情况下或为了对 TCAS 系统的警告作出反应外,不得偏离许可要求。如果飞行员没有听清空中交通管制许可,应当立即要求管制员予以澄清。

②除紧急情况外,任何人不得在实施空中交通管制的区域内违反管制指令。机长在紧急情况下或为了对 TCAS 系统的警告作出反应而偏离空中交通管制许可或指令时,必须尽快将偏离情况及采取的行动通知空中交通管制部门。由空中交通管制部门给予紧急情况处置优先权的机长,根据有关部门要求,必须在 48h 内提交一份该次紧急情况处置的详细报告。

③空中交通管制员一旦收到飞行员有关 TCAS 系统 RA 告警并采取避让动作的情况报告,则不再对该航空器与其他航空器或障碍物的间隔负责。管制员在飞行员要求恢复现行空中交通管制指令或许可之前,不得改变该航空器的飞行高度或航向,但应当及时向航空器提供空中活动通报。

④飞行员报告避让机动动作完成后,管制员应当及时指挥航空器回到指定的航线和高度上。

⑤飞行员收到 TCAS 系统避让指示并采取措施后,应尽快向管制员报告避让实施意图和原因,并应对该次避让机动动作及该机与其他航空器之间的间隔负责。避让动作完成后,

应当按照管制员的指令迅速回到指定的高度和航线上。

⑥飞行过程中,如果飞行员发现管制员发出的指令与 TCAS 系统发出的避让指示不一致,应当按照 TCAS 系统的指示采取机动动作。

7.3.2 近地告警系统

近地告警系统(GPWS),是一种有效预防可控飞行撞地(CFIT)事故的关键驾驶舱告警设备。尤其是基于前视地形警戒和地形显示的增强型近地告警系统的投入使用,使飞行员能更全面地了解飞机周边的地形态势,从而进一步降低事故的发生。

1. GPWS 系统组成和告警方式

GPWS 的基本原理是利用雷达、无线电高度表、大气数据计算机、惯性导航、仪表着陆系统(ILS)和飞行管理系统提供的数据计算飞行轨迹,通过与存储于计算机中的各种极限数据进行比较,以确定航空器是否存在与地面相撞的风险,如图 7-16 所示。

图 7-16 近地告警系统

若实际状态超越了某一种警告方式的极限,就会输出相应的音频、视频告警信号。飞行员采取相应的操纵措施,直到这些警告信号消失,航空器从危险的接地飞行状态中解脱出来,避免 CFIT 事故的发生。

GPWS 通常由近地警告计算机、警告灯和控制板组成,其核心是近地警告计算机。增强型 GPWS 计算机中还包含有基于 GPS 的全球地形数据库和机场数据库(含有所有长于 3500ft 的硬表面跑道的地形信息),以及可装载软件数据库。

GPWS 的警告方式共有七种,每一种都以视觉和语音信号向飞行员提供警告,其警告方式如下:

①下降率过大。航空器接近地面且下降率过大时,提供警戒和警告。警戒状态提供语音信息下降速率(SINK RATE)并在姿态指示器(AI)上显示“PULL UP”(拉起来)。如果不减小下降率,则将从警戒状态转变成警告状态,此时姿态指示器上的“PULL UP”成红色警告,且语音信息为“WHOOP WHOOP PULL UP(喂! 喂! 拉起来)”。该方式 GPWS 计算机主要使用无线电高度、惯性垂直速率和气压高度速率等数据进行计算和检测。

②过大的地形接近率。当航空器在上升的地形上空飞行时,如果航空器接近地面的速率过大,GPWS 发出视觉信号来提醒飞行员,并发出“TERRAIN,TERRAIN(注意地形! 注意

地形!)”的警戒语音,近地灯燃亮。如果在 1.6s 内未离开警戒区域,将发出“PULL UP”的警告语音,红色 PULL UP 灯燃亮。

③起飞或复飞时过度掉高度。在起飞或复飞过程中,由于航空器掉高度影响到安全时,GPWS 能给飞行员提供报警信号。发出“TOO LOW TERRAIN(飞机太低,注意地形!)”的警告语音,近地灯燃亮。

④不在着陆形态时的不安全越障高度。当航空器不在着陆形态,由于下降或地形变化,航空器的越障高度不安全时,GPWS 向飞行员发出相应的报警信号,提醒机组采取正确的措施。速度较大时,警告语音为“TOO LOW TERRAIN(飞机太低,注意地形!)”。如果是襟翼未处于着陆位,低速时的语音警告为“TOO LOW FLAPS(太低,襟翼未放下!)”。如果是起落架未处于着陆位,低速时的语音警告为“TOO LOW GEAR(太低,起落架未放下!)”。

⑤低于下滑道太多。当航空器进近过程中,起落架放下,且真高下降到 1000ft 时,如果航空器在下滑道下方偏离较大时,GPWS 发出报警,提醒飞行员修正飞行高度。此时 GPWS 发出“GLIDE SLOPE(航空器低于下滑道!)”语音警告,近地灯燃亮。

⑥无线电高度和决断高度报告。着陆过程中,需要报告无线电高度。过去,这项工作由不操纵航空器的飞行员来完成,GPWS 可代替飞行员来报告决断高度和无线电高度。

⑦风切变警告。风切变在大气层的任何地方出现,但起飞或着陆阶段对飞行安全的危害尤其严重,因为此时要从风切变中解脱出来,飞行员可用的时间和空间非常有限。在低于 1500ft 无线电高度的起飞或进近着陆过程中,如果航空器进入风切变警告范围时,就发出风切变语言警告“WINDSHEAR,WINDSHEAR(注意风切变! 注意风切变!)”。

2. 增强型近地告警系统功能和人机交互

增强型近地告警系统(EGPWS),是在保持原有 GPWS 系统优点的同时,增加了“前视地形警戒”(Look-Ahead Terrain)和“地形显示”(Terrain Display)两大主要功能。EGPWS 运用自带的全球机场位置数据库和地形轮廓数据库,并根据航空器位置、气压高度和预计的飞行轨迹等信息确定是否存在潜在的撞地危险。EGPWS 系统大大增加了系统提示的预警时间,给飞行员以更多的反应裕度,使飞行机组更全面地了解航空器周边的地形态势,从而可更大程度地避免 CFIT 事故的发生。

(1)功能

相比传统 GPWS 系统,EGPWS 新增了两个功能,都是基于航空器所处经纬度的数据。该数据由航空器的联合导航系统通过惯性导航系统、无线电导航系统和卫星导航系统所提供的数据按照一定规则进行处理后得到。此外,还需要从地形轮廓数据库中得到需要的地形数据。EGPWS 对航空器所处位置定位后,并通过与航空器其他设备的交联得到了其他各种飞行数据,与自带的地形轮廓数据库中的数据进行比较、处理后,便可实现新增的“前视地形警戒”和“地形显示”两大功能。

①前视地形警戒。根据其他相关系统给出的数据,计算出未来一段时间内航空器预计的飞行路线,并通过不断与地形数据库中预计飞行路线上的数据进行比较,判断出是否有发生危险的可能性,并在预计前方将发生危险时,按照提前约 60s、30s 两个级别发出声、光警告。EGPWS 前视地形警戒功能主要是针对早期 GPWS 告警迟缓或不适当的飞行员反应导致的 CFIT 事故而设计的,同时也克服了着陆形态时“无警告”的缺陷,其警戒信息主要是根

据航空器的位置和气压高度信息而得到的。

②地形显示。EGPWS 计算机得出航空器目前所处的位置和飞行状态后，在机载电子飞行仪表系统 EHSI、ND 或气象雷达显示器上显示处于航空器飞行前方的、现飞行高 -2000ft 及以上的地形，为飞行员提供飞行参考。地形显示可以由机组人工选择或者当前视警戒或警告启动时自动显示。所有的 EGPWS 警戒功能可以单独工作也可以与所选择的地形显示一起工作，如图 7-17 所示。

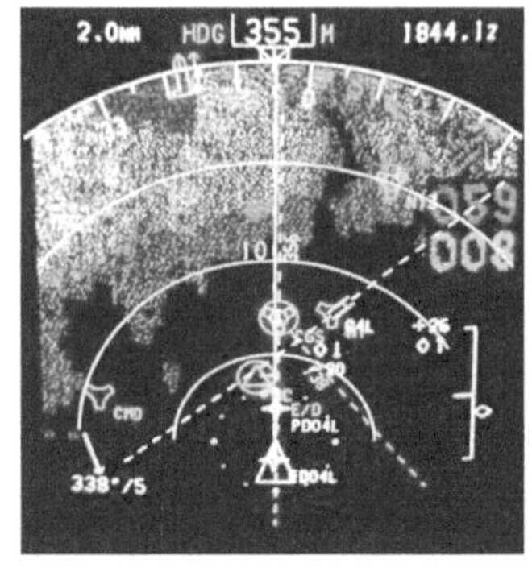

a)EHSI显示器

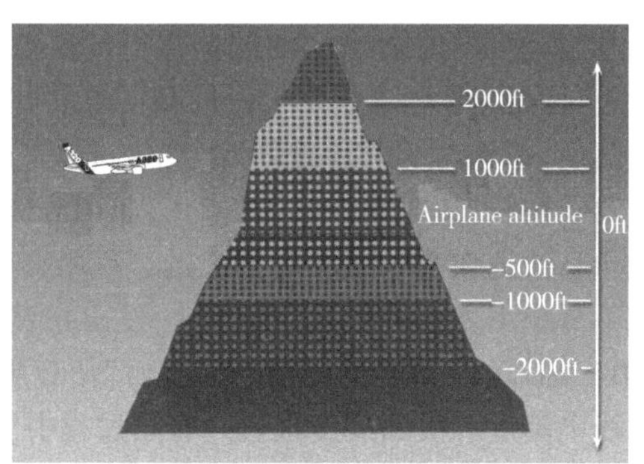

b)EGPWS显示颜色代码

图 7-17 EGPWS 的地形显示

(2)人机交互

EGPWS 可以向机组提供警戒等级或警告等级信息。当前飞行状况导致 EGPWS 警戒或警告启动时，无论机组是否选择，地形图将强制性的自动显示在飞行仪表上。由于使用了地形数据库，因而 EGPWS 可比 GPWS 更早地发出预警信号。在 EGPWS 中，计算机沿着航空器的预定航迹连续搜索数据库，这样可使系统具有虚拟的前视能力。航空器下降时，计算机沿下滑航迹进行搜索；航空器转弯时，则沿转弯航迹搜索。如果航空器的航迹在某处与地形太近，它会提前 1min 以上发出音频和视频告警信号。

如图 7-18 所示，当 EGPWS 系统发出告警时，在飞行仪表上将用彩色固定方块来加以强调，显示会引发危险的地形，同时还伴随有相应的音响告警。固定的红色方块表示危险地形处在 30s 的飞行时间范围内，要求机组立即执行规避地形机动程序；而固定的黄色方块则表示危险地形处在大约 30 ~ 60s 的飞行时间范围内，要求机组立即检查航空器轨迹按需修正，并执行相应地形规避机动程序。

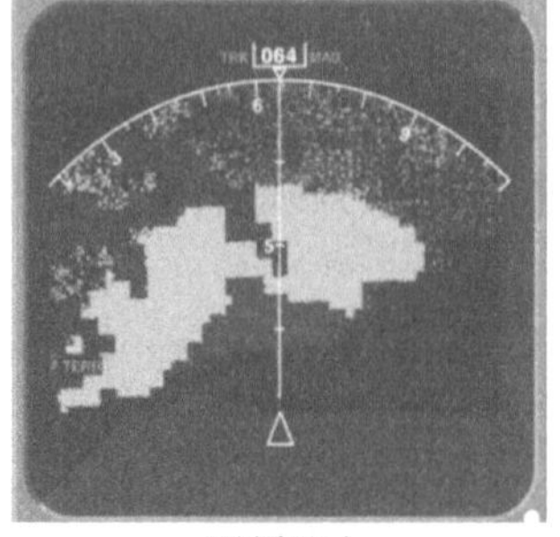

a)地图显示

b)告警示意

图 7-18 EGPWS 告警显示

EGPWS将根据不同的警告方式发出不同的语音，归纳起来有17种。如果同时出现多种近地警告方式，只能有一种最优先的信号发出警告音响。

3. EGPWS系统警告级别

为了简化机组对新一代EGPWS警戒功能的适应过程，其前视警戒或警告的驾驶舱音响和目视效应与早期的GPWS警戒或警告几乎是一致的。在图7-19中，警戒包线是根据航空器前方的前视距离和航空器下方的高度偏离以及航空器两侧的横向距离而确定的。前视距离主要随着地速的变化而变化，地速增加警戒距离就增加，以便对所有速度提供大致相等的警戒时间。警告级别分为三级。

①警戒级告警。大约在距潜在的危险地形40～60s之前发出。在地形显示和特定的地图通告显示的同时，音响告警为"CAUTION TERRAIN"。

②警告级告警。大约在距危险地形20～30s之前发出。地形显示和特定的地图通告显示为新一代EGPWS特有。

③最小地形间隔警告。对于最小地形间隔(TCF)警告，驾驶舱可听到"TOO LOW TERRAIN"语音警告，同时黄色的近地警告灯亮。

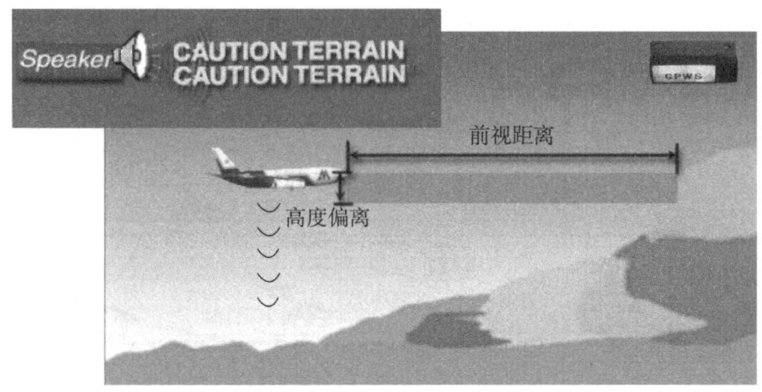

a)警戒级警戒包线

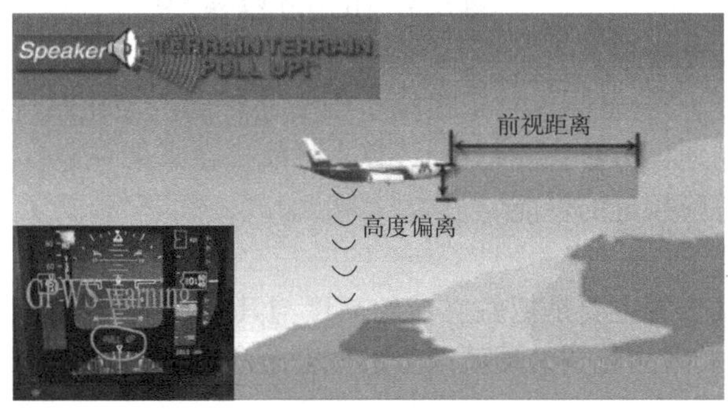

b)警告级警戒包线

图7-19　EGPWS警戒包线

4. 规范和要求

早在1974年，FAA就开始对在美国空域飞行航班上的GPWS进行强制安装要求；1979年，ICAO就推荐安装使用GPWS系统，并对近地告警系统的使用做出相应的规范和要求。ICAO在附件6"航空器运行"中明确提出安装近地告警系统的规范和建议。我国一直关注

GPWS改进尤其是EGPWS安装政策进展。1997年,随着早期制约国内应用近地告警系统的管理和技术问题逐渐解决,例如,数据库的有效性、地球坐标系差异的误差消除、地面无线电导航覆盖不足的补偿等,在国内航空器上安装近地告警系统条件基本成熟。根据国家有关文件要求,我国航空公司于2004年底在30座以上的客机上全部安装了EGPWS系统。从2005年1月1日起,我国所有最大审定起飞质量超过15000kg或客座数超过30的涡轮发动机飞机,都要安装EGPWS系统。

7.3.3 管制中心冲突告警设备

冲突告警主要是根据系统航迹中给出的航迹高度、位置、速度、航向等信息,判别它们在未来一定时间内,位置高度等指标是否已超出航行部门规定的安全范围。在有雷达监视的环境下,管制中心自动化系统可以依据雷达探测的航迹信息判断这种潜在危险的可能性,并通过视频与音频的告警方式向管制员发出警告,通过管制员对空指挥和飞行调配,有效降低航空器相撞的可能性。管制中心自动化系统的告警技术类型较多,其中与防相撞工作紧密相关的告警技术有:最低安全高度告警和短期飞行冲突探测及告警,如图7-20所示。

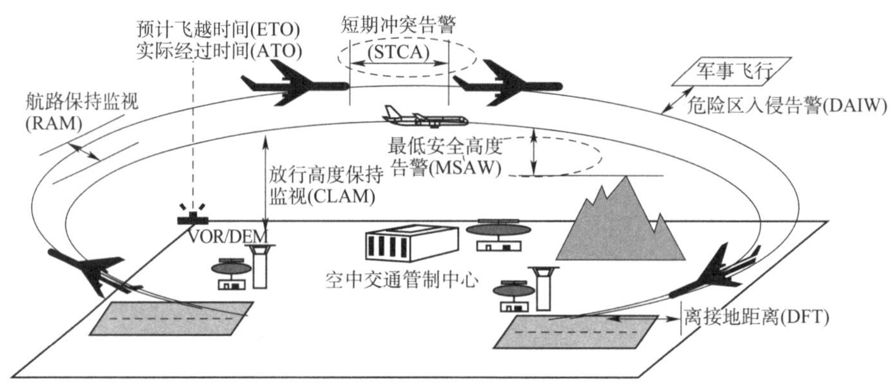

图7-20 ATC自动化系统告警

1. 最低安全高度告警

最低安全高度告警(MSAW),是根据空中交通管制自动化系统的综合航迹信息以及用户给出的管制区域地标参数,实时自动计算本批航迹在未来一定时间内,是否与某个地面障碍物在高度上有危险接近的可能。

(1)基本原理

最低安全高度告警主要是把航空器的高度与其附近障碍物的高度进行比较,当达到系统规定的门限值时,雷达数据处理就产生最低安全高度告警,如图7-21所示。

(2)人机界面

管制中心最低安全高度告警系统人机界面具体包括:参数设置、告警声音和显示。

①参数设置。最低安全高度告警系统提供图形用户界面,离线设置MSAW区和告警抑制区,并采用任意多边体、马赛克、椭圆体等方式制作告警区和告警抑制区;提供图形用户界面,设置告警区和告警抑制区的显示属性,如线条颜色、形状和粗细、区域填充和透明度等;提供图形界面,方便管制员在线开启及关闭所划设的非机场跑道安全告警抑制区。告警抑制的二次代码、航班、呼号、批号和有效时间等参数的设置可采用图形化方式。

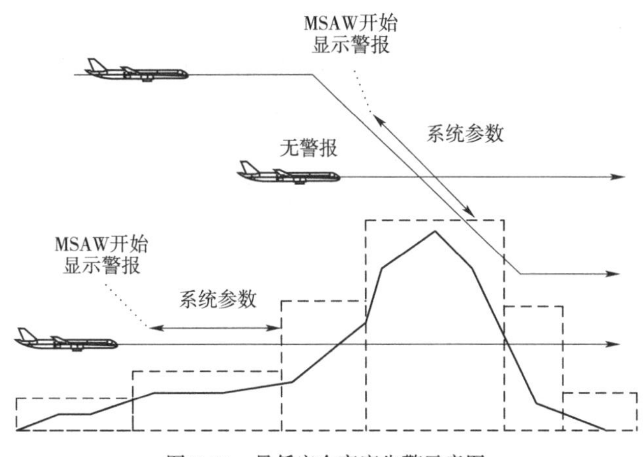

图 7-21 最低安全高度告警示意图

②告警声音。是低频的连续“嘟”“嘟”“嘟”,且声音频率为 600Hz、间隔为 0.8s、周期为 3s;告警声音可在线开启和关闭;告警声音将一直持续到管制员对告警声音进行抑制或告警条件不再存在为止。

③显示。最低安全高度告警的显示方式分为预警显示和告警显示。出现低高度情况时,雷达标牌首行上出现相应的提示字符。预警提示字符为“MSAW”,提示符为黄色,雷达标牌以 1Hz 的频率进行闪烁;告警的提示字符也为“MSAW”,告警时提示符为红色,且伴有声音提醒,告警声音和标牌闪烁一直持续到不再满足预警和告警条件为止,如图 7-22 所示。

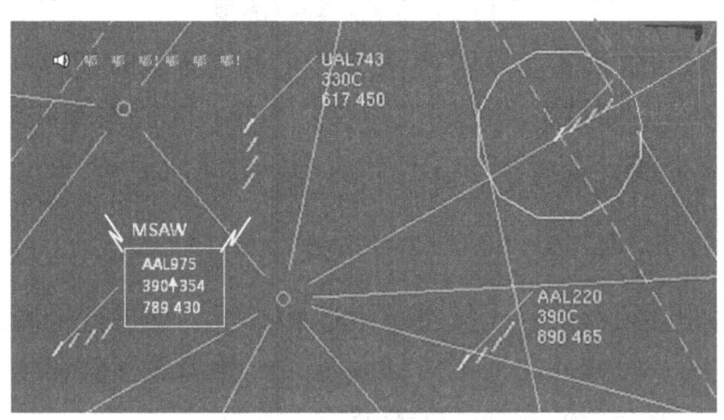

图 7-22 MSAW 预警和告警显示

发生最低安全高度预警或告警时,系统会自动提示并记录预警或告警类型、预警或告警发生的时间、航空器呼号(机号或批次)、二次代码、系统航迹号、位置、飞行高度和飞行方向等。

2. 短期冲突探测及告警

短期冲突告警(STCA),就是利用计算机等自动化设备,预测两架航空器之间是否违反所在空域的标准间隔,并提醒管制员有关航空器潜在的和当前的违章情况。生成短期冲突告警是 ATC 雷达数据处理系统的基本功能。

(1)基本原理

冲突探测分为冲突预警和冲突告警两种情况,二者具有不同的告警表示方式。其一,如果系统判断两架航空器航迹当前间隔小于间隔标准,则系统认为两架航空器之间已构成冲突,系统向管制员发出警告信号;其二,如果系统判断两架航空器当前位置外推一段时间后的位置存在危险接近的可能,但尚未构成冲突,则系统认为两架航空器之间存在潜在的冲突,系统向管制员发出预警信号。

如图 7-23 所示,短期冲突的探测原理是将航空器的横向及垂直安全间隔构成冲突的范围近似看作一个圆柱体,若两架航空器的这两个圆柱体存在相交部分,则认为这一两架航空器存在潜在冲突。告警区的形状是由用户确定的三维空间(空域 + 低高 + 顶高),然后设定该立体空域的冲突标准。这样就可以根据管制的实际情况进行灵活的设置。在塔台和进近区,设定较小的标准,在航路和非进近区设定较大的标准,甚至可以在特殊训练区设定非常小的标准,以变相地抑制短期冲突的预警和告警判断。三维告警区不能重叠,当两航迹分别处于不同告警区时,系统应按水平、垂直较大的告警参数探测飞行冲突。

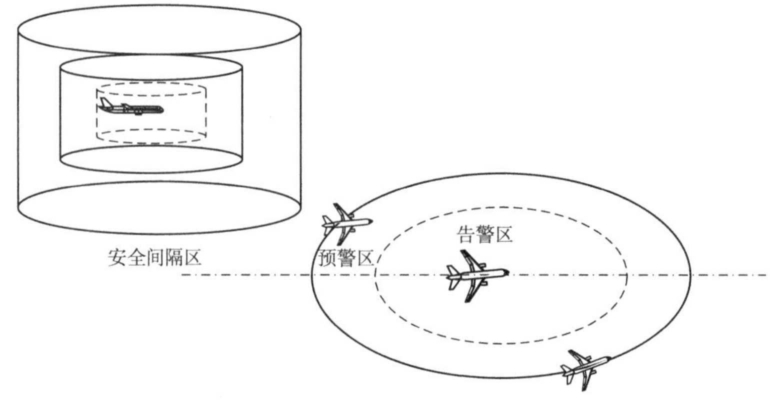

图 7-23　短期冲突探测范围

短期冲突探测算法设计的基本原则是,按规定的冲突预测时间,在保证达到极低虚警概率的条件下,尽可能地早发现航空器之间的冲突。一般只考虑对系统航迹进行冲突告警探测,而且还要求是具有 C 模式高度和 3/A 模式应答码的系统航迹;并且进行过平滑滤波,具有升、降速度的连续估值。

(2)人机界面

短期飞行冲突探测必须对某一飞行空域附近所有航空器进行检测,这也是由飞行冲突告警的本质需要决定的。短期冲突探测告警系统人机界面除预警和告警的显示不同外,其他的参数设置和告警声音与最低安全高度告警是一致的。

冲突预警和告警时在雷达标牌首行有醒目的提示字符,预警的提示字符是“STCA”,为黄色;告警的提示字符也是“STCA”,为红色。二者雷达标牌都以 1Hz 的频率进行闪烁,并伴有声音提醒,告警声音和提示字符闪烁一直持续到不再满足预警和告警条件为止。冲突预警和告警判定标准的参数不同,冲突预警的参数范围比冲突告警的参数范围要大。冲突预警和告警的参数可联机动态修改,一旦修改将立即影响系统计算。一般来说,当发生冲突预警或告警时,系统会提示并记录预警或告警的类型、发生的时间、航空器呼号(机号或批次)对、二次雷达代码对、系统航迹号对、位置对、高度对和飞行方向交角。

3. ICAO 关于 STCA 和 MSAW 程序

生成短期冲突告警(STCA)和最低安全高度警告(MSAW)是 ATC 雷达数据处理系统的功能。设置 MSAW 的目的是通过及时的方式生成可能违反最低安全高度的告警,以协助飞行员做好预防可控飞行撞地事故。设置 STCA 的目的是通过及时的方式生成可能违反最低间隔的告警，以协助管制员做好间隔调配和预防空中相撞事故。ICAO 在《Doc 4444 协议》中明确规定了短期冲突告警和最低安全高度警告程序。

我国根据 ICAO 发布的《空中交通管理》(Doc 4444)及相关文件，结合国内航空活动实际情况，制定和发布了中华人民共和国航空行业标准《空中交通管制自动化系统最低安全高度告警及短期飞行冲突告警功能》(MH/T 4022—2006)。该标准规定了空中交通管制自动系统的最低安全高度告警及短期飞行冲突告警功能的技术要求，其内容包括：范围、规范性引用文件、术语和定义、应用环境和告警处理条件、一般要求、最低安全高度告警功能、短期飞行冲突告警功能、人机界面和技术指标等。

7.4 防相撞辅助技术设备应用

防相撞辅助技术设备主要包括：飞机机身照明系统、目视助航设施和地面活动引导及控制系统等。这些设施设备是防相撞技术体系的有机组成部分，为打断航空器相撞事故链提供了另外的机会。

7.4.1 飞机机身照明系统

飞机机身照明系统是飞机机体的组成部分，如图 7-24 所示。不同的灯光信号有着不同的作用和特殊含义。这些灯光的功能包括：指示航空器在空中的位置及航向、便于机组空中判断和识别、防止航空器与航空器、航空器与障碍物相撞、飞机与飞机之间或飞机与地面之间的紧急联络、滑行起飞时照亮滑行道和跑道、着陆时对前方照明等。尤其是航行灯、防撞灯/频闪灯，飞行员能够借助它们，观察周围有没有其他飞机，随时了解其他飞机与自己航向的关系，及时发现飞行冲突。

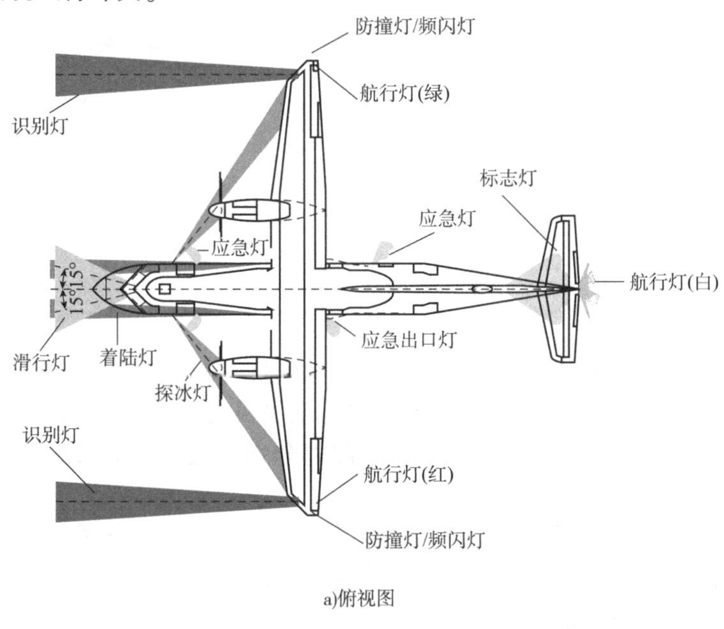

a)俯视图

图　7-24

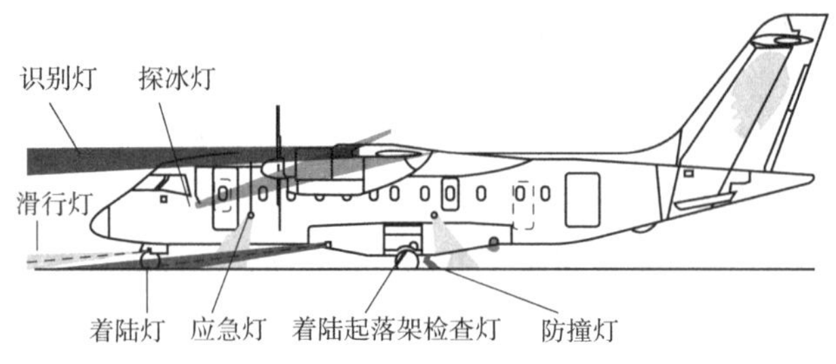

b)侧视图

图 7-24　飞机外部照明系统常见布局

1. 航行灯

航行灯也称导航灯。主要功能是用于夜间飞行时指示飞机在空中的位置及航向。必要时可进行飞机与飞机之间或飞机与地面之间的紧急联络。也可用于判明飞行物是不是飞机,以及指示其飞行方向。共有红、绿、白三色。为了避免航空器空中相撞,世界各国有统一规定:顺着飞机飞行的方向看去,左翼尖装有红灯、右翼尖装有绿灯、垂尾顶端则为白灯。如果飞行员看见前方飞机的航行灯是左红、右绿、尾白,则知道它与自己的飞机顺航,也是向前飞行,只要保持一定距离便不会相撞。如果看见前方飞机的航行灯为左绿、右红,便知道它是朝自己的方向飞来,应立即采取避让措施,以免发生撞机事故,如图 7-25 所示。

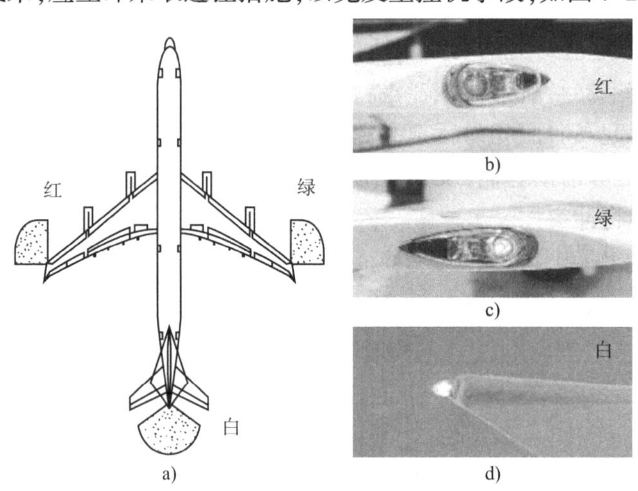

图 7-25　航行灯

2. 防撞灯/频闪灯

二者都具有防相撞功能,防撞灯一般为红色,频闪灯一般为白色。防撞灯,亦称信标灯,在夜间或能见度较差的白天飞行时,可用防撞灯标明飞机的位置,以防止航空器相撞。只要飞机起动就必须打开。通常,飞机的上、下、中部都分别安装防撞灯,以一定的频率爆破闪烁,如图 7-26a)所示。

频闪灯,又称为高亮度白色防撞灯。通常,在飞机翼稍前后及尾椎各安装 1 只频闪灯,如图 7-26b)所示。波音飞机在左、右翼稍的后尖各安装 1 只,尾椎 1 只,共 3 只;空客飞机在左、右机翼的前、后翼尖及尾椎,共安装 5 只。用途是防止航空器相撞。频闪灯以一定的频率爆破闪烁,亮度很高,只有得到进入跑道许可后才可以打开,落地脱离跑道前要关闭。

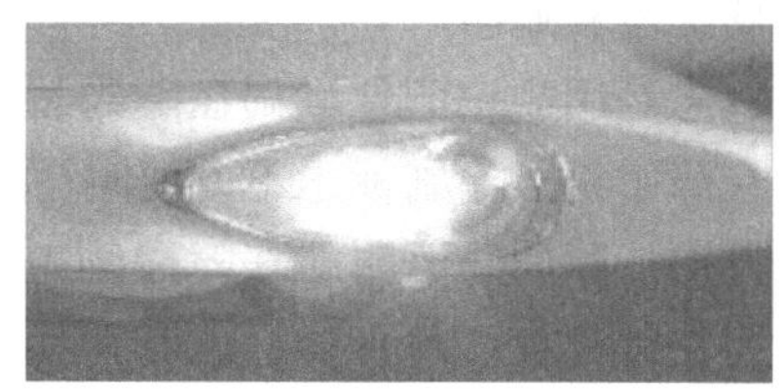

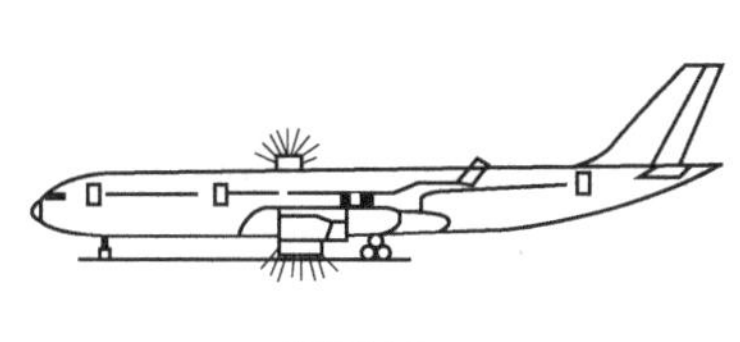

a)防撞灯(红)

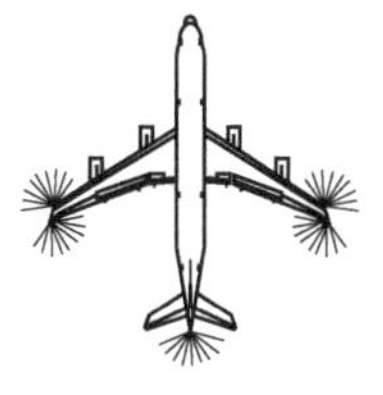

b)频闪灯(白)

图 7-26　防撞灯/频闪灯

3. 识别灯/标志灯

识别灯可以用来判断飞机翼展的宽度，在滑行时可以辅助滑行灯工作。标志灯用于照亮飞机垂直安定面上航空公司的标志。

7.4.2　目视助航设施

目视助航设施是在机场飞行区内及其附近，为飞机驾驶员提供起飞、进近、着陆和滑行的目视引导信号而建设的工程设施。飞行员利用目视助航设施，通过眼睛观察可直接获取位置、方向、高度等助航信息。从防相撞工作考虑，主要包括跑道标志和机场标记牌、滑行道灯光、障碍物标志和照明等。

1. 跑道标志和机场标记牌

ICAO 在《国际民用航空公约》附件 14 中对跑道标志和机场标记牌有清晰描述和规范要求。

(1)跑道标志

标志主要由道面标志组成。道面标志是涂刷在机场跑道、滑行道和机坪上的油漆标志。跑道的标志为白色，滑行道和机坪上的标志为黄色。为便于夜间识别，标志宜采用反光涂料。为增加标志与道面之间颜色反差，可在标志上加黑边。

(2)机场标记牌

标记牌是重要的机场目视助航设施，旨在向驾驶员(飞行员和司机)传达位置、方向、目的地等路径信息以及禁止、等待和警示等指令信息。分为强制性标记牌和信息标记牌。

2. 滑行道灯光

滑行道灯光是机场助航灯光系统的一部分，是管制部门对航空器地面活动实施引导和控制的手段。滑行道包括飞机机位滑行通道、机坪滑行道和快速出口滑行道。滑行道灯光类型复杂多样，与防止航空器与机动区内障碍物相撞紧密相关的滑行道灯光主要有：滑行道中线灯、滑行道边灯、停止排灯、中间等待位置灯、跑道警戒灯及与航空器滑行安全相关的道路等待位置灯等[2]。

3. 障碍物标志和照明

障碍物标志是用规定颜色涂刷在障碍物上的醒目图案,用于白天能见度好时警示飞行员。当直接在障碍物上涂刷标志不方便时(如高压架空线缆),可采用在障碍物上悬挂障碍物标志物的方法。障碍物照明即在障碍物上安装障碍灯,用于夜间或白天能见度不好时警示飞行员障碍物的存在。障碍物标志和照明,对于防止航空器与地面障碍物相撞具有不可或缺的辅助作用。

(1)障碍物标志

ICAO 要求,所有应予标志的固定物体,只要实际可行,必须用颜色标志;但如实际不可行,则必须在物体上或物体上方展示标志物或旗帜,除非该物体的形状、大小和颜色已足够明显,不需再加标志。

(2)障碍物标志物

当用颜色标志可移动的物体时,应采用明显的单色,应急车辆以红色或黄绿色为宜,勤务车辆以黄色为宜。

(3)障碍物照明

我国民用产品有关法律及国家有关文件对设置障碍灯有明确规定:机场净空保护的限高或超高建筑物及构筑物应设置航空障碍灯和标志;航路上及飞行区周围影响飞行安全的人工及自然障碍物应当设置航空障碍灯及标志;有可能影响飞行安全的地面高耸、高大建筑物和设施,应当设置航空障碍灯及标志并保持正常状态;公安、消防、交通等部门在城市中建有直升机停机坪,城市上空视为净空,城市中的高大建筑物及构筑物应设置航空障碍灯和标志。

7.4.3 场面监视与控制技术

长期以来,人们采用人工引导,或借助目视助航设施和无线通信来完成航空器起飞前和落地后的入位引导,依据“See-and-avoid”的原则保持在机场活动区内航空器与航空器、航空器与地面车辆之间的安全间距。随着现代机场总体布局的复杂化、交通量的逐步增长以及增大容量的技术和程序的推广使用,航空器地面活动的有序性、安全性和入泊率已经成了制约机场运行的一个重要瓶颈,尤其在雨、雾等恶劣气象条件或机场出现突发事件时,飞行员希望得到地面指示、引导和帮助,防止航空器地面相撞事故发生,由此产生了场面活动监视雷达(SMR)、多点相关监视系统(MDS)和高级地面活动引导及控制系统。

1. 场面活动监视雷达

场面活动监视雷达(SMR),又称高分辨近程搜索雷达,用于提供机场场面目标(如飞机、牵引车、加油车等)的平面位置图,可有效地防止飞机与车辆及障碍物发生相撞,确保地面安全。图 7-27 显示了 EASAT 公司的 X 波段的 SMR,以及安装 SMR 的塔台地面管制席。

SMR 可根据机场类型、复杂程序和交通流量大小选择性地安装,繁简不一,既可以是最简单的用于仅在能见度良好时运行的交通流量不大的小机场,也可以是多套 SMR 复杂组合的用于繁忙的、在低能见度运行的大型机场。近年来,国际上一些繁忙机场已经装有场面活动监视雷达系统。FAA 在美国的 34 个大型机场安装该系统(ASDE-X 型),主要用来预防地面交通冲突。我国已在北京、上海、广州等大型机场陆续安装了场面活动监视雷达。随着空中交通流量的不断增长，各种高性能引导着陆系统的完善，SMR 将在我国得到推广应用，以保证飞机在全天候条件下从滑行、起飞到着陆全过程的安全。

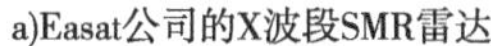

a)Easat公司的X波段SMR雷达

b)安装SMR塔台地面管制席

图 7-27　SMR 安装机场

2. 多点相关监视系统

SMR 投入使用后，人们很快发现，大型机场的航站楼、机库以及其他障碍物会阻挡雷达的视线，很多重要的活动区域难以被雷达信号覆盖到，存在盲区；机场功能构筑物巨大的金属屋面对信号的反射会产生大量的假信号；此外，雨雪等恶劣天气也会严重影响 SMR 的性能。多点相关监视系统（MDS）的出现与应用，为机场场面监视提供了一种与传统一次场面监视雷达不同的技术手段。

MDS 是将多点定位技术和接收处理 ADS-B 识别、位置信息相结合而成的新型目标监视系统。MDS 可以称为分布式二次监视雷达，相当于在塔台一次场面监视雷达的基础上增加了一部二次监视雷达，如图 7-28 所示。

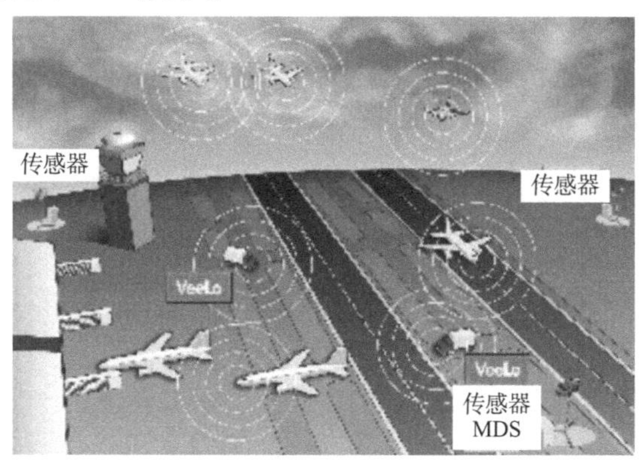

图 7-28　多点相关监视系统原理示意图

MDS 系统布点的灵活性，能有效地改善场面监视系统的信号覆盖；其相关性，使管制员不受天气因素的影响，所得到的位置精度和目标识别度都大大提高。随着机场吞吐量的增长以及场面拥堵现象的逐渐增加，利用多点相关监视系统支持的先进的地面活动引导和控制系统（A-SMGCS）平台已成为全球繁忙机场的建设目标。

3. 高级地面活动引导及控制系统

为了进一步缓解场面交通的拥挤，增加机场接纳飞机的能力，减少延误，彻底降低跑道侵入或航空器地面相撞事故或事件数量，ICAO 又提出了高级地面活动引导及控制系统（A-SMGCS，Surface Movement Guide and Control System）概念。ICAO 将 A-SMGCS 描述为："由不同功能所组成一种模块化系统，无论机场平面在何密度、能见度和复杂条件下，都能支持安全、有序、迅速的飞机和车辆移动。"它不仅仅用于对地面目标的监视，而且还可对飞机及车辆进行自动引导。由于它是功能模块化结构，从而可以根据机场的情况进行功能组合，满足不同的需要。

本章参考文献

[1] HARRIS D，MUIR H C. 航空安全与人为因素热点问题研究[M]. 刘晓杰，刘英，译. 北京：中国民航出版社，2007.

[2] 王云岭. 机场目视助航设施管理[M]. 北京：中国民航出版社，2009.

第8章

我国防相撞工作回顾与展望

我国航空事业发展70多年来，在党中央、国务院、中央军委领导下，始终把保证飞行安全放在首位，把防相撞作为飞行安全的重中之重，并取得了较好的成绩。作为本书的结束篇，在回顾我国防相撞工作发展历程的基础上，分析航空器相撞事故特点，总结过去经验教训，并将这些规律和经验与未来防相撞工作实践相结合，以期励精图治、再创辉煌，无疑具有非常重要的意义。

8.1 我国防相撞工作的发展历程

1949年以来,伴随着人民空军的创建和中国民航局的成立,我国军民航各级、各部门、各单位防相撞工作人员,坚持"安全第一"原则,始终把促进国家航空事业发展与保证飞行安全有机地结合起来,把组织保障飞行活动同防相撞工作任务统一起来,把民用航空与军事航空活动有机地协调起来,在取得巨大发展与进步,积累了大量宝贵的经验的同时,也有令人刻骨铭心的教训。下面按照中华人民共和国航空事业发展的五个阶段[1],简要回顾我国飞行安全管理过程中防相撞工作的基本情况[2]。

8.1.1 第一阶段(1949—1957年)

1949年11月11日,中国人民解放军空军成立,建立空军领率机关,中央军委成立民航局,受空军指导。根据中央人民政府(国务院)和中央军委的指示,人民空军担负起全国的飞行管制任务。随着《中华人民共和国飞行基本规则》的颁布与实施,我国防相撞工作不仅有了坚强的组织领导机构,而且有了组织飞行活动和规范防相撞工作的法规制度保障,从而拉开了军民航防相撞工作的历史帷幕。

①组建航空兵部队和航空公司。1949年10月,空军组建第1个航空运输分队,担负起日常空运任务;1950年6月10日,空军组建第1支航空部队,并编制航行管制人员;1950年7月1日,中苏民用航空股份公司成立,并开辟以北京为中心的3条国际航线;1950年8月1日,我国开辟了天津至重庆和天津至广州2条航线,实现了国内航线的正式开航(史称"八一"开航);1951年我国在广州、河北、湖北等地区执行灭蝇、灭蝗飞行任务,开始了通用航空飞行活动;1952年7月17日,中国人民航空公司在天津建立,实行政企分开,增辟了航线,增加了航班密度。然而,由于解放初期我国机型混杂,有美国的、德国的、苏联的,背景不同的飞行员,习惯于各自的操作程序,编在一个机组内执行飞行任务,相互配合不紧密。

②建立并完善航空管理体制。1949年11月15日,空军领率机关设立司令部,司令部下设航行处。民航局着手建立局机关处室和办事处,其中设机航处,负责航空器运行、空中交通服务和飞行安全等工作;12月,各军区航空处、航空办事处相继成立,并组建航空站和飞行场站,相应设立航行管理室、航行股或编设航行管理人员。自此,我国军民航基层航行管制工作,逐步开展起来。但解放初期我国飞行管理体制很难统一。既受旧中国民航的影响,又开始向苏联学习;在人员方面,既有原军委航空局人员,也有陆军人员;既有旧中国民航人员,也有新参加工作人员;有的业务不熟悉,有的认识不一致。民航的两个航空公司,一个是实行苏联的管理制度,一个是实行欧美的管理制度。

③建立相应法规和规章。1950年11月1日颁布的《中华人民共和国飞行基本规则》,是我国颁布的第一部用于规范我国境内一切飞行活动的行政法规,也是我国防相撞工作的母法。该基本规则适用于国内各航空部门,是我国军民航组织、实施飞行和保障安全以及制订飞行条令的基本依据,其内容涉及航行调度的组织与任务、空域划分、飞行的申请、飞行高

度配备及高度表拨正等。随后,中央军委颁布了《航行管制令》,具体规定了航行调度机构的建立及其工作内容,明确了全国各航空部门飞行申请的批准程序。军委民航局也颁布了《民航飞行暂行规定》《空中交通管制制度》等 10 多种规章。空军颁布了《航行管制区域划分规定》《飞行调配的基本原则》《空军航行调度勤务的使命与任务》《全国航行管制区划分》《航行调度事故区分及处理办法》等。这些法规规章对于中华人民共和国成立初期保证飞行安全,做好防相撞工作,尤其对于防止飞机迷航撞山事故发生提供了依据。

④确立"安全第一"的思想。1949—1957 年,我国航空器数量少、飞行时间也少,但却发生了 11 起飞行事故和多起严重事故征候,其中,航空器相撞事故或事故征候较为严重。1956 年民航一架爱罗 45/958 号机发生撞山失事,飞行员 2 名、机上工作人员 2 名全部遇难,这是我国民航发生的第一起有乘员死亡的航空器可控飞行撞地(CFIT)事故;1953 年空军一架伊尔 12 飞机,因导航台发错呼号,引起飞机迷航撞山,造成一等事故;1957 年民航 102 号飞机在南京穿云下降时,机场开错归航台,使飞机偏离机场约 10km,造成可能撞山的事故征候;1957 年民航 660 号机和 620 号机在广州上空走廊相对作云中飞行,高度仅差 100m,造成两机危险接近的严重事故征候;1957 年民航 610 号机执行北京—河内航线,在长沙机场滑行时撞上空军飞机,两机均受损伤。这些飞行事故或事故征候的发生,引进国务院、中央军委及军民航各级领导对防相撞工作的重视,及时发布《关于确保飞行安全的指示》。民航局据此也发布了《关于保证飞行安全的指示》,并多次召开飞行安全会议,分析安全形势,揭露不安全因素,交流保证飞行安全的经验,并要求建立并逐步完善安全通报制度,对发生的问题按月逐级上报。1957 年 10 月 5 日,周恩来总理在中国民航局关于中缅航线通航一周年的总结报告上批示:"保证安全第一,改善服务工作,争取飞行正常。"其中,"安全第一"思想科学地概括了飞行安全工作的特点,也成为后来指导我国防相撞工作的基本原则之一。

8.1.2　第二阶段(1958—1965 年)

该阶段包括我国"大跃进"和"国民经济调整"两个时期。由于受"大干快上"的浮夸风影响,民航发展严重过热,人机比例严重失调,人员整体素质明显下降,出现 1958—1960 年的第一个事故高发期。期间我国民航班机首次发生 CFIT 事故和双机空中相撞事故,引起航空界广泛关注和重视。

①盲目追求高指标,忽视飞行安全规律,CFIT 事故和双机空中相撞事故严重。解放初期,我国航空各项技术基础十分薄弱,飞行员培养手段严重不足,但 1958—1960 年全民航飞机竟增长了 8.5 倍,三年共开辟航线 47 条,通航里程 1.6 万 km,飞行员无论在数量上还是质量上都远远跟不上发展的需要,致使 1958—1960 年三年间就发生飞行事故 8 起,运输飞行和通用飞行事故 4 起,给民航带来了经济上和政治上的重大损失。尤其是 1958 年民航一架伊尔 14 型 632 号机在蓉陕途中撞山失事及 1960 年民航两架运 5 型飞机在四川遂宁机场发生空中相撞事故,给民航带来较大损失。详情见附录二(1)。

②及时发布《中国民用航空局命令》(简称 117 号命令)。1958 年 4 月 15 日,中国民用航空局发布了《中国民用航空局命令》。该命令严正指出:"632 号机的严重事故是我民航事业历史上最惨痛的损失。"首先强调:"确保飞行安全是民航经常工作的方针,任何时候都必

须坚决贯彻。这不仅是经济任务,也是重大的政治任务。"将"确保飞行安全"作为民航经常工作的方针,将防止航空器撞山作为"重大的政治任务",并以文件形式正式提出,其意义深远重大。中国民航局随后又发布了《关于632、642号机事故的通报》和《民航局106机失事后的九项措施》,从安全管理、监督制度、工作讲评制度、航行、机务、通信、场务、运输、供应、训练和卫生11个方面,出台了一些规定,如建立空、地勤人员相互监督制度;飞行员飞行小时规定等。这些规定较为具体且有针对性,至今一些规定仍然适用于防相撞工作。

③中央人民政府体育运动委员会(现为国家体育总局)、空军、民航局联合发出关于加强航空俱乐部飞行管理问题的指示。为了避免各地航空俱乐部的滑翔训练与空军、民航飞行发生矛盾,做好防相撞工作,保证航空运动顺利开展,维护空中飞行秩序,保证飞行安全,空军司令部起草了《关于加强飞行管理、统一航行调度、保证飞行安全问题》文件,并以国家体委、空军司令部、民航局名义联合发布。文件具体规定了航空俱乐部飞行活动的组织实施、调度管理、无线电联系方法、滑翔机机场选址及飞行规则教育等事项。

④总结经验和教训,组织编写条例规章。1961年民航局党委总结了1958年以来飞行安全工作中存在的问题,提出了今后保证飞行安全的措施,如航行调度要"把好放行、接受、航路指挥三个关口",进一步明确以调度指挥工作为中心的内部协作制度,组织协调保证航空器安全运行。1965年民航局颁发了《中国民用航空飞行条例》《中国民用航空飞行指挥工作细则》和机务、通信、导航、气象、场建、油料等其他一些条令、条例、细则。这些规章制度和安全措施对于保障1962—1965年民航连续四年没有发生二等以上事故至关重要,标志着我国飞行安全管理和防相撞工作趋于法制化。

8.1.3 第三阶段(1966—1978年)

该阶段包括"文化大革命"及其余波时期,一些行之有效的规章制度被废除,飞行安全管理和技术水平严重下降,我国航空发展经历了第二个事故高发期,航空器与障碍物相撞事故类型增多。这一时期,防相撞工作尽管是在困难的条件下,但经过军民航各级、各部门、各单位的不懈努力,在曲折中仍取得一定的进步和发展。

①航空器与障碍物相撞事故类型增多。在这短短的13年内,仅民航就发生35起飞行事故。其中,运输飞行事故8起,通用飞行事故27起。例如,1968年,民航一架伊尔14型640号机,在首都机场夜航着陆时,天气转坏,飞行检查员离开了座位交给夜航未放单飞的机长操纵,既没有注意高度,又调错了高度表,致使飞机在跑道外撞地,机毁人亡,我国著名两弹一星功勋科学家郭永怀随机遇难;1970年,民航一架伊尔14型616号机在贵阳机场归航台外5100m处撞山失事,机组8人、旅客34人遇难;1976年,空军一架米8型直升机在福建漳浦县东20km处的灶山(标高580.4m)撞山失事,福州军区司令员皮定均等13人(含机组5人)全部遇难;1977年,民航一架伊尔18型204号机盲目下降而丢失高度,最后撞地起火爆炸,机组8人、旅客17人遇难。

②空军司令部组织测量各机场区域内的山高。1969年11月15日,民航一架伊尔14型618机在飞武汉—南昌下降时,由于管制指挥错误、机组对航线地形不熟悉、航行地图高程不准确等直接原因,导致飞机撞在南昌机场西北方向的太平山上,造成一等事故。为

吸取民航 618 飞机撞山事故的教训，做好防相撞工作，空军司令部发出通知，要求各部队对所属机场区域内的山头，认真地进行一次测量核实。空军各航空兵部队，接此通知后，即组织、出动本场的飞机，利用无线电高度表，对本机场区域周围的山峰高度，进行了航空测量和核实工作，为我国做好防相撞工作，尤其是防止航空器撞山事故提供基础数据。

③空军司令部发出“加强指挥调度，严防空中飞机相撞”的通报。1972 年 12 月 20 日，空军根据当年发生的 28 起空中飞机危险相遇及严重威胁飞行安全情况，发布“加强指挥调度，严防空中飞机相撞”的通报，要求各级指挥、调度人员要掌握空中飞行动态；飞行人员必须按照规定的航线、高度飞行，不得擅自改变航行诸元；对本场训练和外来飞机认真实施统一指挥，正确处理好各种飞行之间的关系；加强纪律性，组织进行飞行规则、规定教育，认真贯彻规章制度；各级司令部要对航行调度部门加强领导和加强建设。该通报首次以文件形式，专门对各级、各部门、各单位防相撞工作提出了具体要求，成为我国防相撞工作中具有里程碑意义的文件。

④加强国际交流，加大新型机种和基础设施投入。1971 年 11 月 19 日，ICAO 第 74 届理事会第 16 次会议通过决议，恢复了我国民航的合法地位。为了适应航空事业发展的需要，国家领导决定，对我国民航飞机进行更新换代，先后购买英制三叉戟飞机、伊尔 62 型飞机和波音 707 飞机。为了加强地面安全保障能力，改进航行调度工作，1974 年从国外订购了一次、二次雷达和仪表着陆系统。与此同时，空军建立半自动化航行调度系统，加强各地飞行管制网建设，并相应组建使用、维护飞行管制设备的航行勤务站。这些决策和措施，不仅大大增强了军民航飞行能力，为开辟远程国际航线打下了物质基础，更为重要的是增大了飞行安全系数，从技术方面促进了我国防相撞工作的开展。

8.1.4　第四阶段（1979—1999 年）

在此阶段，我国进入了改革开放和社会主义建设的新时期，给军事航空和民用航空带来了前所未有的生机。军民航纷纷更新、改进和引进技术装备，航空公司不断涌现，机场建设速度加快，但这一切繁荣景象却隐藏着危机，使原有的基础设施落后、人力资源不足、比例失调等矛盾加剧，我国航空发展又经历第三个事故高发期，飞行安全特别是防相撞工作再次面临严峻的挑战。面对这些情况，军民航全面实施安全整顿，进行技术大检查。国务院、中央军委决定改革我国空中交通管制体制，成立国务院、中央军事委员会空中交通管制委员会，统一领导全国的空中交通管制工作。以此为标志，我国防相撞工作走向正规化和法制化，各项规章制度建设取得辉煌成绩。

①军民航纷纷更新、改进和引进技术装备，为做好防相撞工作提供技术支撑。1980 年，空军进行装备工作的全面整顿，更新一批先进的国产歼击机、强击机、轰炸机和运-8 多用途运输机，引进一批国外先进的装备和技术，并有计划、有重点地更新和引进了一批先进的雷达、通信、领航、气象等飞行保障技术。同时，民航不断更新机群，加快机场建设速度，改善空中交通管理设施，缩小与先进国家民航的差距，先后购买、租赁了波音、空客系列各型飞机，并增加了新型通用航空器，使中国民航所使用的运输飞机达到了国际先进水平。购置了一批较为先进的空中交通管制、通信、监视、导航、气象设备，如二次雷达、仪表着陆系

统、全向信标、测距仪、卫星通信、气象自动观测系统等,分别安装在主要航路和主要机场上。

②国务院、中央军委决定改革我国空中交通管理体制,成立国家空管委(现中央空管委)。1986 年,为了加速发展我国的航空运输事业,尽快改变空中交通管制手段的落后状况,国务院、中央军委决定改革我国现行的由空军管理的空中交通管制体制,逐步实现空中交通管制现代化,成立国家空管委(现中央空管委),统一领导全国的空中交通管制工作;设立国家空中交通管制局,负责全国的空中交通管制工作。后来,根据国家空管委(现中央空管委)要求,空军在七个军区空军机关所在地,建立了由当地军民航有关单位和人员参加的地区空中交通管制协调委员会,负责协调解决本地区航空单位间的飞行矛盾,组织或参与调查处理军民航及其他航空单位之间发生的航空器危险接近等空中交通管制事件[3]。这些改革目标的制定和实施对于保证国家空防安全,实现空域资源的有效利用,解决军民航飞行冲突,做好防相撞工作具有战略意义。

③民航局增设安全机构,加强安全管理和安全措施。1980 年民航局决定在总局航行局增设安全检查处,专职负责安全管理、监督、检查工作;1984 年民航局成立了安全检查司,各管理局、省(区)局成立了安全检查处(科),各级成立了安全委员会,加大安全管理的法制化和规章制度建设力度,制定颁布了《中国民航安全监察工作细则》《飞行大队长职责》《关于在穿云下降着陆过程中机组分工配合的规定》《民用航空运输企业审批权限的暂行规定》《民航运输飞行人员飞行时间、值勤时间和休息时间的规定》《中国民用航空飞行人员训练管理规定》《民用航空器驾驶员和飞行教员合格审定规则》《飞行事故调查条例》等规章制度,修改了《飞行条例》和《飞行指挥工作细则》;1986 年,开始对空勤人员颁发执照;1987 年国务院颁发了《中华人民共和国航空器适航管理条例》;1988 年,由于民航安全形势严峻,国务院发出《关于加强民航安全工作紧急通知》,民航局开展以“查思想、查管理、查纪律、查隐患”的安全整顿,有力地推进防相撞工作。

④伴随着我国航空发展的第三个事故高峰到来,航空器相撞事故发生频繁、类型多样且性质严重。20 世纪 80 年代,国家经济发展迅速,社会对民航需求越来越旺盛,全国掀起一股“购机热”“修机场热”“办航空公司热”“开航线热”,但我国航空基础设施落后、飞行员短缺以及飞行安全管理、安全措施、人才培训和规章制度建设均跟不上发展的步伐,致使我国出现第三个事故高发期,航空器相撞事故、事故征候频繁发生且类型多样。例如,1982 年,桂林机场发生民航客机与水牛跑道相撞三等飞行事故;同年,空军一架正在训练飞行的歼击机与一架执行转场飞行任务的运输机空中相撞;1983 年,民航一架三叉戟客机在桂林机场滑行起飞时,与军航飞机相撞;1987 年,空军一架训练飞行的歼击机与一架执行转场任务的直升机空中相撞;1987 年,空军一架执行空中任务的歼击机在着陆时与另一架正在着陆的民航大型客机相撞;1992 年,民航一架波音 2523 号机在桂林下降改平过程撞山失事。

⑤空军首次颁布相关间隔标准、防止航空器空中相撞规定和通知。1987 年空军颁发了《关于空中飞机危险接近间隔标准的规定》。对不同飞行阶段的航空器之间垂直间隔、纵向间隔、横向间隔、穿越高度层、仪表穿云等危险接近间隔标准做出明确规定。1991 年空军首次发布《中国人民解放军空军防止飞机空中相撞工作规定》,从防相撞工作的组织领导、职责、制度和设施设备保障,飞行冲突和危险接近的核查、奖励与处分等方面,规范空军防止飞

机空中相撞工作。1997 年,国家空管委(现中央空管委)下发《关于批转空管委办公室〈加强军民航空中交通管制防相撞工作的措施〉的通知》。为认真吸取 1996 年印度新德里两架大型飞机空中相撞事故的教训,进一步搞好我国空中交通管制的防相撞工作,《加强军民航空中交通管制防相撞工作的措施》要求严格执行空管工作的各项法规,加强军民航协调和飞行通报工作,认真解决空中交通繁忙地区的飞行矛盾,抓紧改善飞行繁忙和设备落后地区的空管手段,积极解决陆空指挥用语的统一问题。这些相关间隔标准、防止航空器空中相撞规定和通知的发布,标志着我国防相撞工作规章、制度、标准已步入正规化。

8.1.5　第五阶段(2000—2019 年)

进入 21 世纪以来,在世界航空安全形势一度严峻、航空运输快速增长的情况下,我国航空安全保持了平衡向好的发展态势。但日益快速增长的用户需求与空域资源有限性之间的矛盾仍然影响和制约着防相撞工作。在国家空管委(现中央空管委)的领导下,军民航各级、各部门、各单位始终坚持“安全第一、预防为主、齐抓共管、整体防范”的原则,全面贯彻落实党中央、国务院的一系列战略部署,通过强化安全责任制、创新安全理念、完善规章标准、加大安全监管和投入力度,促使防相撞工作由粗放型转向精细化,确保国家大型活动的飞行安全。

①不断更新飞行安全管理理念,夯实防相撞工作基础。2000 年前,我国防相撞工作一直处于摸索阶段,主要是一种经验管理和规章管理。2000 年后,在 ICAO 积极倡导下,我国参考全球航空安全规划、全球航空安全路线图、ICAO 的技术工作项目等实践经验,先后借鉴“风险控制”“闭环管理”“过程管理”和机组资源管理(CRM)等先进理念,积极推行安全管理体系(SMS)、航空安全纲要(SSP)、安全文化和安全审计等,使我国防相撞工作由被动“事后管理”逐步转变为主动的事前风险管理、系统管理和绩效管理,由技术防范向人为因素控制和组织管理迈进,有力地提升了安全管理水平,夯实了防相撞工作的根基。2000—2019 年,我国民航运输量持续增长,中国民航已经是全球第二大航空运输体系,我国航空运输机场超过 230 个,机队规模不断增长,形成了国家枢纽航空网、区域航路航线网和支线航线网有机结合的航路航线网络架构。同一时期,由于对安全管理工作不懈加强,航空事故率明显下降,安全态势平衡,实现了历史最长的安全周期。

②军民航对空域需求都越来越高,军民航空域使用矛盾更加突出。我国民航运输飞机总量达 3615 架以上,国内每天的运输飞行接近 20000 架次;我国军事航空装备得到很大的更新,军航飞行呈现大机动、远航程的新特点,对空域的需求越来越大;再加上通用航空的飞行范围越来越广,从传统的农林、物探、勘测、体育、科学试验领域,已扩大到公务飞行、空中游览和航空俱乐部等领域。这些情况导致空域使用紧张,军民航飞行矛盾突出,空域管理成为影响防相撞工作向深层次发展的主要瓶颈。仅从 2000—2010 年的 10 年间,军民航严重冲突出现了两个高发期,一是 2003 年,发生了 5 起军民航严重飞行冲突,4 起民航飞机 TCAS 告警;二是 2006 年,发生了 6 起军民航飞行冲突。其他年份飞行冲突数量相对较少,但是有的军民航飞行冲突性质更加严重。

③加快飞行安全管理立法,制定完善多项有关航行的规章、制度、标准。为了适应航空发展的需要,加快飞行安全管理立法工作,2001 年修改《中华人民共和国飞行基本规则》,对

相关高度层垂直间隔标准进行相应调整;2002 年我国民航空管对未安装 TCAS 系统的民用飞机实施严格的飞行限制,并强制性要求所有民航运输飞机逐步安装。空军下发有关 TCAS 系统和 S 模式代码使用管理规定;2003 年空军和民航局联合颁布了《军民航防相撞协同会议和飞行冲突信息通报、报告暂行规定》,空军下发了《违反飞行间隔规定的评定办法》,进一步完善了防相撞工作的措施;2007 年、2018 年空军先后两次修订并重新颁布《空军防止飞机空中相撞工作规定》,完善了防相撞工作的制度。民航加快安全立法的步伐,先后制定、修订了《民用航空安全信息管理规定》《一般运行和飞行规则》等 45 部安全规章、标准和规范性文件。到目前为止,我国民航已有的 130 多部规章中,80 多部与安全息息相关。这些法规、规章和标准为做好防相撞工作提供了有力保证,同时也使防相撞工作逐步实现科学化、系统化和法制化。

④确保突发事件应急处置和保障国家重大活动中的飞行安全,积累了丰富的防相撞工作经验。2008 年 5 月汶川抗震救灾行动中,我国军民航近飞机从全国各地集结在成都周边 6 个机场,每天往返灾区飞行几百架次,飞行密度之高,机型种类之多、管制指挥难度之大、防相撞工作任务之重前所未有。抗震救灾期间,我国空管部门及时制定了《成都地区抗震救灾空中管制规定》《抗震救灾直升机飞行安全规定》等多项规章,立即启动应急保障预案,成立成都地区救灾空中管制委员会,组建军民航联合管制指挥中心,紧急开辟 6 条临时救灾航路航线,释放了 36 个飞行训练空域,最大限度地增加了飞行密度。仅四川地区一个月就保障军民航飞行 16300 多架次,其中救援飞行 6500 多架次,民航班机飞行 9700 多架次,创造了中华人民共和国成立以来保障抢险救灾日出动飞机最多、飞行密度最大、空中集结速度最快的纪录。北京奥运会期间,国家空管系统紧紧围绕“安全、顺畅、正点、高效”的目标,制定了《北京奥运会空管保障总体方案》,调整航路航线,划设特殊空域,建立应急机制,严密组织联合管制指挥,安全保障各类飞行 54 万多架次,确保奥运会期间的飞行安全。

8.2 我国航空器相撞事故统计分析

《汉书 · 贾谊传》有言:“前车覆,后车戒。”喻示人们应当接受别人失败的教训,善于用他人的“前辙”之镜照亮自己的“后车之路”。据不完全统计,从中华人民共和国成立到 2010 年,我国民航发生运输飞行可控飞行撞地事故 17 起;通用飞行可控飞行撞地事故 51 起;双机空中相撞事故 4 起;跑道侵入 3 起[4];同时,每年还有大量的航空器相撞事故征候及不安全事件。这些事故、事故征候及不安全事件的性质严重,教训非常深刻。统计分析这些事故、事故征候及不安全事件的整体特征及发生原因的目的,就在于探寻防相撞工作规律,以“前辙”为镜,总结经验教训,为科学地、客观地采取切实可行的对策提供依据。

8.2.1 可控飞行撞地

可控飞行撞地(CFIT),是指航空器在可控情况下,飞行员由于某种原因,失去了对地形或飞行状态的察觉或感知,未能及时采取正确的措施而使航空器坠地、撞山、撞树、撞高压线或坠入水面的飞行事故。它一直是威胁我国航空安全最为严重的事故类型之一。

1. 运输飞行 CFIT 事故统计

1949 年以来,我国民航运输飞行发生 CFIT 事故 17 起,人员伤亡多,经济损失大,后果严重。在这 17 起运输飞行 CFIT 事故中,有一等飞行事故 12 起,二等飞行事故 5 起。详情见附录三。从图 8-1 中可以看出,1949—2005 年我国运输飞行 CFIT 事故起数没有十分明显的上升或下降的趋势,相对来讲,1949—1960 年运输飞行 CFIT 事故相对较多,其原因是我国航空事业处于初创阶段,运输机型混杂,管理制度不统一,飞行安全规章和程序不完善,飞行人员无组织无纪律现象严重,加之飞行时间少又缺乏经验。

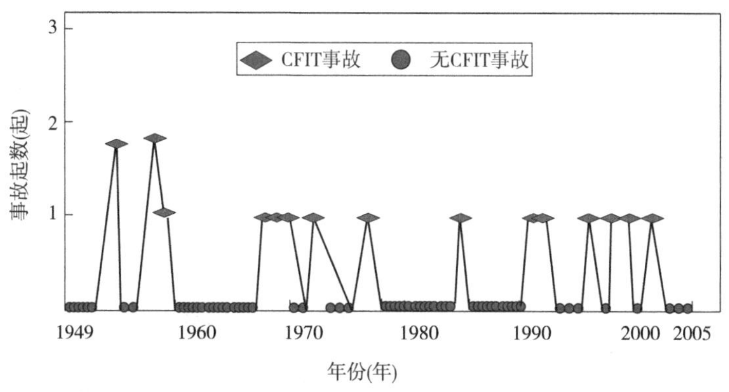

图 8-1　1949—2005 年运输飞行 CFIT 事故起数

①伤亡人员及机型。17 起运输飞行 CFIT 事故共导致了机组和旅客 353 人死亡。1970 年以前,运输飞行 CFIT 事故主要涉及伊尔 14、安 24 等小、中型运输机。1970 年以后,运输飞行 CFIT 事故逐步向定期航班及干线较大机型侵蚀,且每次事故死亡人数较多,损失惨重。尤其是 1992 年波音 737 飞机和 2002 年波音 767 飞机发生 CFIT 事故,总死亡 270 人,不仅造成了重大的经济损失,同时也给国家带来了十分不良的政治影响。

②事故阶段。在 17 起运输飞行 CFIT 事故中,发生于航线飞行阶段 2 起,进近阶段 8 起,着陆阶段 7 起。如图 8-2 所示,进近和着陆阶段发生的事故占运输飞行总 CFIT 的 88% 以上,远远高于航线飞行。这是由于进近着陆阶段,飞行参数变化快,飞行员负荷大,不确定因素多,尤其是没有建立良好、稳定的进近形态,发生高度偏离造成的。

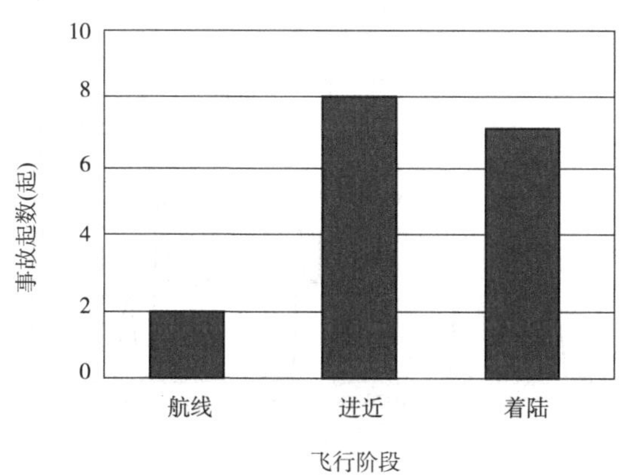

图 8-2　17 起运输飞行 CFIT 事故所处的飞行阶段统计

③事故原因。17 起运输飞行 CFIT 事故中,10 起为机组的直接责任,5 起为管制的直接责任,1 起因设备故障引发,1 起与恶劣天气直接相关。可见,飞行机组因素是导致 CFIT 事故的主要原因。这一结论与世界范围的 CFIT 事故致因统计结果是一致的。如果按照事故

原因分类不独立进行统计,17 起 CFIT 事故几乎全部与机组有关,13 起事故与管制指挥有关,9 起事故与恶劣天气有关,如图 8-3 所示。这说明事故的发生通常是多个因素相互交错而形成的。

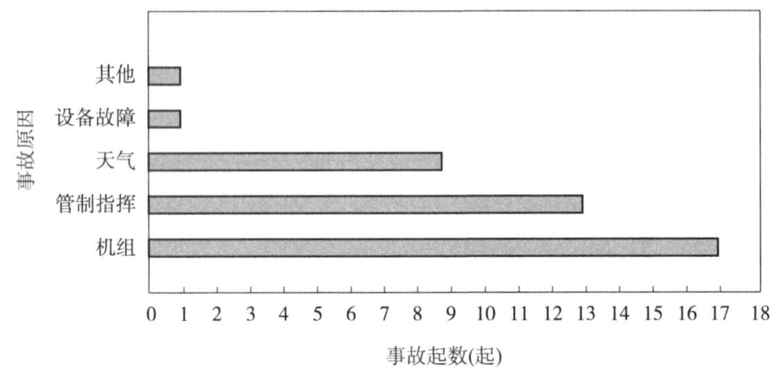

图 8-3　17 起 CFIT 事故原因分类不独立统计

2. 通用飞行 CFIT 事故统计

1949 年以来,我国民航通用飞行发生 CFIT 事故 51 起,一等飞行事故 34 起,二等飞行事故 15 起,三等飞行事故 2 起(详情见附录三)。

图 8-4 是 1949—2005 年逐年发生的通用飞行 CFIT 事故起数统计结果。从图中可以看出,我国通用飞行 CFIT 事故有两个明显的高发期:一个是 1966—1978 年期间;另一个是 1996—2000 年期间。两次高发期与当时通用航空的机型陈旧,人员减少,作业量下降,内部管理体制落后等有关。同时,通用飞行 CFIT 事故还存在两个明显的平稳期:一个 1949—1966 年期间,当时的通用飞行业务量很小,17 年间只发生 7 起通用飞行 CFIT 事故;另一个是 2001 年至今,主要得益于国家和民航重视,采取扶持政策,加大基础设施投入,加强和完善通用航空行业管理,飞行人员技术素质也较高。

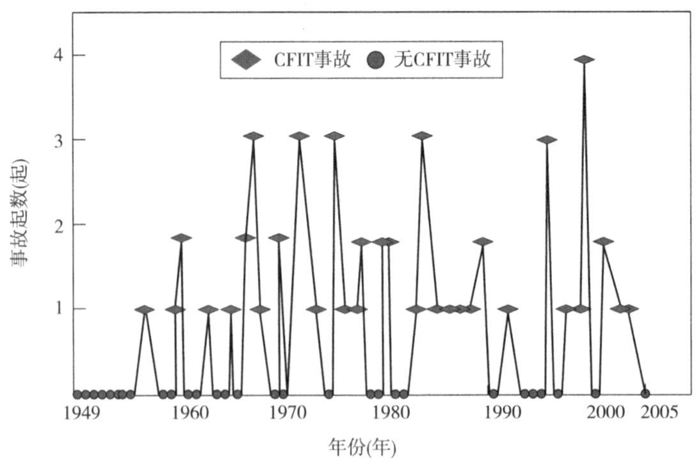

图 8-4　1949—2005 年通用飞行 CFIT 事故起数

①涉及机型。我国民航通用航空业务始于 1951 年,主要是购买东欧国家的小型飞机,用于执行通用飞行任务。这些飞机性能差,加上飞行经验不足,多发生 CFIT 事故。之后,我国大量装配运-5 型机,其通信设备性能差,发生 CFIT 次数较多且频繁。在 51 起通用飞行

CFIT 事故中，仅运-5 就有 33 起，占总起数的 65%。例如，1959—1979 年间我国民航运-5 型飞机在调机和低空作业中，几乎每年都要发生撞山、撞障碍物事故，还有大量的撞高压线、撞树等事故征候；1980—1989 年间运-5 型飞机发生过多起撞山、撞障碍物事故，令人痛心的是有些单位或地区反复发生 CFIT 事故。

②事故阶段。在 51 起通用飞行 CFIT 事故中，发生于起飞阶段 4 起、航线 7 起、作业区 37 起、下降阶段 6 起、着陆阶段 7 起。图 8-5 是对 1949—2005 年间我国发生通用飞行 CFIT 事故阶段的统计结果。从图中可以看出，通用飞行 CFIT 事故主要集中于作业区，约占通用飞行 CFIT 事故的 73%。主要源于通用与运输飞行有 4 个主要不同点：一是通用飞行大多不存在相对稳定的航行阶段；二是通用航空在作业飞行中，飞行员要操纵飞机并应付低空或超低空更为复杂的地形和环境，容易分散注意力；三是通用航空器无论在性能和设备上，都与运输飞机存在明显的差距，更难以抵御飞行中所出现的恶劣天气；四是通用飞行大多数是在简单气象条件下着陆，因此，进近和着陆阶段的 CFIT 事故比运输飞行 CFIT 事故相对少些。

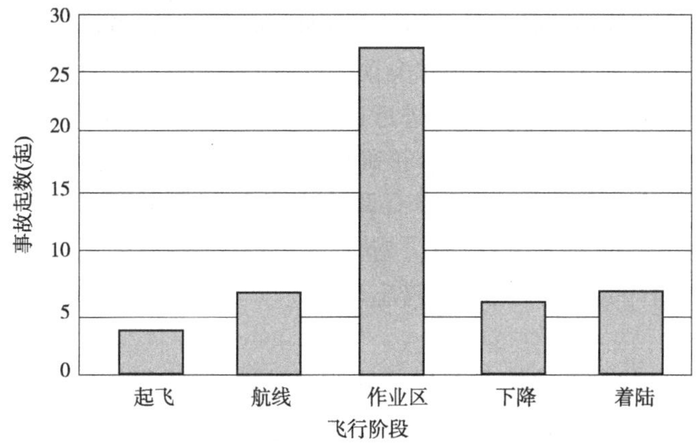

图 8-5　51 起通用飞行 CFIT 事故发生的飞行阶段统计

③事故原因。图 8-6 用直方图的形式显示了 51 起 CFIT 事故的直接责任。统计结果显示：机组直接责任 48 起，约占 94%；管制员直接责任 2 起，约占 4%；恶劣天气原因 1 起，约占 2%。这一结果说明，通用飞行 CFIT 事故中，机组作为主要责任者的比例比运输飞行要高。

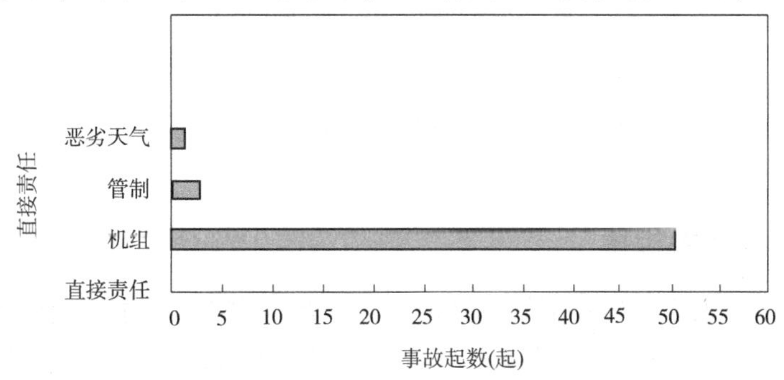

图 8-6　51 起通用飞行 CFIT 事故直接责任统计

3. 原因分析

CFIT 事故发生的原因十分复杂。通信导航设备落后、管制指挥能力差、气象预报或资料不准确、进近程序设计欠合理、近地告警系统（GPWS）系统的局限性等，都可能导致 CFIT

事故的发生,但飞行员对于防止 CFIT 却负有最终责任。

①飞行员失去了地形、位置和高度意识。在航空器上未安装 GPWS 系统前,飞行员失去对地形、位置和高度的意识是引发航空器坠地、撞山、撞树、撞高压线或坠入水面事故的主要原因。具体表现为:飞行人员在云中飞行,不明确周围地形和环境;盲目地下降高度;仪表飞行或领航技术差造成偏航,误入山区;对地形观测不周,对障碍物高度估计不足,或对航空器的爬高性能估计过高;高度表调错,或者对高度产生错误认识等。

②机组配合不好或因其他因素分散了飞行员的注意力,从而忽视了对飞机状态的监控。该因素在我国 CFIT 事故原因中占较大比例。具体表现为:机组分工不明确,飞机状态监控缺失;对主要仪表使用不熟悉,不善于综合利用仪表来判断飞机状态;埋头于座舱设备操作或调整;在有故障或意外情况发生时,不善于正确分配注意力;尤其是只顾寻找机场跑道,不注意飞机的状态。

③没有建立良好、稳定的进近形态,飞机着陆失败而坠地。具体表现为:进场方式不准确;未建立稳定进近、不具备着陆条件,抱侥幸心理,以不正确的姿态接地;管制指挥差错,如管制员指定了不正确的高度;飞行员操作失误,如飞行员选择了一个错误的高度或飞行高度层;自动驾驶仪没有捕获所选择的高度;进近过程中,飞行员失去对飞行状态的准确判断。

④没有执行检查单制度,尤其是没有正确地调整和检查高度表。进近着陆阶段,没有按照要求执行检查单制度。具体表现为:没有调整高度表,或高度表调整错误;没有按照检查单要求进行交叉检查;高度换算错;飞行员错听、误听高度指令,又未能得到机组或管制员及时有效的纠正;操纵程序或动作不恰当,错忘动作。

4. 措施建议

鉴于全球 CFIT 事故的普遍性和事故后果的严重性,国际民用航空组织、飞行安全基金会、国际航空运输协会等发起联合倡议,成立由航空公司、工业部门,以及政府研究机构等在内的 CFIT 工作组。针对 CFIT 事故发生的主要原因,工作组认为应在下列两个方面开展工作:

①改善机载设备,加强导航能力。包括:消除目前 GPWS 系统有时会产生的假警告和干扰,改进飞行员对 GPWS 的信任和反应;采用 EGPWS,增加系统对地形数据的显示能力,强化飞行员的地形和高度意识。

②改进程序,加强训练,确保建立稳定的进近。包括:优化进近程序;加强对飞行员的培训;加强复飞技术的训练;加强飞行操纵品质的监控,检查所有技术措施在每次飞行中的落实情况。

8.2.2 双机空中相撞

双机空中相撞历来为世界各国航空界所关注。70 多年来,在军民航各级、各部门、各类防相撞人员共同努力下,我国只发生 4 起双机空中相撞事故,共造成 14 人死亡。自 20 世纪 90 年代以来,我国基本上没有发生双机空中相撞事故,但令人担忧的是飞行冲突和危险接近事故征候频繁,几乎每年都有,且性质越来越严重。详情见附录三。

1. 事故统计

4 起双机空中相撞事故,均为一等飞行事故。

①事故涉及机型。1960年8月14日民航十四航校发生两架运-5飞机空中相撞;20世纪80年代发生的3起双机空中相撞事故均为小飞机与大飞机(或直升机)相撞。防止小飞机撞大飞机,尤其是防止军航歼击机、强击机、轰炸机与大型运输机空中相撞,在我国具有明显的现实意义。

②事故发生时间段。20世纪80年代,我国连续发生3起双机空中相撞事故,在短期内呈不可遏制状态(另外还有1起轰炸机与民航三叉戟机滑行道相撞)。这些事故的性质十分严重,造成的损失触目惊心,唤起人们对防相撞工作的危机感、紧迫感和责任感,激发了人们对防相撞工作的极端重视,当时采取了果断措施,最终缓解并遏制了双机空中相撞事故的再次发生。

③事故发生区域。按照飞行阶段划分,起落航线发生2起、机场空域飞行发生2起。双机空中相撞的"热点"或"危险区"通常是机场上空和机场周围。机场是飞机出航返航的聚散点,机场上空和空域内飞机活动频繁、密度大,转弯、上升和下降过程中最容易发生双机空中相撞事故。

④事故直接原因。按照主要责任划分,4起事故都与飞行指挥员有直接关系。事故原因主要有四点:一是地面指挥调配不当,空中秩序混乱,空域拥挤;二是空中出现特情,临时改变航行剖面,飞行通报不及时;三是飞行员违反规定,随意擅自改变航线和航行诸元,准备不周,对通信导航、机场等资料掌握不准确;四是在飞行实施中雷达迷茫,通信失灵,指挥失控,地面不能及时向空中和有关机场通报情况,出现危及飞行安全征候时,又不能迅速准确处置。

2. 事故征候统计

1996—2005年间,我国发生飞行冲突/危险接近事故征候14起,仅2005年就发生5起。2006—2011年间,我国发生该类事故征候8起。图8-7用直方图显示了我国2006—2011年每年收集到的飞行冲突/危险接近和不安全事件的起数。可以看出,2006—2011年间,我国发生飞行冲突/危险接近事故征候的起数逐步趋向平稳,并有所下降,但不安全事件的数量却急剧增加。按照海恩法则,不安全事件数量的增大,会使飞行冲突/危险接近事故征候数量回升,双机空中相撞事故的风险势必增大。

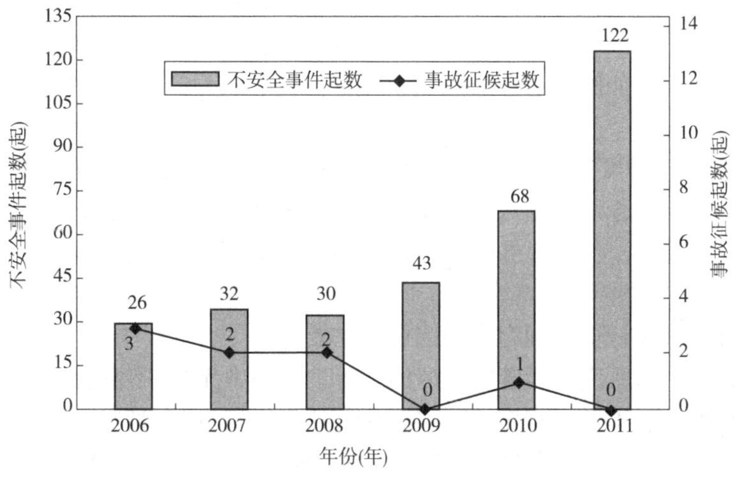

图8-7　2006—2011年飞行冲突/危险接近和不安全事件统计

图 8-8 显示了 2006—2011 年飞行冲突/危险接近事故征候按因素分析结果(分类不独立),可以看出,空管原因是导致飞行冲突/危险接近事故征候发生的主要因素。具体表现为:管制员错误指挥、违反程序、监控不力、应急处置能力不足等。

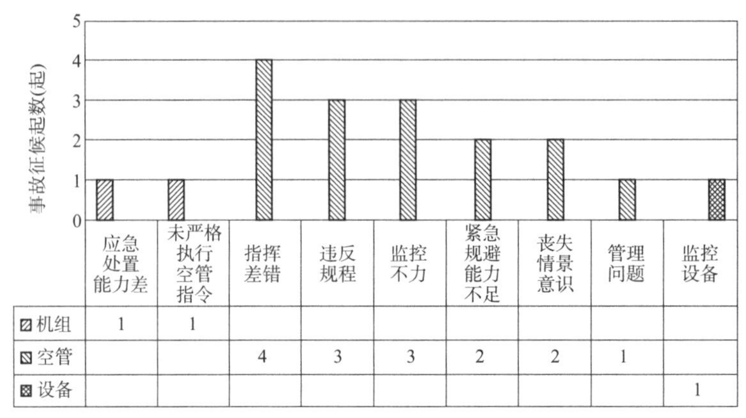

图 8-8　2006—2011 年飞行冲突/危险接近事故征候按因素分析结果

3. 小飞机与大飞机之间事故征候统计

在我国,军航小飞机与民航或军航的运输机之间的冲突相当严重。对 1999—2009 年间发生的 18 起典型小飞机与大飞机之间的飞行冲突/危险接近事故征候统计分析(分类不独立),结果如下:

①18 起飞行冲突/危险接近事故征候 100% 均为人为因素造成的。主要涉及飞行指挥员(管制员、领航员,下同)和飞行员。其中,与飞行指挥有关有 16 起,与机组有关有 13 起。

②军航责任占比例较大,飞行指挥员负主要责任。18 起飞行冲突/危险接近事故征候中,与军航飞行员有关有 13 起,与军航飞行指挥员有关有 16 起,民航管制员负主要责任的 1 起,气象员负主要责任的 1 起,设备故障 1 起,如图 8-9 所示。

③对小飞机来讲,机场空域是飞行冲突/危险接近的多发阶段。小飞机爬升阶段发生 6 起,机场空域飞行期间发生 10 起,下降阶段发生 2 起;对大飞机来讲,巡航阶段是飞行冲突/危险接近多发的飞行阶段。大飞机爬升阶段发生 3 起,巡航阶段发生 10 起,进近阶段发生 4 起,下降阶段发生 1 起,如图 8-10 所示。

4. 原因分析

上述双机空中相撞事故及事故征候的发生,都无一例外地表明:人为因素是造成事故的根源,主要涉及指挥员和飞行员。其中,飞行指挥因素是造成飞行冲突/危险接近或空中相撞事故的主要原因,而飞行员因素是造成飞行冲突/危险接近或空中相撞事故的重要原因。

①飞行指挥员和飞行员共同存在的问题。主要有:

a. 环境意识差。对所飞或所管空域内的飞行动态心中无数,不掌握,不了解。

b. 组织纪律性差。不遵守规定,不听从指挥,违章飞行,违章管制。

c. 安全观念不强。对航空器之间的间隔距离、航向、高度等航行诸元不重视,精力不集中,注意力分配不当,管制指令或操纵动作错忘漏。

d. 通话语言不标准、不规范。没有听懂不询问,重要内容不复诵,指令不明确,报告不清楚、不及时。

e. 紧急情况处置无预案。遇到双机危险接近,没有果断采取措施,犹豫不决、惊慌失措。

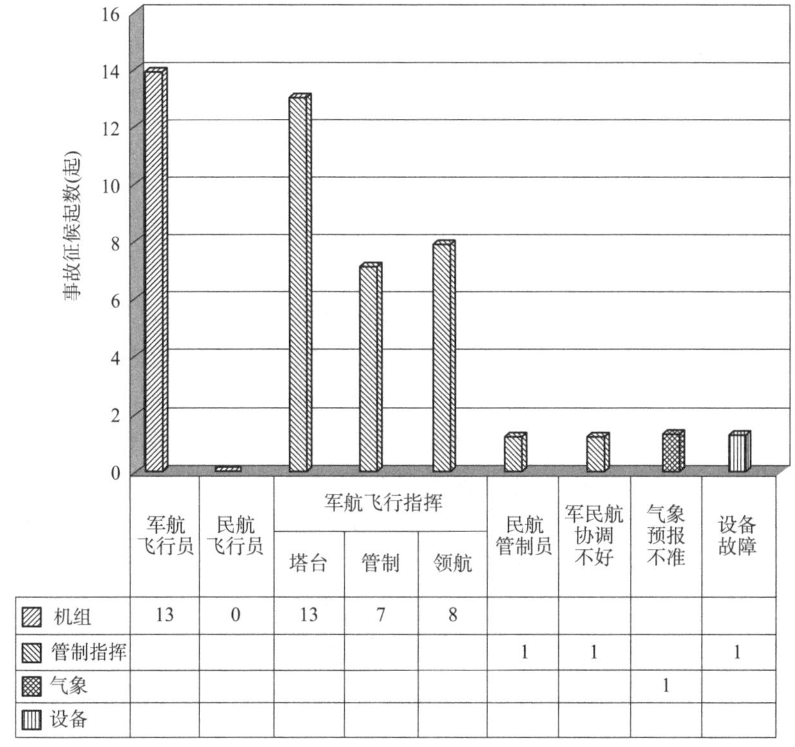

	军航飞行员	民航飞行员	军航飞行指挥			民航管制员	军民航协调不好	气象预报不准	设备故障
			塔台	管制	领航				
机组	13	0	13	7	8				
管制指挥						1	1		1
气象								1	
设备									

图 8-9　1999—2009 年间 18 起典型小飞机与大飞机飞行冲突/危险接近事故征候分析结果

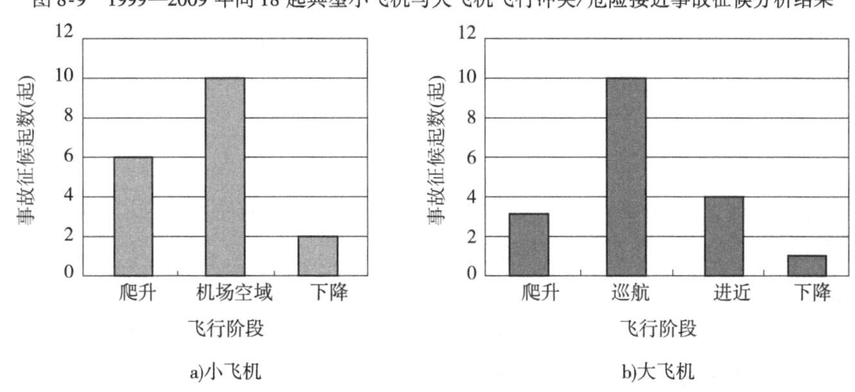

图 8-10　典型小飞机与大飞机飞行冲突/危险接近事故征候按飞行阶段统计

②飞行指挥员存在的问题。突出表现在少数人员素质不高,没有认真履行岗位职责,准备不细致,操作不经心,对情况掌握不准确,处置不正确,通报不及时。具体有:

a. 没有按照规定调配航空器之间的间隔、距离;没有利用雷达、无线电、卫星等导航和引导设备计算、分析、监控航空器飞行动态。

b. 没有按照规定与相邻管制部门移交或通报航空器飞行动态。

c. 没有按照规定将飞行动态通报相关航空器。

d. 发现双机有危险接近可能时,没有及时果断发出避让指令。

③飞行员存在的问题。部分飞行员安全意识不强,综合素质不高,技术基础不牢,没有很好地掌握操作标准和动作要领,心存侥幸,无视规定,明知故犯;或不了解不熟悉情况,超越条件,盲目蛮干;或遇事惊慌,判断失误,操纵错误。具体有:

a. 空中没有保持规定的高度、速度、航向等航行诸元。

b. 空中擅自改变航行诸元,没有及时向管制部门请示报告。

c. 航空器运行中没有严格执行探测、观察、避让等有关规则。

d. 空中没有及时发现和处理影响航行诸元的机载仪表设备故障。

5. 措施建议

军民航飞行冲突的"热点"或"危险区"在起落航线、穿云航线及机场空域,其直接原因大多数是飞行指挥。因此防止小飞机撞大飞机过程中,塔台飞行指挥必须有针对性地采取相应措施。

①提高指挥班子的政治责任心。防相撞工作是一个很严肃的政治问题。一旦发生小飞机撞大飞机事故,不但给国家和人民造成巨大的经济损失,而且在国际上会造成很坏的影响,损害国家的声誉。只要塔台指挥班子具有高度的负责精神,是可以把指挥工作搞好,从而避免小飞机撞大飞机或危险接近发生。

②坚持行之有效的工作制度。飞行指挥员要把民航飞机的起降、过往纳入统一的调配预案中,充分考虑到军民用飞机性能上的差异性,调配必须留有余地;准确掌握飞机位置,避免指挥调配盲目性;飞行调配班子所有人员既要各司其职,又要互相协同,互相弥补,使指挥班子成为高效、灵敏、迅速、准确的指挥整体。

③加强军民航协调,警惕军民合用机场飞行冲突。随着我国改革开放以及民航事业的飞速发展,全国各经济发达地区的机场逐年增加,飞机活动更加频繁,越来越多的军用机场对民航开放使用,军民航防相撞的压力与日俱增,军民合用机场是防相撞工作的重点,需要军民航双方从国家利益的大局出发,密切协同,共同建立、健全并落实防相撞规章制度。

8.2.3 跑道侵入

我国既发生过地面航空器与航空器相撞事故,也发生过航空器与其他障碍物相撞的事故,还有大量的跑道侵入事故征候及不安全事件。

1. 事故统计

据不完全统计,1949—2011 年间我国民航共发生 3 起跑道侵入事故。1969 年 10 月 22 日,民航一架伊尔 14 型 612 号机在虹桥机场滑行时撞物,造成三等事故。直接责任是飞行教员思想麻痹,没有听从地面指挥;1982 年 1 月 14 日,民航一架三叉戟 252 号机着陆过程中与闯入跑道的水牛相撞,造成三等事故。直接责任是机场管理人员违反规定,没有履行检查跑道职责;1983 年 9 月 14 日,民航一架三叉戟机与空军轰五飞机在桂林机场滑行时相撞,致使机毁人亡,造成一等事故。直接责任是空军和民航的有关飞行人员和指挥调度人员。

2. 事故征候及不安全事件统计

中华人民共和国成立初期,我国基本上没有发生跑道侵入事故,事故征候及不安全事件

也较少。改革开放以来,尤其是 1989 年以来,跑道侵入事故征候和不安全事件屡屡发生。具有以下几个特点:

①不安全事件数量逐年增加且严重等级明显升高。图 8-11 和图 8-12 显示了 1989—2011 年间,我国跑道侵入不安全事件数量和严重等级变化趋势。可以看出,我国跑道侵入不安全事件有两次高发期:一个是 1989—1996 年间,跑道侵入造成的一般飞行事故征候次数持续升高,但无严重飞行事故征候。另一个是 2005—2011 年间,随着航空业持续快速发展,我国运输周转量和机场数量急剧增加,跑道侵入不安全事件次数显著增加,严重等级明显升高,跑道侵入的风险变得越来越大。

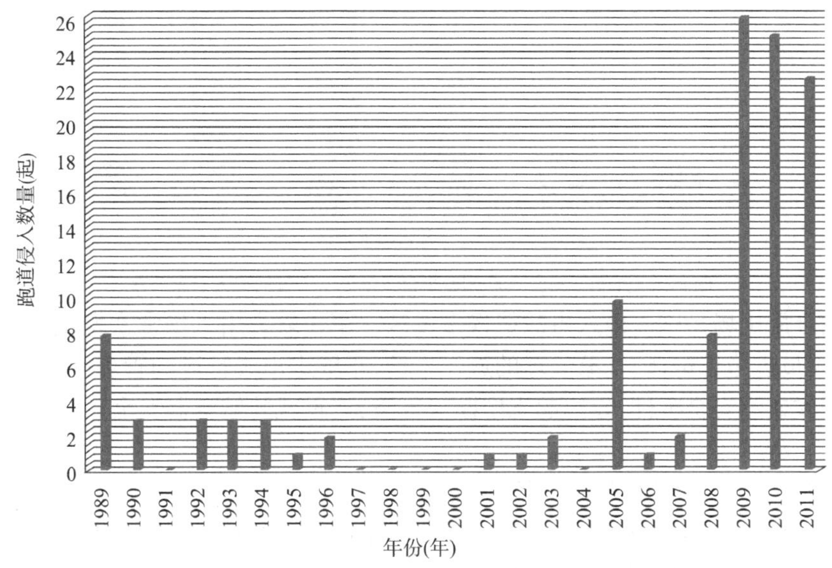

图 8-11　1989—2011 年我国跑道侵入不安全事件数量趋势

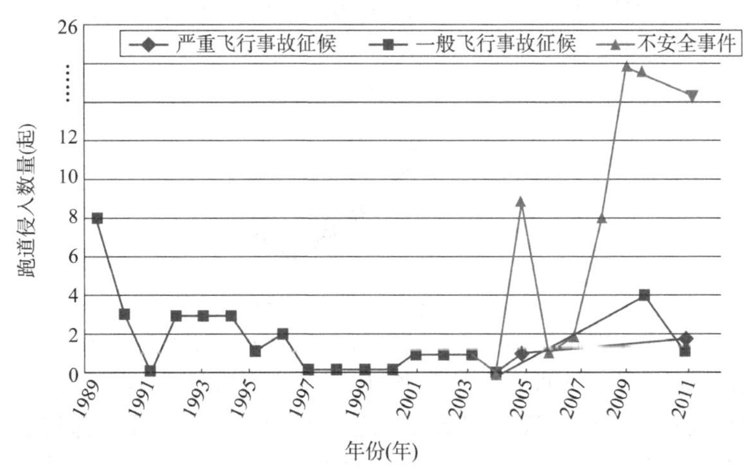

图 8-12　1989—2011 年我国跑道侵入不安全事件严重等级

②不安全事件涉及侵入对象繁杂。我国发生跑道侵入不安全事件类型:一是其他航空器或车辆侵入跑道。1995 年国航一架客机在美国机场滑行时误入韩国一架正准备起飞客机的跑道,与韩国飞机险些相撞;2000 年虹桥机场一架 MD90 飞机落地后滑跑过程中,右襟翼

撞上跑道上行驶的巡道车;2008 年民航一架波音 737 飞机在进近过程中,塔台管制员发现该机对着未启用的滑行道进近,立即指挥机组复飞。二是人员侵入跑道。1995 年国航一架波音 747 飞机在白云机场着陆时撞死一人。三是动物侵入跑道。主要是机场围界内外的野生动物如牛、狗、兔等进入跑道,或者是运载的动物在装卸过程中逸出跑道。图 8-13 描述了 2006—2011 年间我国发生跑道侵入不安全事件的侵入对象分布情况。

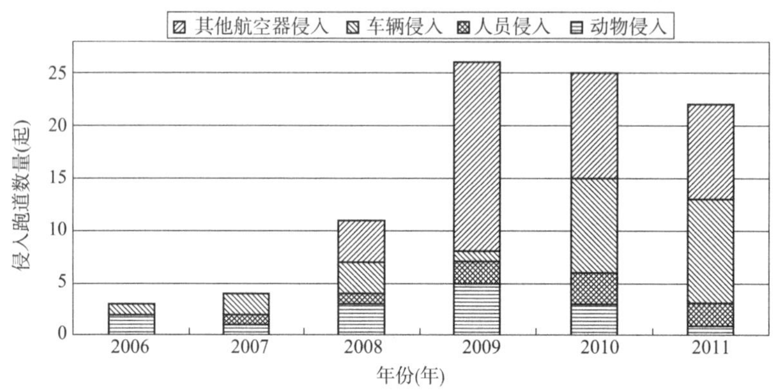

图 8-13　2006—2011 年我国跑道侵入不安全事件的侵入对象分布

③军民合用机场是跑道侵入事故征候多发区。军民航合用机场常常发生因军民航飞行动态通报、人员进跑道申请、气象气球的放飞申请、车辆进出飞行区的管理等问题,引发跑道侵入事故征候或不安全事件,导致起飞中断或复飞,严重威胁航空器安全。

3. 原因分析

(1)2006—2009 年跑道侵入原因统计分析

跑道侵入事故征候和不安全事件发生的原因是多样化的,发生的环境是复杂的。图 8-14 显示了 2006—2009 年间我国发生跑道侵入不安全事件的原因统计。各种因素所占比例分别为:军航空管 4%、民航空管 15%、飞行机组 26%、地面保障 22%、其他因素 33%。据此可以得出以下结论:

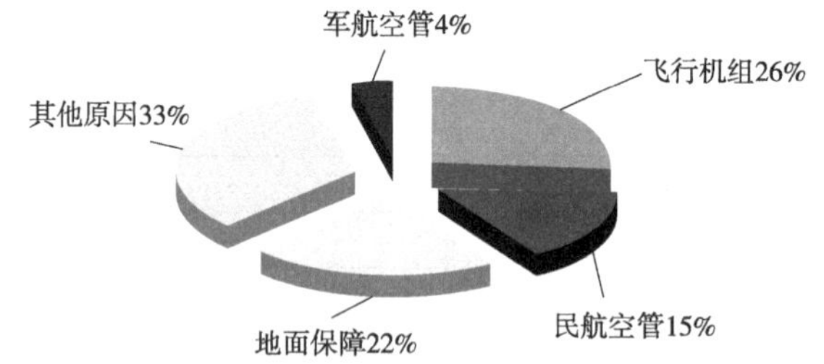

图 8-14　2005—2009 年间我国发生跑道侵入不安全事件的原因统计

①飞行员作为航空器运行的最终决策者,其失误将直接导致跑道侵入事件的发生。飞行员失误主要是:飞行员违反规章、与管制员沟通失效以及没有或没能保持良好的监控周围环境的能力。也就是飞行员不知道或瞬间忘记其当前所处的位置、前往目的地的路线和途中的所有障碍物、危险或需要遵守的规则。

②管制因素也是导致跑道侵入事件的主要原因之一。管制员差错主要是:丧失监控周围环境的能力,与飞行员或地面车辆驾驶员之间沟通失效等。其后果通常有两种:一是两架或多架航空器之间,或者航空器与障碍物之间距离低于最小安全间距,其中障碍物包括跑道

上的车辆、设备和人员；二是航空器在得到管制许可后却在关闭的跑道上着陆或起飞。

③车辆驾驶员失误导致跑道侵入事件也是重要的原因，包括：机场车辆/人员管理不当、机场助航设备故障、机场滑行路线的设计缺陷等。

④无线电通话沟通因素，通常包括：使用不标准用语；飞行员或车辆驾驶员未能正确复诵指令；管制员没有确保飞行员或车辆驾驶员的复诵与发出的许可一致；飞行员或车辆驾驶员误解管制员的指令；飞行员或车辆驾驶员接受了发给另一架航空器或车辆的许可；发话被干扰和部分被干扰；过长或复杂的通信。

⑤机场布局的影响，主要是机场的跑道构型及滑行道的布局。跑道或滑行道与跑道交叉点越多，意味着机场布局越复杂，也更容易导致飞行员、车辆驾驶员迷路或失去情景意识，则跑道侵入事件发生的可能性越大。

⑥助航设施设备的影响，包括：机场标志牌、标志、灯光设施及其他用来协助引导飞行的装置或采取的方法。还包括是否安装地面监视系统和改进型地面活动引导及控制系统等。

(2)2011 年跑道侵入原因统计分析

2011 年我国民航共收集跑道侵入不安全事件 22 起，其中构成严重事故征候 1 起，一般事故征候 1 起如图 8-15 所示。通过对其统计分析(原因分类不独立)，得出以下结论：

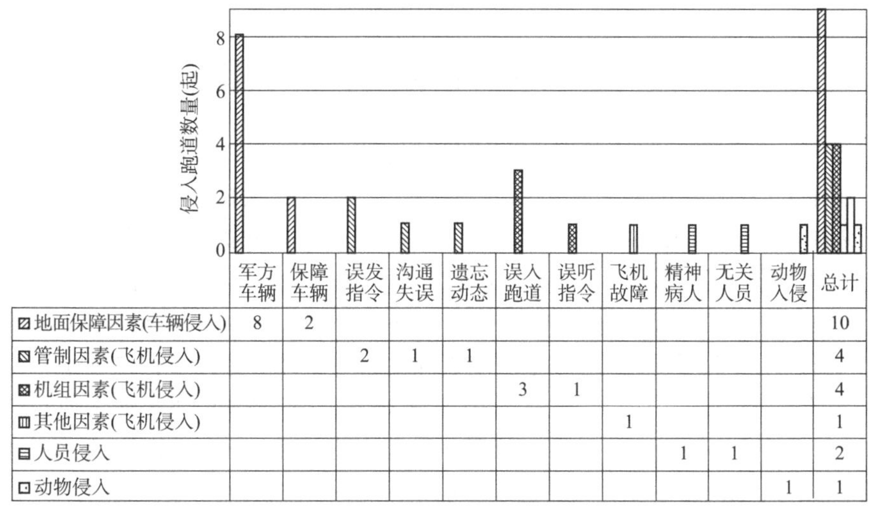

	军方车辆	保障车辆	误发指令	沟通失误	遗忘动态	误入跑道	误听指令	飞机故障	精神病人	无关人员	动物入侵	总计
地面保障因素(车辆侵入)	8	2										10
管制因素(飞机侵入)			2	1	1							4
机组因素(飞机侵入)						3	1					4
其他因素(飞机侵入)								1				1
人员侵入									1	1		2
动物侵入											1	1

图 8-15　2011 年跑道侵入不安全事件按因素分析

①车辆侵入事件占跑道侵入事件总数的 45%。尤其在军民合用机场，军方车辆原因占 80%，机场保障车辆原因占 20%。

②民用机场管理问题中，主要是各种保障车辆未经塔台管制许可擅自进入跑道引起的。需要进一步规范和细化塔台与机场场务之间的标准通话和工作程序，尤其是大型枢纽繁忙机场。

③管制原因占跑道侵入事件总数的 18%。主要是由于管制员遗忘某一架航空器的飞行动态，或与机组沟通失误造成。因此应加强无线电通话标准用语、英语通话质量以及应急处置的培训和演练，强化管制岗位责任制。

④机组原因占跑道侵入事件总数的18%。其中,75%是由于机组越过等待线误入跑道造成,25%是由于机组误解管制指令而导致跑道侵入的。

4. 措施建议

按照ICAO要求,应从技术、人为因素和组织角度,研究和开发防止跑道侵入的技术设备,加强机场安全管理,完善安全制度,有效控制跑道侵入事件发生,努力提高跑道运行的安全性。

①通过技术手段降低跑道侵入风险。各机场、空管和航空单位,针对各地区的机场布局、机场运行方式等不同情况,安装预防跑道侵入设备,有效地预防跑道侵入事件,防患于未然。

②通过基础设施改进降低跑道侵入风险。主要是优化和改善跑道及滑行道系统,改进地面标志标识系统。

③通过加强各类人员安全培训降低跑道侵入风险。加强飞行员、管制员、车辆驾驶员及飞行区场务人员培训,完善规章制度,增强相关人员的责任感和安全意识。

④通过组织手段降低跑道侵入风险。建立跑道安全组织机构和管理体系,加强跑道安全监督,提高跑道安全信息管理,修订机场飞行区技术标准和跑道安全运行程序,改善通信质量,规范飞行员、管制员与车辆驾驶员之间的通话用语。

8.3 我国防相撞工作经验教训

古人云:“以目而视,得形之粗者也;以智而视,得形之微者也。”面对我国航空器相撞事故、事故征候和不安全事件,如果我们“以目而视”,只能得到大概的、表面的印象,得到的教训也是肤浅的。相反,如果我们“以智而视”,科学、辩证地去分析、探究事故原因,不仅能给人以警示,给人以提醒,而且给人以反思,达到未雨绸缪、防患于未然之目的[5]。

1. 防相撞工作是项主官工程,得之于管理也失之于管理,因此要拒绝形式抓落实

“主官工程”的要义是主官亲抓、主官主责和主官带头。防相撞工作是项主官工程,强调将“安全第一”定为各级部门领导或主管的工作准则,第一把手要以主要精力抓安全,主管领导要全力以赴抓安全,各级党委行政会议第一位的议事日程是研究安全;强调安全责任追究,各级部门领导,特别是主要领导,是防相撞工作第一责任人,对于保证飞行安全负完全责任,并从上往下逐级抓贯彻,将安全责任落实到基层单位;强调领导在防相撞工作中的关键作用,领导必须以身作则,高标准严管理,抓教育树立安全观念,抓制度强化规章意识,抓隐患防微杜渐,抓措施改进基础设施,抓宣传弘扬安全文化。

将防相撞工作视为“主官工程”,既是对我国飞行安全管理经验的高度概括,也是我国防相撞工作的特色之一。70多年来,在党中央、国务院和中央军委的亲切关怀下,经过各级、各部门和各类人员的共同努力,我国防相撞工作最直接、最具体的成绩体现在大大减少了航空器相撞事故及其损失,尤其是避免了特大军民航飞机空中事故的发生,建立了较完善的、与国家飞行安全管理体制相适应的“安全第一、预防为主、齐抓共管、整体防范”的防相撞工作指导原则;建立了宏观管理、中观管理和微观管理三个层次的防相撞工作组织结构,明确了航空单位是防相撞工作的责任主体,并在全国范围内建立起了以航空单位、机场、空

管等主要部门领导为第一责任人的安全运行责任制；建立了一支有力的安全监督管理队伍。

毋庸置疑，我国防相撞工作取得的成绩是巨大的，但存在的问题也是不容忽视的。

①大多数 CFIT、双机空中相撞、跑道侵入事故以及事故征候，通常都不是一种原因，而是很多因素汇集后最终造成的。如果管理部门或管理者，事先能够从安全政策、法规或技术投入方面早些做出正确的决策，或者事先能够采取适当的措施，许多航空器相撞事故或事故征候是完全可以防止的。

②每当我国航空管理体制和其他领域变革时期，飞行安全形势就比较严峻，防相撞工作压力就会随之增大。例如，20 世纪 80 年代，我国民航管理体制实行政企分开的变革，军航实施体制改革和精简整编，结果连续发生 3 起双机空中相撞事故和 1 起军民航飞机地面滑行相撞事故。

③每当防相撞工作“安全第一”原则受到干扰的时候，飞行安全形势就比较严峻，防相撞工作压力就比较大。例如，1958—1960 年“大跃进”时期，“安全第一”原则受到严重冲击，一些合理的规章制度被忽视，人们思想和情绪产生波动，事故和事故征候接踵而至。3 年中发生飞行事故 8 起，其中运输和通用飞行事故各 4 起。1958 年发生了我国民航班机第一次机毁人亡 CFIT 一等飞行事故；1960 年我国第一次发生了双机空中相撞一等飞行事故。

④每当防相撞工作跟不上航空发展步伐的时候，飞行安全形势就比较严峻，防相撞工作压力就比较大。纵观航空业发展和飞行安全管理的脉络，可以看出一个明显的趋势，即航空业每前进一步，防相撞工作就必须上一个新台阶，否则，就会出现人员数量、素质、制度等无法满足航空发展需求，违反客观规律、盲目蛮干等现象，给防相撞工作带来严重冲击。例如，20 世纪 90 年代初，我国航空业进入了历史上前所未有飞速发展时期，航空公司纷纷成立，不断扩大机群、增加航线，使原来已存在的基础设施落后、人力不足的问题更加突出，最终导致 1992—1994 年出现第三次事故高发期：3 年间共发生飞行事故 17 起，恶性 CFIT 飞行事故连续发生，尤其是 1992 年一架波音 737 客机在桂林机场进近过程中撞山，导致机上 141 人死亡。详情见附录二(8)。

因此，防相撞工作就是一种安全管理。而这种安全管理，是一项科学的、实实在在的、容不得半点虚假和骄傲的工作，需要拒绝形式抓落实。形式主义是安全的大敌。安全检查、安全整顿、安全教育月、安全责任书等绝对不能走过场搞形式，需要贯彻落实。贯彻是一个动态过程，从横向上讲，不管航空单位、机场、空管还是其他行业，都需要上级的指示精神和要求来统领；从纵向上讲，它需要一级级地贯穿到底，直到每个岗位、各类人员。落实是确保安全的基石，防相撞工作的每项规章制度、安全目标和工作计划等，无不需通过抓落实得以实现。抓落实就是抓岗位责任制，要克服“飘”，能沉得下；克服“虚”，不搞形式主义；克服“粗”，按程序操作丝丝入扣；克服“假”，盯着问题抓落实。

2. 防相撞工作是项群体工程，得之于人也失之于人，要拒绝失职抓责任心

“群体工程”的要义是全员参与、整体行动和落实岗位。防相撞工作是项群体工程，强调保证飞行安全人人知责思为，人人献计献策，人人尽职尽责；强调各级、各部门和各类人员主动配合，密切协作，形成合力；强调岗位责任制，把保证飞行安全的具体工作，落实到每一个岗位，每一个人员，做到千斤重担众人挑，人人肩上有指标。

①将防相撞工作视为“群体工程”,是我国近70多年飞行安全管理的另一个特色。这一特色是党的群众路线在防相撞工作中的具体体现,符合现代科学管理的整体性原则。我国古代兵法家孙膑说过,“间于天地之间,莫贵于人。”毛泽东同志也说过,“武器是战争的重要因素,但不是决定因素,决定的因素是人不是物。”防相撞工作亦如此,人起决定作用,其工作的主体是人,客体也是人。人的因素是防相撞工作最关键的因素,其影响是全过程的,也是全员性的。人可能是“危险因素”的携带者或诱因,也可能是危险因素或违章操作的制止者,因而,人的因素是一把“双刃剑”,具有正、负不同的效应。一方面,防相撞工作要依靠人,充分发挥人的积极性和能动作用,不同岗位人人把关,事故苗头大家严防,依靠群体力量去防止少数人的差错或失职,及时制止他们的不安全行为,实现保证飞行安全的目的。民航初创时,仅有30多架小型飞机,年旅客运输量1万人次;2007年,我国民航拥有飞机近2000架,年旅客运输量1.85亿人次。这种发展势头和成绩的取得,得益于为保证飞行安全做出突出贡献的先进单位和个人,以及一代代爱岗敬业、无私奉献的航空人。另一方面,防相撞工作要阻止人犯错,充分发挥组织及管理所营造的安全文化作用,用安全理论武装人,用敬业精神激励人,用职业道德规范人。人的因素是复杂的,这是因为“人是可能犯错误的”。人与机械不同,不稳定性极大,平时工作很出色的人,在思想压力、疲劳或情绪波动的特定情况下,极有可能出错。史实确凿,殷鉴不远。我国1949—2010年间发生的航空器相撞事故中,17起运输飞行事故,有15起直接与人的因素相关;51起通用飞行CFIT事故,有50起直接与人的因素相关;4起双机空中相撞事故都与飞行指挥员有直接关系;3起跑道侵入事故也都与人的因素直接相关。

②“有职必有责、任职必负责、失职必问责。”防相撞工作既涉及航空单位、机场、空管以及通信、导航、监视、气象等众多部门,又具体涉及飞行员、飞行指挥员、航空监察员、技术保障等各类人员。尽管这些部门或人员履行的职责各异、所处的岗位不同、分工有别,但其责任都是同等重大的,一条错误的指挥用语、一个不经意的操作、一时疏忽大意、一瞬间的盲目蛮干……哪怕是一名自认为不在重要岗位的车辆驾驶员“一脚油门”违章穿越跑道等,都有可能造成航空器相撞事故或事故征候的发生。因此,面对人特有的“一个硬币的正反两面”,防相撞工作必须从人的因素和人的管理入手,建立安全文化体系,规范个人和群体的安全观念和安全行为;通过思想、组织、工作、监督等多项保证,减少人为差错;大力推行问责机制,强化责任追究,杜绝岗位失职。

③“安全系于责任,责任重于泰山。”责任心不仅是严格执行规章制度、严守操作规范、恪尽职守地做好各项工作的必要前提和保证,而且也是一个人精神面貌、状态的生动体现。有了强烈的责任意识,就会把安全时刻挂记在心头,就会经常有“如临深渊,如履薄冰”的忧患意识,对自己所干的每项工作不敢有半点的懈怠,唯恐自己的工作有丁点过失而影响了安全。如果缺乏责任意识,心思和精力不用在工作上,工作能力再强、业务水平再高,即使单位的规章制度再完善、操作规程再细致,也很难把安全工作落到实处。因此,防相撞工作必须从“责任心”这个最基本的问题抓起,要把防相撞工作的目标任务落实到每个部门、每个岗位、每名人员,做到既事事尽责,又管住重点对象;既时时尽责,又盯住重点时机;既处处尽责,又抓住关键环节,实行纵向到底、横向到边,全方位全员额全过程的安全管理,从而有效地抑“负”扬“正”,化解人的因素负效应,提升正效应。

3. 防相撞工作是项规范性工作，得之于制度也失之于制度，要拒绝随意抓规范

规范性工作的核心是规章制度的落实和标准程序的执行力。防相撞工作是项规范性工作，要求树立规章制度的权威性，做到令行禁止；强调遵循规律，严格标准操作程序，拒绝随意性。

空中交通活动具有点多、线长、面广、快速、机动的特点，其安全运行，不是一个人、一个部门或一个岗位所能完成的，而是建立在高度集中统一的标准、程序、规章、制度的基础之上，有赖于整体行动。如果没有统一的标准、程序、规章、制度去规范有关人员的思想和行为，或者有关人员不执行有效的统一的标准、程序、规章、制度，必然危及航空器的运行安全。尤其像防相撞这样的工作，有了成绩时，看不出它的直接效果；出了事故时，问题马上就显现出来，人难免会产生浮躁情绪，冷热不均、松紧无序，以致安全防范关口堵不严，使安全在时间上留有空隙，空间上产生"断层"，因此更需要强调规章制度，克服随意性。目前，在不断吸取国际航空经验的基础上，我国已形成了《中华人民共和国飞行基本规则》《中华人民共和国民用航空法》《飞行间隔规定》《通用航空飞行管制条例》《中国人民解放军空军飞行条令》《中国人民解放军空军飞行管制工作条例》《中国民用航空空中交通管理》《空军防止飞机空中相撞工作规定》及机场细则、运行标准、程序等规章体系；建立了安全教育、形势分析、协同工作、信息通报和报告、登记统计和检查考核等机制。这些规章制度是对我国飞行实践的经验总结，有些甚至是用生命换来的宝贵财富，是我国飞行安全管理和防相撞工作的依据和行动的准则。

古人云："天下事，不难于立法，而难于法之必行。"规章制度和标准程序的作用在于需要，需要的实现在于执行。倘若把规章制度当成个"稻草人"用于吓唬，不仅失去了其存在的价值，而且连同制订规章制度部门的权威也会丧失殆尽；倘若把标准程序当成个"软皮糖"能长能短，可有可无，危险随时可能会降临。对 1949—2010 年间我国发生的 74 起航空器相撞事故统计结果显示：盲目下降高度、飞行随意、过高估计自己能力、盲目指挥、疏于监控、非标准通话、忘记某一架飞机动态等违反标准、程序、规章、制度的有 45 起，占全部航空器相撞事故的 61%。由此可见，随意是规范性工作的大敌。随意通常表现为三种类型：一是执行规章制度方面的随意性。表现为章法观念淡薄，有章不循，盲目蛮干；工作马虎，粗心大意；怕麻烦，图省事，凭侥幸，明知故犯。二是标准操作程序方面的随意性。表现为因缺乏必要的专业知识和操作技能，缺少应有的专业训练，违章操作，违章指挥，不执行标准程序，不实施交叉检查，陆空通话不标准等。三是监督管理方面的随意性。表现为飞行组织管理混乱，计划分工不明确，工作协调不好、交接不清，机场管理秩序混乱，军民航协调不顺等。因此，落实规章制度，严格标准程序是防相撞工作常说常新的话题。需要大力抓好规章制度宣传教育，强化各类防相撞工作人员的安全防范意识；不断增强工作责任心；严格落实检查制度，加强运行安全监察，使飞行员、管制员能够凭借坚强的意志来约束规范自己的行为，不偏离"法规""标准"的中心，兢兢业业飞好每一个起落，保障好每一次飞行。

4. 防相撞工作是项经常性工作，得之于经常也失之于经常，要拒绝侥幸抓必然

经常性工作贵在经常，也难在经常。不是难在某项工作本身，而是难在人。因为人难免会产生惰性，产生浮躁和侥幸心理，这是人性的弱点。防相撞工作长效机制的核心便是加强经常性管理。除常抓主官工程之实、常建群体工程之本、常思制度落实之道外，还要强调树

立安全意识，常怀忧患之心；强调天天从“零”做起，常省工作之过；强调安全检查，常提“不开之壶”；强调慎思谨行，常治侥幸之祸。

①常怀忧患之心。古语云：“忧先于事者，不及于忧；事至而忧者，无济于事。”忧患之心不是为已知的问题或隐患而确立，而是为防范未知而存在。强烈的安全意识不仅是高度责任心和使命感的体现，更是对国家和人民负责精神的体现。空中交通活动是一个复杂的“人—机—环境”系统，飞行过程受很多条件制约及因素影响，有极大的不确定性。面对航空器相撞事故或事故征候，我们不能也不可能全知全能，但完全可以事先预测并能够做好充分的思想和物质准备。反思1949—2010年间发生的航空器相撞事故，尤其是大量的、重复发生的事故征候，其本身就蕴含了可以避免的警示性。因此，强化各级、各部门和各类防相撞工作人员的安全意识，不是一般的说说而已，而是要保持一份清醒和冷静，将忧患之心变为除患之行，把无事当有事来抓，把小事当大事来抓，把苗头当问题来抓，把别人的问题当自己的问题来抓，常以危机感鞭策自己，使安全“关口”前移，牢牢把握防相撞工作的主动权。

②常省工作之过。曾子曰：“吾日三省吾身。”反省是一面镜子，反省是一剂良药，反省是人的因素中最值得珍视的美德之一。差错，对于各级、各部门、各类防相撞工作人员来说，或大或小，或多或少，实难避免。值得引起注意的是，有些单位出了差错不反省、不分析、不研究、不吸取教训，以致差错重复发生；有的人员对别的单位发生的差错、问题不在意，当新闻、故事听听而已。这种对待差错的态度是很危险的。防相撞工作需要养成每天反省的习惯、反省的勇气和反省的智慧，对待自己的过错，要善于“知过而后智”，对待他人发生的过错，要善于“对号入座”，举一反三。飞机一“响”，防相撞工作就“箭”在弦上，需要坚持天天从“零”开始，每天都以崭新的姿态重新起步，对昨天的成绩不贪恋，对问题不掩饰，扎扎实实地做好每天的每项工作，天天有一个圆满的句号。我国防相撞工作实践一再表明，相对于一个较长的安全周期，保证天天安全是短暂的，但同时又是漫长的，它需要每天的“反省”，失一天不可，一旦某一天安全防范关口失守，导致事故的发生，都会将前面所奋斗的成果付之东流。

③常提“不开之壶”。常言道：“哪壶不开提哪壶。”本意指招待客人时只提凉壶，让人喝凉水。后引申为说人家不爱听的话，做人家不喜欢的事，如亮丑、揭短或揭疮疤等。安全检查作为一项经常性工作，是防相撞工作查找、治理安全隐患的有效途径，其目的就是要及时发现并指出存在的问题和安全隐患，以便被检查单位及时纠正和解决。从某种意义上讲，防相撞形势分析、安全检查和讲评监督就是奔着问题而去，各级、各部门领导乃至每位监督检查人员，要敢于提“不开之壶”，一定要对查出的问题加以分析，认真剖析根源，找出症结所在，坚决堵塞安全管理上的漏洞。绝不能“走马观花”“蜻蜓点水”，对那些日常见怪不怪、司空见惯的问题要警觉、要清醒，须知事故的偶然性存在于必然性之中，往往小问题也有否决权。

④常治侥幸之祸。常言道：“心存侥幸，必有不幸。”这句话乍听起来有点“危言耸听”的说教感，但若深入品读、细细思寻，就会发现其中蕴涵着深刻的哲理和缜密的逻辑。侥幸，就是意外地免于不幸。侥幸心理实质上是一种自欺欺人的不健康心理，明知如此下去可能会产生不良后果，却主观臆想不会这么倒霉，因而放任自流，最终酿成事故。1997年5月8日，我国民航一架波音737客机执行重庆—深圳航班任务，由于夜间飞行遇到大雨，能见度差，机组没有果断采取复飞措施，心存侥幸，违反规定，盲目下降，失去主动，贻误了时机，最后由

于高度判断不准,致使飞机没有保持正确的接地姿态,造成重着陆跳跃,飞机解体失事,旅客 33 人死亡,28 人受伤。侥幸是犯错误的偶然,犯错误是侥幸的必然。航空器相撞事故的发生有其偶然性,但偶然性的背后却是有侥幸思想以及工作失责、失误的必然性支配着。因此,防相撞工作绝对不能靠侥幸,要全面详细地掌握情况,彻底细致地排查隐患,把事故苗头消灭在萌芽之中,把措施制定得可行有效,把工作做得深入扎实。

5. 防相撞工作是项细致性工作,得之于细微也失之于细微,要拒绝粗放抓精细

细致性工作贵在注重细节,成则聚沙成塔,积小成为大成;败则蚁穴溃堤,由小败酿成大败。防相撞工作是项细致性工作,强调安全目标具体化,具体岗位细致化,把安全浓缩在细节里;强调防微杜渐,用谨慎的态度对待隐患和苗头,"小问题也有否决权";强调查找问题要实要细,全面推进精细化管理。

老子《道德经》中说:"天下大事,必作于细。"意思是说:要想实现大目标,应当从细微处做起。这是因为事物运行是个过程,是一个量的积累到质的变化的过程,细节具有不可跨越性,细节反映事物的内在联系,细节隐藏着必然。就防相撞工作而言,不论是航空单位、空管还是机场部门,虽然少不了宏观决策和目标规划,但更大量、细致的工作必然要通过关注细节的点点滴滴,深入到工作的具体环节、程序、操作方面实现的。正如《细节决定命运》一书所言:我们从来都不缺少雄韬伟略的战略家,缺少的是精益求精的执行者;绝不缺少各类规章、管理制度,缺少的是对规章制度不折不扣的执行。我国防相撞工作实践表明,确保飞行安全,防止航空器与航空器、航空器与地面障碍物相撞,需要从计划到方案、从程序到操作、从规章到行为、从思想到作风,把安全落实到每个岗位、每个人乃至每项工作的每个环节。从细微之处入手,把每个岗位、每项工作的每个细节做得完美,在平凡中做出不平凡,才能小事成就大事,确保飞行安全。因此,各级、各部门、各类防相撞人员,尤其是领导,绝不可以认为自己是做大事的,只要定下宏观决策、战略方向或下达了目标与任务就完事了,细节是下属和员工要做的事情。殊不知,战略目标的构成是由无数个细节聚集而成,没有细节的落实就没有安全战略目标的实现,确保飞行安全也就成了一句空话。

古人云:"事之成败,必由小生。"这里的"小"指细微的小事情,也即人们常说的苗头、微不足道的或不显著的"错、忘、漏"。通常,"成"由于小,不显现,常常被人轻视,总感到小人物、小岗位、小事情,不经意、难认真;"败"由于小,不起眼,往往被人忽略,总觉得小问题、小毛病,容易导致自我原谅,自我让步,最终蚁穴溃堤。防相撞工作中,"小问题也有否决权",小问题不小,是因为它在安全系统这根大链条中起着连接上下环节的作用,其中任何一个细节或环节脱落都会导致系统大链条停转。从这个意义上讲,飞行员、飞行指挥员、监察员和机场管理人员等,不论其作用大小,都对安全拥有"否决权"。例如,与"危险的 11 分钟"相比,航空器在机场道面上运行似乎要安全稳当得多,但近年来,跑道侵入事故及事故征候起数却有增无减,究其原因,几乎全是一些诸如机场标志不明确、航行通告不全、机组准备不细、管制差错或机场秩序乱等小问题或隐患,造成"小河沟里翻船"[6]。

一架航空器就是一座科技城,它由若干系统、成千上万功能模块组成,其精确度、科学化、智能化的程度非常高;一个空中交通系统就是一个巨型工程,它由航空器、机组资源、空管、机场等构成,其运行过程极具系统化、组织化、规范化和程序化。这就要求各级、各部门、各类防相撞工作人员,在空间利用、时间监控、状态控制、冲突处理等方面快速获取、准确分

析、正确判断信息,实施有效地协调、指挥、控制。对于管制员来讲,一个动作、一句话、一个程序或一次观察等不起眼的细微工作,如果认真做好,似乎觉察不出其价值和重要程度,而一旦思想麻痹,掉以轻心,它就会以惩罚的形式从反面证明其价值和重要性;对于飞行员来讲,一杆一舵、一个检查、一个程序或一个数据都事关重大,一旦出现差错,就可能酿成大祸。

8.4 我国防相撞工作未来展望

回顾历史是为了更好地把握明天。70 多年来,经过几代人的不懈努力,我国防相撞工作已建成了一个要素比较齐全、结构比较合理的组织管理体系,造就了一支吃苦耐劳、作风顽强、经验比较丰富的技术队伍,形成了一套具有中国特色的防相撞理论体系。面对未来国家统一管制和军民航飞行安全管理的新形势,需要以史为鉴,继往开来,研究新情况、解决新矛盾、探讨新对策。

8.4.1 我国防相撞工作面临形势的基本研判

主要基于以下四个方面考虑:

1. 民航飞行量持续增长,军事训练方式转变,使防相撞工作面临新的挑战

“十三五”期间,我国民航业快速发展,民用运输机场总数达 241 个,运输总周转量年均增长 11%。“十四五”期间,民航的发展势头仍显强劲,预计到 2025 年,运输机场总数达到 270 个,将形成国家枢纽航路网、区域航路航线网和支线航线网有机结合的航路航线网络架构。预计到 2025 年,航空运输在国家综合交通体系中所占的比重大幅增加。军事航空方面,随着新时期军事斗争准备深入及新型主战飞机逐步装备部队,飞行训练突出了由技术向战术训练的转变,飞行活动范围增大、续航时间增长、空域需求更高。再加上工业、农业、林业、渔业以及抢险救灾、社会治安、文化体育、气象探测等领域的通用航空活动增多,致使空域资源有限性与日益增长的用户需求之间的矛盾将越来越突出。空域资源的矛盾势必造成民航航班延迟。美国大峡谷飞机空中相撞、特纳里夫岛飞机地面相撞等历史的经验表明,航班大面积延误往往孕育着更大的危机,特别是对防相撞带来巨大威胁。因此,今后一个时期,空域资源的矛盾依然是制约防相撞工作的瓶颈,影响防相撞工作向深层次发展。

2. 知识经济时代日新月异,航空技术飞速发展,使防相撞工作面临新的考验

知识经济时代的最大特点就是技术高度复杂和综合,并且更新快速,谁掌握了技术和知识,谁就掌握主动权。航空系统从其诞生之日起,就是一个以人为中心的技术密集型行业,谁能跟上航空技术的进步,谁就能执飞行安全之牛耳。我国民航历史上出现的三次事故高发期教训表明,人机比例失调、人员知识落后、培训不足、素质跟不上航空技术的发展,必然会导致事故多发。例如,1993 年中国北方航空公司一架 MD-82 飞机在乌鲁木齐机场着陆过程坠毁,虽然事故的直接原因是左座调错高度表盲目下降高度所致,但机组听不懂 GPWS 英语警告也是重要原因。防相撞工作是一个复杂的系统工程,具有鲜明的时代性和很强的实践性,单凭人们的热情和良好愿望是决不能实现的,必须依靠科学技术、

严密的安全管理、丰富的知识和精湛的业务技能。在航空技术朝着综合化、复杂化、系统化方向不断发展的未来，人由机器操纵者变为管理者、监控者和决策者，处于自动化系统的核心地位，这就对人的知识和素质提出更高的要求。如果各级、各部门、各类防相撞工作人员，特别是飞行员、飞行指挥员、安全监察人员知识的更新和技术的改善跟不上航空技术快速发展步伐，仍然依靠传统经验型管理，势必给飞行安全带来冲击，使防相撞工作面临新的考验。

3. 空管体制改革不断深入，航空法规修订完善，对防相撞工作提出更高要求

空管体制改革不仅关系到国家航空运行经济效益和空防安全，而且与飞行安全尤其是防相撞工作紧紧联系在一起。在国家空管委（现中央空管委）的领导下，我国空管体制改革按照“三步走”的战略部署，已基本实现第一、二步改革目标。第三步改革的目标是实现国家统一管制，目前正在稳步推进，进入了发展的关键期、矛盾的凸显期、改革的攻坚期。优化空域资源配置，改革低空空域，施行军民航空管联合运行模式，加大空管基础设施建设力度，积极推进新航行系统（CNS/ATM）建设，修订和完善航空法规规章，制定科学的飞行规则、飞行程序和管制细则等，必然给我国航空发展带来蓬勃生机，极大地促进飞行安全管理，对做好防相撞工作提供更有利的环境。然而，我国近 70 年防相撞工作经验表明：但凡航空管理体制变革和技术装备更新换代时期，都是防相撞形势异常严峻的阶段。军民航各级、各部门、各类防相撞工作人员应根据体制变革、技术装备更新和法规规章修订时期面临的新情况新问题，研究飞行密度加大、间隔缩小情况下飞行调配方法，及时地、有针对性地进行防相撞宣传教育，始终突出防相撞工作重中之重的地位，正确处理安全与变革、安全与效益、安全与运行等关系，尽快地研究并正确理解新法规，防止出现新旧法规混用的现象，熟练掌握新装备使用方法，提高自己的业务水平和能力。

4. 低空空域管理改革分步实施，通用航空异军突起，防相撞工作压力巨大

国务院、中央军委出台《关于深化我国低空空域管理改革的意见》，将是指导今后一个时期我国低空空域改革的纲领性文件。该文件提出深化低空空域管理改革的主要任务和措施，对于我国通用航空发展将起到决定性作用。然而，美国和澳大利亚等航空发达国家空中相撞事故统计结果表明，90% 以上的空中相撞事故都涉及通用航空飞行[7]。低空空域管理改革是航空业飞速发展大势所趋，通用航空异军突起是历史发展必然。低空空域改革必将推进通用航空“井喷”式发展，但我国通用航空长期被边缘化，通用航空飞机老旧、机场少、相应的通信导航监视等服务保障没有形成体系，届时，通用航空飞行活动迅猛增长与基础设施建设之间，以及与飞行员、管制员队伍数量、质量之间的固有问题将进一步凸现，势必带来一系列安全隐患。可以说，我国通用航空的规模和数量达到一定程度之日，正是防相撞工作压力巨大之时。

8.4.2　我国防相撞工作应对策略

“泾溪石险人兢慎，终岁不闻倾覆人。却是平流无石处，时时闻说有沉沦。”这是唐代杜荀鹤的有名诗句。诗人告诉人们，湍流险急、杂石林立的河流，由于过河人小心谨慎、警惕预防，一年到头未听说有人落水；相反，在平静无险石的水面上，却常常传来有人遇难的消息。

诗人揭示的深刻哲理对于我国做好未来防相撞工作有着很好的警示和指导作用。近年来，我国民航运输飞行已达到较高的安全水平，航空安全形势总体平稳，但平稳与不平稳从来都是相对的，越是“平流无石”，越要树立忧患意识，认清未来防相撞工作面临的形势，建立防相撞工作的长效机制。

1. 顶层设计，稳步推进航空体制变革

空中交通是一个复杂的大系统，主要由航空单位、机场和空中交通服务部门构成，其运行是典型的“人—机—环境”开放式系统。系统的任何一方面或要素发展失调，轻则会带来飞行活动延误或取消，重则将导致飞行事故发生，严重地阻碍航空业健康有序的发展。这一点已被我国航空体制改革经验教训所证实。面对民航飞行量持续增长和军事训练方式转变带来的防相撞工作压力，我们必须站在战略高度科学规划，协调发展，抓好顶层设计，强化飞行安全管理。一是制定科学的航空发展规划。基于可获资源（人力、物力、财力）和环境条件（软件、硬件），按照航空自身协调发展的规律，尽可能满足国家安全和国民经济发展的需求，对全国空域、航路及航空规模进行统一规划，并对全国航空运输总量的增长制定出指导性计划，采用适当的约束和激励手段实行宏观调控。二是确立合理的安全目标。安全目标既要注重战略性，又要考虑可操作性；不仅考虑航空器、空域结构、地面设施设备等硬件，还应考虑管理、政策、文化等软件；不仅要对后果严重的事件进行量化，还应对防相撞工作决策层、计划层和执行层的管理职能进行量化。三是深化空管体制改革。按照“十二五”国家空管体制改革目标，各级、各部门、各类防相撞工作人员需要积极响应，循序渐进，稳步推进，逐步实现空管运行由军民航分别管制指挥向联合运行转变；空域资源管理由粗放型向集约型转变；空管基础建设由规模型向效能型转变；空管体系发展由“重硬件、轻软件”向全面协调可持续转变；空管装备由引进为主向国产为主、适当引进转变。四是提供安全管理组织保证。根据未来防相撞工作面临的新形势，建立专门的安全监督和技术支持机构，保障军民航防相撞工作和谐发展，推行安全审计和安全绩效评估机制，营造积极、公正的安全文化氛围。

2. 固本强基，加强基础设施设备建设

通信、导航、监视、管制和气象等地面设备，机载防相撞告警设备及其他安全设备都是飞行活动的物质基础，其作用是为空中飞行安全、正常、有效和经济地运行提供技术保障。它们的故障或异常状态通常是构成事故链的重要环节。应根据防相撞工作中存在的问题，加强空域管理、流量管理、管制指挥及其配套通信导航监视手段建设，重点抓好全国空域管理系统和空域分类管理、低空空域管理改革、军事飞行训练空域管理改革、繁忙航路与机场空域容量扩充配套工程；借鉴 ICAO 技术标准、建议措施和国家标准，统一规划、统一选型、统一标准、统一建设和统一管理，实现空管基础建设由规模型向效能型转变；更新升级现行各级管制中心，齐全配套软件设施，拓展空管基础通信网，督促完成飞行情报联网建设，实现军民航管制信息自动传输处理；军航方面需要增加必要的通信和导航设施，尤其是军航机场需要加装相应的 VOR/DME 等导航设备；消除雷达覆盖盲区，新建部分空管一、二次雷达，军用警戒和引导雷达数据，并进行雷达数据融合；利用区域管制中心航行气象情报综合信息系统数据库，通过建设该系统广域网实现数据共享，满足终端管制运行机构对航行气象情报综合信息的需求；军民航应加强网络建设，实现气象信息、航行情报共享；军航相应的飞机上应加装

TCAS 和 GPWS；作战飞机应配装空管二次雷达应答机、高精度高度表、气动补偿式空速管和符合要求的机载超短波电台，并为军航飞机加装相应的 VOR/DME 机载接收设备；民航方面需要继续加快新航行技术设施设备建设步伐，提升民航空管设施设备的整体水平。

3. 聚同化异，加快军民航联合空管运行步伐

军民航联合空管运行机制，是军民航空管部门实行联合办公或者管制值班的工作制度和方法，是深化我国空管体制改革的实际步骤。经过多年的摸索和试点，空管委制定下发了《关于建立军民航联合空中交通管制运行机制的意见》，通过调整部门职能、优化资源配置、理顺协调关系和强化协同决策，构建国家空管运行战略协调机制、地区空管联合办公机制和飞行繁忙地区联合空管运行机制，逐步形成军民结合、管理顺畅、运转高效的空管联合运行体系，提高空域资源利用率和空管服务保障水平，为实现国家统一管制奠定基础，为做好防相撞工作提供有效的体制和机制保障。同时，军民航空管交叉培训是提高军民航空管联合运行能力的有效途径。通过军民航空管交叉培训可优化和改善军民航管制员的共享心智模型，促进军民航双方了解对方管制所承担的角色、职能和任务，理解对方的飞行条例和法规、组织机构和体制编制，掌握对方航空器性能、飞行活动特点和管制手段，弄清军民航飞行冲突产生的根源，从而增强军民航管制双方的“认同感”，能够体会军民航活动如何相互依赖、相互作用，进而能够准确地预测对方的管制需求，提高军民航联合空管运行的主动性和自觉性。

4. 科学管理，引领防相撞工作迈向本质安全

本质安全最早源于煤矿井下的一种防爆电器设计，该型电器设备在正常工作或规定的故障状态下产生的电火花和热效应均不会点燃规定的引爆电路。随后，本质安全思想广泛应用于安全生产领域，是现代安全管理的崭新理念，属安全管理上高层次的文化范畴。通俗地讲，本质安全就是指通过设计等手段使生产设备或生产系统本身具有安全性，即使在误操作或设备发生故障的情况下也不会发生事故。其实质就是通过追求人、物、系统、制度等诸要素的安全可靠、和谐统一，使各种危害因素始终处于受控制状态，进而逐步趋近本质型、恒久型安全目标。防相撞工作迈向本质安全，就是变被动为主动，变治标为治本，从人、物、管理入手，通过从源头消除不安全因素，来提高系统和过程的安全性。首先是突出人的本质安全。要求飞行员、飞行指挥员等具备自主安全理念，具备充分的安全技能，在飞机系统和环境正常情况下或遇空中特情时都能安全处置。这种人的本质安全状态，主要通过建立良好的防相撞工作机制，强化安全教育培训，提高安全技能，熟练掌握岗位操作基本知识，明确辨析和预防化解危险源；强化责任感，让各项规章制度和程序深入人心，真正变成防相撞工作人员的实际行动和安全准则；弘扬安全文化，营造安全氛围，给人带来内在的动力。其次要突出物的本质安全。在硬环境上，需要保证基础设施设备的投入，按照要求配备 TCAS 和 GPWS 系统；积极推广和应用新技术，及时安装场面控制和引导系统，提高设施设备的安全性和可靠性；在软环境上，需要加强通信导航监视系统的运行监控和维护，保证设施设备符合行业标准，实现维护、保养、检查的制度化，提高设备运行管理的水平，完善设备运行应急预案并定期组织演练。最后要重视管理上的本质安全。“管理上多一点失误，生产中多出事故。”人的不安全行为可以造成物的不安全状态，而物的不安全状态又会客观上成为人的不安全行为产生的环境条件，这就需要在管理上、制度上解决这些问题。

本章参考文献

[1] 徐伯龄. 前车之鉴——新中国民航飞行安全回顾与思考[M]. 北京:中国民航出版社,1999.

[2] 空军司令部航空管制部. 中国人民解放军空军航行工作大事记(1949—1988)[G]. 北京:空军司令部航空管制部,1992.

[3] 中国民用航空总局空中交通管理局. 中国民航空中交通管制大事记(1949—2001)[G]. 北京:中国民用航空总局空中交通管理局,2004.

[4] 中国民用航空局. 民用航空飞行事故汇编(一~七)[G]. 北京:中国民用航空局,2008.

[5] 汤仁华. 让思考成为一种习惯[M]. 北京:中国民航出版社,2006.

[6] 刘清贵. 机长视野——飞行安全的理论与实践[M]. 北京:中国民航出版社,2005.

[7] 黄志平,崔浩林,凡丽明. 国外空中相撞事故的数理统计分析[J]. 中国民用航空,2008,5:48.

附录一

国外典型航空器相撞事故成因分析

“尽管事故是过去的事情,但成为事故原因的各种因素至今仍然在起作用。”[1]它们在某个地方、某个时候“改头换面”之后出现的危险性仍然存在。航空器相撞事故的发生是惨痛的,但从某种意义上讲,它也是人类宝贵的财富。一条简明扼要的事件链、一块块清晰的多米诺骨牌或“瑞士奶酪”,能恰当地说明一次从执行任务转化成空中相撞事故过程中的主要情况,进而可以得到合乎逻辑的事故结论。这些事故结论对增强防相撞工作人员安全意识,把握“人—机—环境”系统动态规律,减少人为差错,以及制定防相撞措施有更深远的意义。

(1)德国博登湖上空图154客机与波音757货机空中相撞事故

事故经过:2004年7月2日晚上,一架俄国客机自莫斯科起飞,飞往西班牙,机上乘客主要是儿童。与此同时,另一架属敦豪国际航空快件有限公司的波音757自巴林起飞,前往比利时布鲁塞尔。两架飞机预计在瑞士苏黎世管制区的上空交叉飞行。

瑞士苏黎世空管中心的进近管制岗位有两名管制员值班,各自负责两个不同的管制扇区。由于通常晚上空中飞机较少,另外一个扇区管制员就委托罗切维奇代管。那位管制员离开后,雷达维修人员要求检修雷达设备,并关闭主用无线电及电话线路。罗切维奇无奈地同意了。随后,代管扇区有一架进近着陆的飞机,罗切维奇顺利地将该机指挥移交给机场管制员。但就在此过程中,他没有意识到,在他自己的扇区内,有两架飞机正以同样的高度从两个方向汇集飞行。当时,邻近的德国管制员通过自己的雷达发现了瑞士空域内有两架飞机同高度汇集飞行,情况很危险,但四条电话线路都打不通,根据ICAO规定,他又不能擅自去指挥在别国空域飞行的航空器。等罗切维奇缓过神来,忽然发现两架飞机的险情(由于雷达正在维修,看到雷达是延迟信号,这个时候两架飞机已经很接近了),他立即指挥俄罗斯客机下降高度,但波音757飞行员根据TCAS设备的指示,也采取下降高度紧急回避措施。两架飞机都在下降过程中再次向同一个方向汇集飞行,最终相撞坠毁,如附图1-1所示。

事故链分析:

①罗切维奇违反规定,替另一位管制员代管扇区,制度落实不够。

②罗切维奇代管扇区,同意维修人员检修雷达,埋下事故隐患。

③罗切维奇没有按规定实施预先调配,检查交叉航线情况,更没有在两架飞机到达交叉航线前提醒机组。

④罗切维奇注意力只集中于将代管扇区内的飞机移交给机场,且因电话线路被切断,移

交拖延时间过长,没有照看自己扇区内的两架飞机。

附图 1-1　博登湖畔上空两机相撞残骸形成的火光

⑤缺乏冗余设计,仅有一台雷达可供使用,维修期间罗切维奇中止对自己扇区飞行动态监控。

⑥与德国管制部门之间虽有四条电话线,但都因临时维修被切断,没有备份可用电话。

⑦维修期间,雷达信号出现延迟,罗切维奇发现这次险情,但因情况紧急而混乱,错误地将看到的两架飞机位置当作实时的空中态势,失去了让 TCAS 自动处理的机会。

⑧罗切维奇错误地发出与机载 TCAS 相反的指令,只指挥俄罗斯客机下降,却没有同时指挥波音 757 上升。

……

上面仅列出了 8 个事件链,切断任何一条事件链,是可以直接避免空中相撞事故的发生。可惜的是,长长的事故链中的每一环,都没有阻止事故的发生。

(2)1995 年"俄罗斯勇士"折戟金兰湾事故

事故经过:1995 年 12 月 12 日,"俄罗斯勇士"飞行表演队在参加完马来西亚"利马 95 国际航空展"后,满载 60 名军事代表团成员途经越南金兰湾机场返回俄罗斯。担任本次转场飞行的领航长机是伊尔 76,由该机机长格列比翁尼科夫少将负责空中指挥,左侧为 2 架苏 27,右侧为 3 架苏 27。当机群飞到离金兰湾机场大约 120km 的空域时,机长格列比翁尼科夫和机场管制值班员阿尔布佐夫中校取得了联系。因为当时机场上空天气状况不佳(云层下缘仅高 600m),管制员阿尔布佐夫两次下令伊尔 76 在 1500m 实施空中待命,便于整个机群下降高度至 600m 时实施目视指挥降落。然而,格列比翁尼科夫少将无视地面指挥,自行决定编队降低高度。在实施过程中,机队又违反了进近程序,提前 10km 开始第 1 转弯,且飞行高度已下降至 600m。接下来,伊尔 76 机长又错误地延长了第 3 转弯,拖延了 53s 才向地面飞行指挥报告通过正切方向。格列比翁尼科夫的这些错误引导,导致了机群实际上是向着高 700m 的一座小山坡的方向机动。即使这样,如果能马上纠正也还来得及,因为在做第 4 转弯时,伊尔 76 驾驶舱近地告警系统发出报警。可惜格列比翁尼科夫未抓住这最后的机会,在 25s 之内没有作出任何反应,直至飞机距地面 32m 时,他才向上拉起飞机。重新爬升的伊尔 76 迅速脱离了编队,而跟在其后的苏 27 飞行员们却不知所措。编队左侧 2 架苏 27 飞行员反应迅速,立即拉起,降落在不远的藩朗机场,而编队右侧的 3 架苏 27 飞机在雨雾中撞在距机场 25.5km 处的一座高 700m 的山坡上,机毁人亡,造成了一起苏 27 飞行史上的大悲剧。

采用多米诺模型分析过程如附图 1-2 所示,具体步骤如下:

①协同通报制度。俄罗斯国防部有关单位在准备和组织国际转场飞行中,曾多次违反规定。空军总部违反请示报告的程序,没有按照“飞机、直升机转场飞行组织保障条例”提出空域申请,事前没有与俄海军太平洋舰队司令部和舰队航空兵司令部等有关部门协调,没有相应的协调计划和措施,未能及时向金兰湾机场通报表演队去马来西亚以及返回的时间。这一疏忽很大程度上造成了失事当日地面飞行指挥和伊尔 76 机长在飞机准备进场降落时发生争执。

②人为因素。在无人进行飞行动态监督和机队缺乏跨国飞行转场经验的情况下,空中指挥官格列比翁尼科夫少将刚愎自用不听地面指挥,又违反了安全飞行规定,自行决定整个机群编队降低飞行高度。金兰湾机场仅有少量的场站人员留守,只能勉强接收单架飞机在正常天气条件下昼间降落,塔台指挥官素质较低,对周边地形不熟悉,复杂气象条件下指挥经验不足。俄国防部国家试飞中心司令部对伊尔 76 机组成员的训练考核放任不管。机上没有相关的航图,没有大比例尺的机场地区详图,缺少关于金兰湾机场必要的情报数据。

③机场保障手段。金兰湾机场原是美军在越南战争中使用的空军基地,后归俄罗斯空军使用。1995 年,苏联已经解体,并准备退出金兰湾基地,机场装备和设施陈旧,不符合俄军 1992 年颁发的“军用机场合格标准”,一直缺少专业人员和器材设备,无法向空中准确及时地传递地面天气信息。

④气象条件。能见度较低,云底高只有 600m,而山头尚在云中,飞行员根本就看不见前方的小山头,即使飞行员看到山头时已经没有时间做出反应。

⑤后果。伊尔 76 重新爬升,迅速脱离编队;编队左翼的 2 架苏 27 飞行员反应迅速,脱离险情;编队右翼的 3 架苏 27 撞山,机毁人亡。

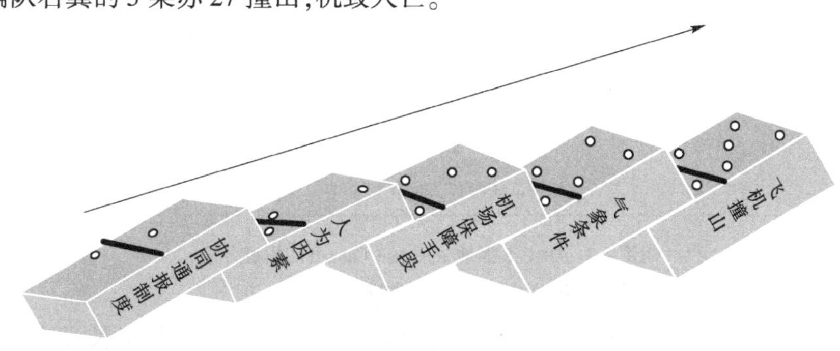

附图 1-2 “俄罗斯勇士”折戟金兰湾骨牌多米诺效应

(3)新西兰 DHC-8 飞机撞山事故

事故经过:1995 年 6 月 9 日,新西兰安塞特航空公司一架 DHC-8 飞机计划从奥克兰机场飞往北帕默斯顿,机上载有 3 名机组人员和 15 名乘客。当飞机抵达北帕默斯顿北部时,机长向机组人员下达简报:飞机将在 07 号跑道上 VOR/DME 进近。尔后,考虑到离场交通情况,地面管制员指令该机在 25 号跑道着陆,机组立即做好在 25 号跑道仪表进近准备。飞机精确加入 14n mile DME 弧,右转并切入 250°M,最后进近航迹到达北帕默斯顿 VOR。

就在飞机右转并准备在 25 号跑道最后进近期间,机组发现右起落架支架放不下来。在此情况下,机组成员全神贯注地试图用压力泵人工放下起落架,没有人操纵飞机,飞机的飞行高度已到达最低进近高度。尽管近地告警系统发出警告,但发出警告到最后撞山坠毁只有4s的时间,机组来不及做出反应。DHC-8最后撞山坠毁,造成机上18人中4人死亡,14人严重受伤。

新西兰事故调查委员会在事故最终报告中,认定造成DHC-8飞机撞山坠毁的原因有:

①机长没有保证飞机在非精密仪表进近中切入并保持在进近航路上。

②机长坚持在放起落架的同时,继续进行仪表进近。

③机长在副驾驶排除起落架故障时没有集中精力操纵飞机,以保证飞机的飞行安全。

④副驾驶在排除起落架故障时,没有执行快速参考手册上的程序。

⑤近地告警系统没有及时报警。

⑥该架DHC-8飞机曾多次发生起落架支柱放不下的故障,或起落架放下时有明显延迟的故障。

⑦新西兰民航局没有足够的检查人员对运营者的标准操作程序进行检查。

如附图1-3所示,采用Accident Causation模型分析如下:

组织与管理决策因素包括:标准操作程序检查监督不够;起落架故障问题多次出现,管理不够;CRM管理混乱。

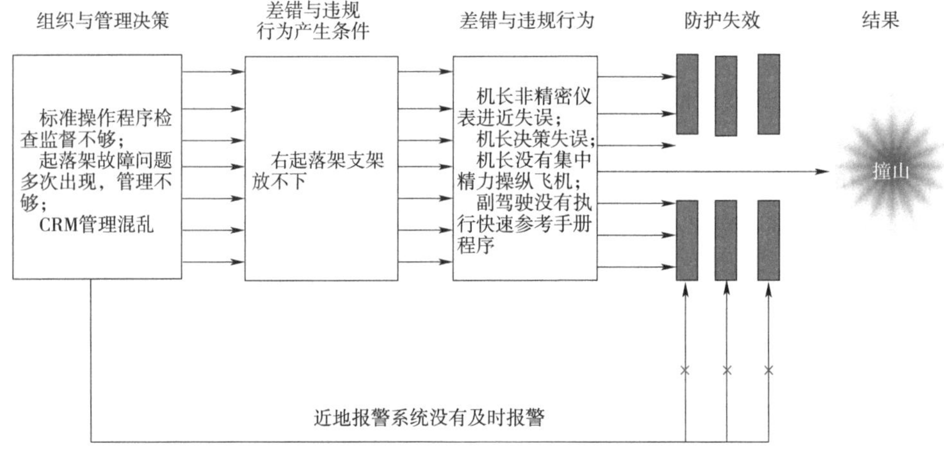

附图1-3 DHC-8撞地Accident Causation模型分析

差错与违规行为产生条件包括:右起落架支架放不下。

差错与违规行为包括:机长非精密仪表进近失误,机长决策失误;机长没有集中精力操纵飞机;副驾驶没有执行快速参考手册程序。

防护机制包括:近地告警系统没有及时报警。

(4)印度杰尔基达德里空中相撞事故

事故经过:1996年11月12日,一架从印度新德里飞往波斯湾达兰的沙特阿拉伯波音747-168B飞机,与一架从哈萨克斯坦飞往新德里的伊尔76货机,在新德里杰尔基达德里村庄附近上空迎面相撞。两架飞机毁坏,349名乘客全部遇难。当地时间18时32分,波音747-168B向西航行正驶离德里,与此同时,伊尔76向东航行正接近德里,准备下降。两架飞机都在进近管制员的指挥下飞行。伊尔76在距机场74n mile(119km)时许可下降高度为15000ft(4600m),而当时的波音747-168B也在同一空中通道、反方向、许可高度14000ft

(4300m)上离场。大约 8min 后,当地时间 18 时 40 分,伊尔 76 报告已到达指定高度 15000ft (4600m),但其实际高度为 14500ft(4400m),并持续下降高度。此时,管制员向伊尔 76 警告道:“12 点钟方位,10n mile(16km)处,相对飞行一架波音 747-168B,看到后报告。”但伊尔 76 飞行员没有作答。当管制员再次询问并发出警告时,已经太晚了,伊尔 76 的左机翼削开了沙特波音 747-168B 的机身后半部和机尾,并使其立刻解体,形成空中“火球”,散落在杰尔基达德里村庄的麦田里。虽然伊尔 76 机体完好,但也跌跌撞撞地坠毁在地面,如附图 1-4 所示。

附图 1-4　波音 747-168B 与伊尔 76 空中相撞及其残骸

事后,调查委员会认定,哈萨克斯坦机组人员违反指令,在下降至指定高度时没有停止下降并报告,管制员让伊尔 76 观察和识别周围飞机时,刚好遇到一堆积云,最终撞上沙特的波音 747-168B。调查报告指出,哈萨克斯坦机组人员英语水平极低,造成语言沟通障碍。同时,当地机场设备落后,仅有一次雷达,没有装配二次雷达,无法测定飞机实际高度,也影响了管制员的判断。此外,因为新德里附近空域大多被印度空军占用,使得进场和离场的航班只能使用同一条空中通道,也增加了危险隐患。此次空中相撞事故后,根据事故调查委员会建议,新德里机场新增了一条空中通道,装配二次雷达系统,重新设计飞行程序。印度民航局也规定所有进出印度的民航客机必须安装 TCAS,这是世界第一个作出此强制规定的国家。

如附图 1-5 所示,采用 Accident Causation 模型分析如下:

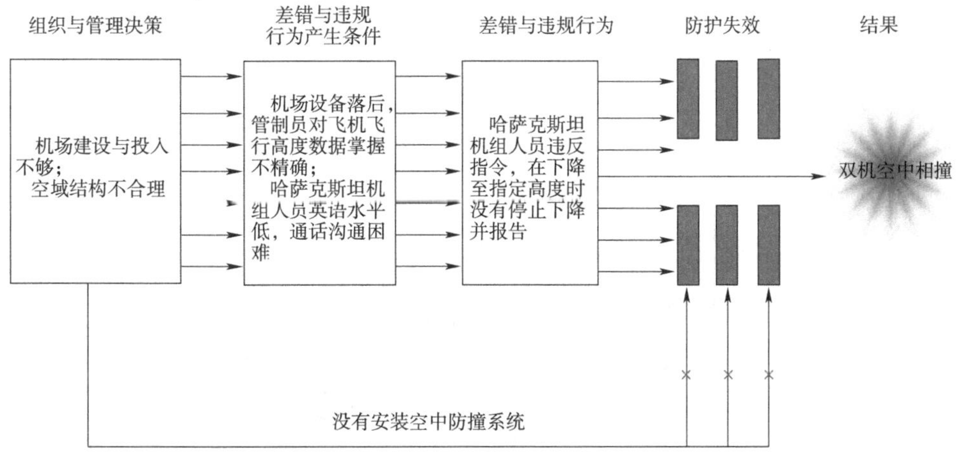

附图 1-5　印度杰尔基达德里空中相撞 Accident Causation 模型分析

组织与管理决策因素包括:机场建设与投入不够;空域结构不合理。

差错与违规行为产生条件包括:机场设备落后,管制员对飞机飞行高度数据掌握不精确;哈萨克斯坦机组人员英语水平低,通话沟通困难。

差错与违规行为包括:哈萨克斯坦机组人员违反指令,在下降至指定高度时没有停止下降并报告。

防护机制包括:没有安装 TCAS 系统。

(5)美国比奇 1900C 与空中国王 A90 两条跑道交叉处相撞事故

事故经过:1996 年 11 月 19 日,美国大湖航空公司一架执行 5925 航班任务的比奇 1900C 飞机在黄昏时(大约在日落后 10min)向昆西机场(非管制机场)13 号跑道目视进近着陆。这时,一架空中国王 A90 飞机在 4 号跑道起飞位置准备起飞,13 号跑道和 4 号跑道是两条交叉跑道。空中国王 A90 飞机在比奇 1900C 飞机接地之前几秒钟开始在 4 号跑道滑跑起飞。尽管两架飞机的飞行员都采取了规避动作,但两架飞机还是在两条跑道交叉处地面相撞。比奇 1900C 飞机上的 2 名飞行员、10 名旅客和空中国王 A90 飞机上的 1 名飞行员和 1 名旅客(职业是飞行员)遇难,两架飞机被强大的撞击力和随后的大火毁坏,如附图 1-6 所示。

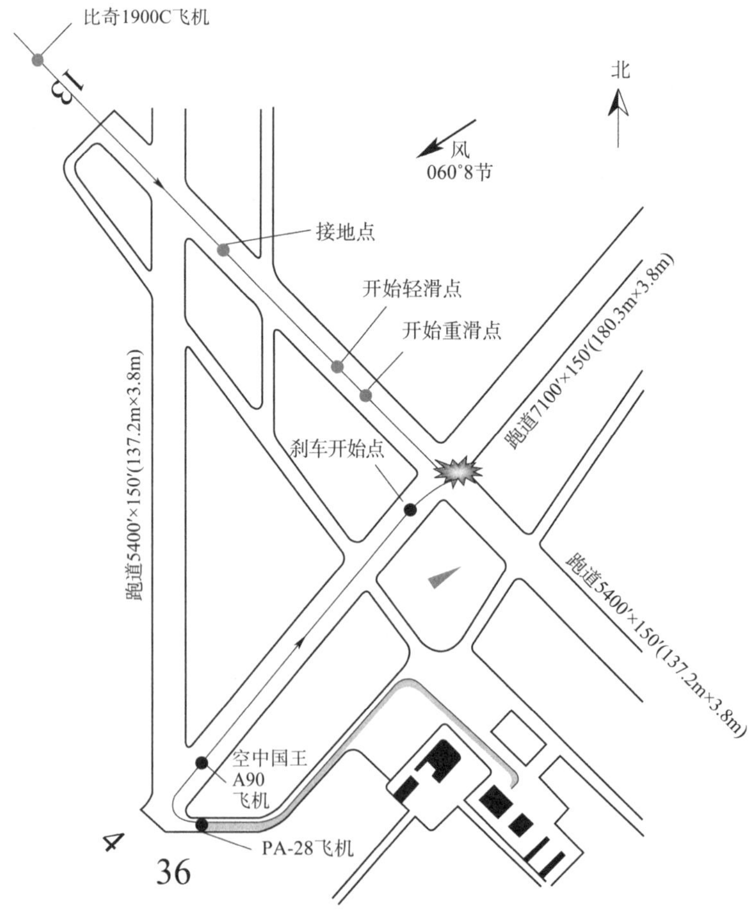

附图 1-6　两架飞机在两条跑道交叉处相撞过程示意图

综合美国国家安全委员会事故调查报告，事故 HFACS 模型分析如附图 1-7 所示。

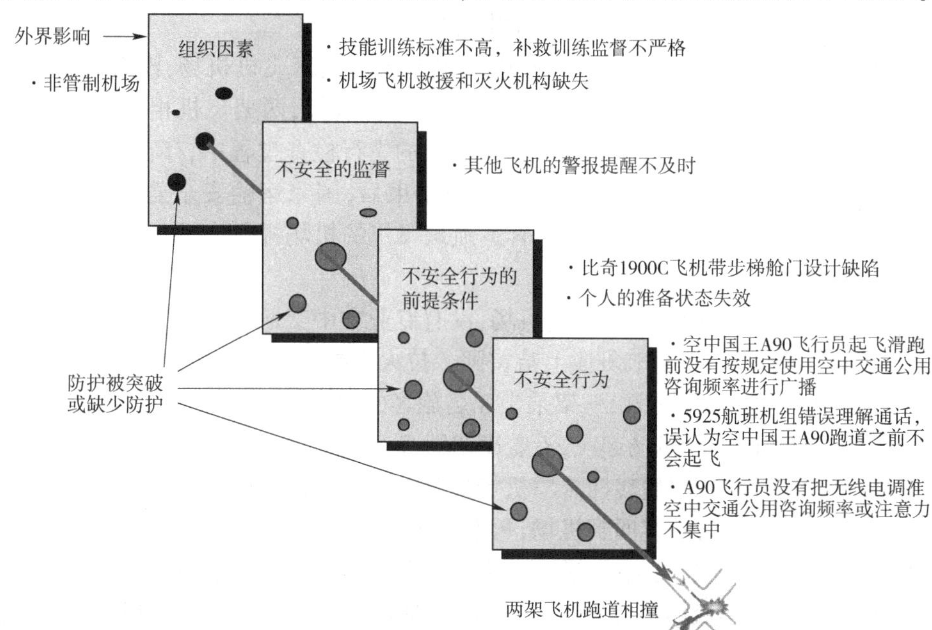

附图 1-7　比奇 1900C 飞机与空中国王 A90 飞机跑道相撞事故分析

①违规。空中国王 A90 飞行员在开始起飞滑跑时没有用空中交通公用咨询频率进行广播，造成两架飞机相撞。如果他按规定进行广播，比奇 1900C 飞行员就有机会采取回避动作。

②技术差错。5925 航班的飞行机组通过无线电通信和目视观察，正确实施了进近和着陆。但他们把 PA-28 飞机（正在 4 号跑道等待滑跑起飞）飞行员的通信错误地认为是空中国王 A90 飞行员对询问的回答，因此，误认为空中国王 A90 飞机在 5925 航班离开跑道之前不会起飞。

③技能差错。空中国王 A90 飞机没有在空中交通公用咨询频率上收到 5925 航班发出的进近着陆通报，这可能是因为空中国王 A90 飞行员没有把无线电调准到空中交通公用咨询频率上或注意力不集中造成的。

④个人准备状态的失效。驾驶空中国王 A90 飞行员 63 岁，他是美国环球航空公司一名退休机长，并担任过多种机型的机长，共计飞行 25648h，但驾驶空中国王 A90 飞机的飞行时间仅为 22h。1996 年 5 月，曾因指导一名商业飞机飞行学员驾驶赛斯纳 172RG 飞机着陆时，发生了未放起落架着陆的事故。为此，FAA 对他采取了强制措施，后来改为补救训练，发生飞机相撞事故时，他的补救训练还没有完成。事故调查报告称：环球航空公司的记录表明，空中国王 A90 飞行员于 1991 年 10 月 7 日由机长改为随机工程师，改行的主要原因是实施机长课目训练时，发现该机长缺乏飞行能力，因此没有通过飞行技能检查和特殊航线飞行考核。

⑤设计缺陷。比奇 1900C 飞机上的人员没有能够逃生是因为带步梯舱门和左机翼上的紧急出口门都打不开。带步梯的舱门打不开很可能是因为飞机相撞后，门和门框变形及门的操纵索松弛造成的。

⑥警报提醒。由于 PA-28 飞行员缺乏经验,没有意识到比奇 1900C 飞机与空中国王 A90 飞机相撞在即的紧急情况,因此没有发出警报。

⑦组织管理。美国起降 10 座或 10 座以上定期客运航班飞机机场,没有建立专门的航空器救援灭火机构,缺乏经过专门训练的紧急航空救援人员,两架飞机相撞起火后,不能得到及时救援。同时,美国在飞行员训练及两年一次的飞行检查过程中,存在技能训练标准不高、补救训练监督不严格等管理缺陷。事故调查结束后,国家运输安全委员会向 FAA 提出建议,要求向起降 10 座或 10 座以上定期客运航班飞机的机场提供专项基金,建立专业飞机救援和灭火机构。

⑧外界影响。昆西机场是个非管制机场,没有专业空中交通管制单位和管制员。

(6)“空中观光旅行”22 号航班撞上哈雷阿卡拉火山事故

事故经过:1992 年 4 月 22 日,一架乘坐 8 名旅客的比奇 E18S 型“空中观光旅行”SAT22 号航班按计划由檀香山国际机场起飞,沿着摩洛凯岛和茂宜岛北海岸观光,再飞过位于夏威夷大岛的基拉韦厄火山口,尔后转向希罗机场降落,乘客下飞机,围着夏威夷岛进行 6h 的地面游览。随后,到 15 时整,游客回到机场,再登上 SAT22 号航班,从希罗机场起飞返回檀香山国际机场。返航的飞行航线包括:沿夏威夷大岛北部观光,直接到达乌波卢角的甚高频全向信标台(VOR),尔后飞机向西北飞行,飞过位于茂宜岛南部海岸的玛凯那村,再飞过拉奈岛,然后飞向檀香山国际机场降落。

当日 9 时整,SAT22 号航班按计划顺利到达希罗机场。经过 6 个小时地面游览,15 时 20 分乘客返回机场并继续搭乘 SAT22 号航班从希罗机场起飞返回位于夏威夷群岛西部边沿的檀香山国际机场。起飞后不久,SAT22 号航班呼叫檀香山飞行服务站,询问卡霍奥拉维岛上空限制区域的情况。该岛正好位于公司正常飞行路线的南边。当得知该区域地面至平均海平面 5000ft 的空域关闭后,飞行员得到管制许可从卡霍奥拉维岛 6500ft 高度飞过,指定飞行路径要求飞行员从乌波卢角 VOR 沿磁罗盘 287°方向飞行。实际上,多年来公司飞行员通常基本上都是从乌波卢角 VOR 沿磁罗盘 294°方向飞行。然而,当天 SAT22 号航班既没沿 287°的方向飞行,也没有沿有 294°方向飞行。相反,却莫名其妙地沿磁罗盘 310°方向直接飞进茂宜岛,远远偏离了指定或计划航线,最后在 8500ft 的高度撞上哈雷阿卡拉火山,飞行员和 8 名乘客无一生还。

结合美国国家运输安全委员会(NTSB)事故调查报告,运用 HFACS 模型分析如下:

从 SAT22 号航班撞火山之时往前分析,可以看出,在事故发生前的几秒钟,机长在云雾中飞行,直到撞山前才看见哈雷阿卡拉火山,并试图爬升避开火山。但 SAT22 号航班究竟为何飞入云中,正常的旅游飞行路径不包括飞越茂宜岛内部。事故 HFACS 分析如附图 1-8 所示。

①违规。SAT22 号机长选择沿着茂宜岛哈雷阿卡拉火山的东部和南部边沿飞行,在仪表气象条件下继续目视飞行,显然违反公司和 FAA 规定。FAA 规定,所有的飞行活动都必须执行 VFR,只能在目视气象条件下飞行,禁止飞入云中或不利气象条件下飞行。

②基于知识的决策差错。上升云层是由哈雷阿卡拉火山产生的云层上升现象,SAT22 航班遇到上升云层时,机长没有评估这一现象的严重性。当地提供服务的管制员告诉机长,由于薄雾和中雨,建议他不要沿岛的内部进行 VFR 飞行。机长可能不了解眼前的上升云是

由哈雷阿卡拉火山产生的,不掌握夏威夷群岛的气象特点。

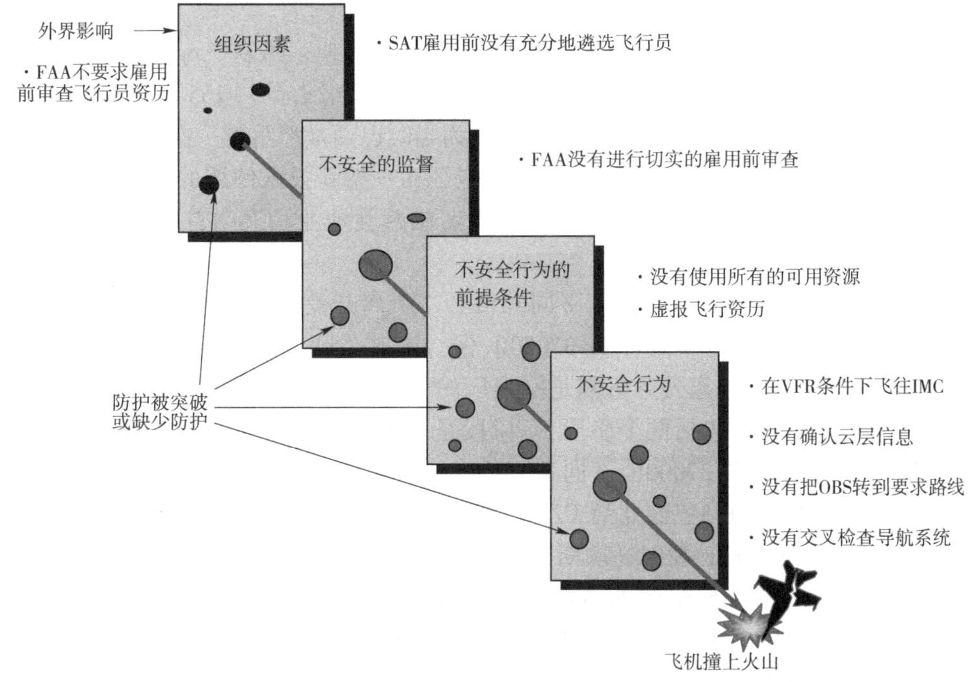

附图 1-8 “空中观光旅行”撞上哈雷阿卡拉火山事故分析

③机组资源管理缺陷。机长在寻找导航信息的时候,没有参考可供使用的信息,没有使用导航图(飞机残骸显示,机长携带的飞行包里共有 3 份夏威夷群岛 VFR 区域航图,都折叠整齐),也没有使用从乌波卢角传来的无线电信号确认正确的飞行方向。

④技能差错。机长没有借助导航系统进行足够的交叉检查,因此没有发现导航错误。SAT22 航班在通过乌波卢角 VOR 时,机长没有把全方位选择仪(OBS)设置到 287°方向上。而且,发生事故前 5 天内,机长已经有 4 次沿磁罗盘 310°方向直接飞进茂宜岛。显然,茂宜岛内有深受游客欢迎的景点。

⑤个人准备状态的失效。机长在申请 SAT 航班飞行员职务时,依靠职务申请表和简历。事后发现,发生事故的前 5 年内,该机长曾经被 9 个不同的雇主聘用,其中有 5 个雇主因他“虚报资历和经验,不能按时报到,受过纪律处分,培训效果很差,工作表现低于标准”而被解雇。1991 年申请 SAT 飞行员职务时,为了能被 SAT 雇用,再次伪造资历背景,声称自己有 3400 个飞行小时,其中 3200h 作为机长,包括 1450h 在双发飞机上飞行,以及大约 400h 的仪表飞行时间。然而,根据 FAA 的记录,该机长的实际飞行小时不到 1600h,其中在多发飞机上的飞行小时也不足 400h。

⑥资源管理失效。SAT 不了解该机长仿造了工作申请表,因为航空公司没有进行雇用前的背景核查。

⑦外界影响。事故发生前,美国国家运输安全委员会(NTSB)已经发现了与雇用前审查有关的问题,并建议 FAA 要求商用航班运营人对申请飞行员职务的人员进行切实的雇用前审查。但遗憾的是,尽管 FAA 认可该建议的合理性,但考虑到收益与投入问题,FAA 却故意

不作为,没有强制性要求[2]。

(7)巴西波音737与莱格塞公务机空中相撞事故

2006年9月29日,巴西一架波音737-800型客机与一架莱格塞(Legacy)小型公务机发生空中相撞。波音737-800型客机上149名乘客与6名机组人员共155人遇难。莱格塞公务机受伤后安全降落,无人员受伤。此次事故成为当时巴西最严重的一次空难。

事故经过:2006年9月29日,巴西GOL航空公司一架新投入使用的波音737-800客机(飞行200h),计划执行1907航班从巴西北部著名旅游胜地亚马逊州首府马瑙斯途经巴西首都巴西利亚后飞往里约热内卢。

当天15时35分(巴西当地时间,下同),波音737离开爱德华多戈麦国际机场,沿UZ6航路向东南方向飞行,15时58分上升37000ft,保持巡航高度飞行,并移交巴西利亚管制中心,通信和雷达正常。莱格塞公务机则是刚出厂的飞机,计划飞往美国向客户交付,属首次飞行。莱格塞的飞行计划包括两个阶段:一阶段是从圣保罗圣若泽-杜斯坎普斯起飞,在航路UW2上保持飞行高度37000ft飞向巴西利亚,到达巴西利亚管制区后,下降高度至36000ft。二阶段是从巴西利亚西北沿UZ6航路驶离,并通过位于巴西利亚西北522km的导航台后,爬升高度至38000ft,驶向马瑙斯爱德华多戈麦国际机场。然而,就在当天14时41分57秒,莱格塞在圣保罗圣若泽-杜斯坎普斯机场起飞前,机组得到空中交通管制许可,并要求在整个航路上保持37000ft。14时51分,莱格塞离开圣保罗圣若泽-杜斯坎普斯机场,15时33分上升至37000ft高度。15时51分,莱格塞被移交巴西利亚管制区,并与管制中心通话,再次确认许可飞行高度37000ft。15时55分,莱格塞通过巴西利亚VOR,随后沿西北方向进入UZ6航线。16时02分,即莱格塞通过巴西利亚VOR7min后,莱格塞二次雷达信号消失,管制员雷达屏幕停止显示莱格塞报告的高度(C模式)。

令人遗憾的是,在二次雷达联络失去后的24min内,莱格塞机组与巴西利亚管制中心之间都没有采取措施相互联络。到16时26分,巴西利亚管制中心呼叫莱格塞,但没有应答。在16时30分—16时34分期间,巴西利亚管制中心试图与莱格塞联络过6次。16时30分,莱格塞的一次雷达目标断断续续,到16时38分完全从雷达屏幕上消失。16时53分,巴西利亚管制中心在与莱格塞联络失败情况下,将其移交给亚马逊管制中心,并声称莱格塞在盲区。同时,在16时48分—16时53分期间,莱格塞连续呼叫巴西利亚管制中心12次,后来,又多次呼叫,直至空中相撞也没有联系上。

16时56分54秒,两架飞机处于37000ft高空,在既无管制中心自动化系统冲突告警,也无机载TCAS防撞系统告警的情况下,于距马瑙斯东南750km的马图帕镇上空发生相撞。波音737遭受严重的结构性毁坏,撞掉了几乎左翼的一半,导致机头朝下,并进入无法控制的螺旋状态,随后空中解体并坠入茂密雨林之中,机上154名乘客和机组人员无一幸免,如附图1-9a)所示。16时59分50秒(空中相撞约3min),亚马逊管制中心才接收到莱格塞的二次雷达信号及其正确的高度和最终的分配码。17时00分30秒,亚马逊管制中心试着与莱格塞建立无线电通信,但还是没有联络上。空中相撞后,莱格塞立即打开应急通信频率121.5MHz,但事后查明该收发器在当地不起作用。17时01分06秒,莱格塞与路过飞行的波音747货机联系上,并作为中继与空中交通管制部门取得通信联系,请示紧急迫降。最后,载有16人的莱格塞公务机在左水平稳定器和左翼严重毁坏情况下继续飞行,最终安全降落在空中相撞点附近巴西帕拉州东南部的卡西姆波空军基地，如附图 1-9b）所示。

a)波音737-800残骸

b)莱格塞损伤

附图 1-9　波音 737 残骸与莱格塞公务机受伤情况

综合 2008 年 12 月巴西空军航空事故调查和预防中心（CENIPA）最终报告，以及美国国家运输安全委员会（NTSB）建议，运用 HFACS 模型分析如下：

从波音 737 与莱格塞公务机空中相撞往回找，可以看出，在空中事故发生前的几秒钟，机载 TACS 没有发出任何告警，地面 ATC 也没有任何冲突警告，两架飞机的机组人员都没有看到对方飞机，因而都没有采取任何机动规避，HFACS 分析如附图 1-10 所示。

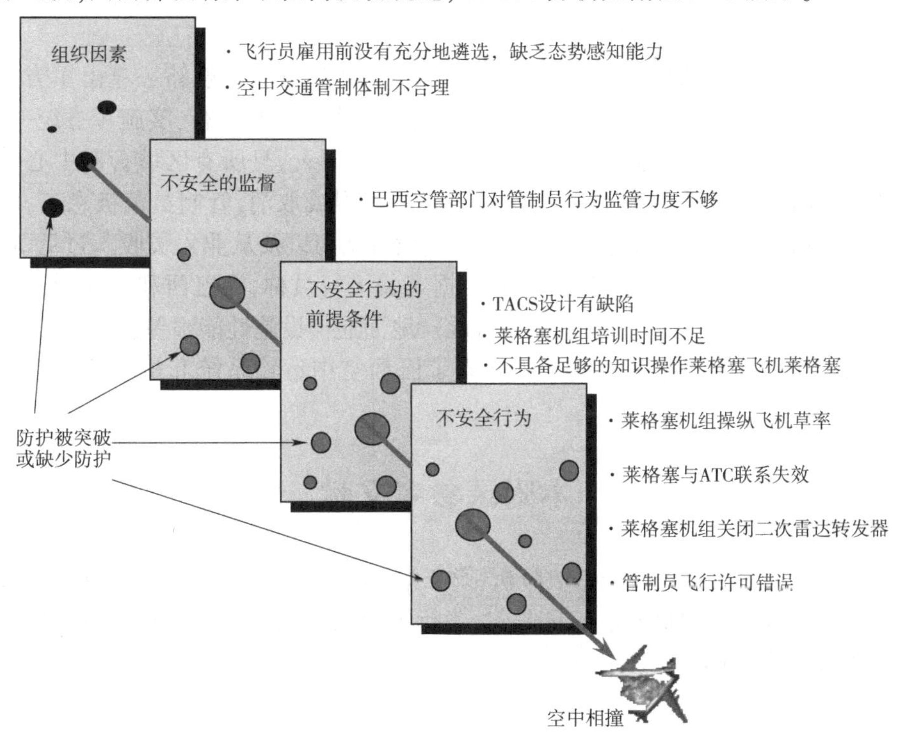

附图 1-10　波音 737 与莱格塞空中相撞人为因素分析

①操作差错。莱格塞机组人员在相撞之前 1h 内，由于疏忽或无意之中，关闭了二次雷达转发器，两架飞机都不能自动相互探测，致使 TCAS 失去功能，没有发出危险接近告警。

②管制员技术差错。空中交通管制中心向莱格塞和波音 737 发布相同的 37000ft 高度

飞行许可,使两架飞机处于同一航路、同一高度层相向而行的危险境地。而且,后来在向亚马逊管制中心移交时,一直没有及时发现和纠正错误。同时,管制员在处理莱格塞飞机雷达信号丢失,以及与莱格塞飞机无法建立无线电联系上也出现差错。

③技能差错。机组缺乏技术知识和操纵技能。其错误操作导致二次雷达转发器关闭。其根源在于他们不具备足够的知识操作莱格塞飞机,尤其对飞机的航电系统和仪表使用不熟悉。

④个人准备的不足。莱格塞机组在操纵莱格塞飞机前仅培训 6 个多小时,缺乏足够培训和个人准备。

⑤资源管理存在缺陷。美国商用飞行员雇用通常不经过选拔,莱格塞机组"操纵飞机草率"且"缺乏态势感知能力"。对于机组操纵莱格塞飞机的知识和经验缺乏,没有严格把关;在失去与地面 ATC 联系情况下,不积极主动查找原因,没有及时发现二次雷达信号转发器处于"关闭"状态,也没有及时启动应急通信。巴西航空管理部门对管制员监管力度不够,空中交通管制员素质较低。

⑥告警设备缺陷。莱格塞飞机安装的 TCAS 系统设计存在缺陷。TCAS 系统失去功能时,仅用静态的短信方式显示出来,难以引起机组人员注意,在飞行环境中经常被疏忽,很难发现 TCAS 系统失效的问题。美国国家运输安全委员会已向 FAA 提出建议,一方面改进设备缺陷;另一方面让所有飞行员从此次事故中吸取教训,掌握识别转发器和 TCAS 失效的技能。

⑦组织管理缺陷。从历史上看,1964—1985 年期间,巴西的航路一直由军方控制。此后,政府虽然接管了国家,但国家的航路一直由巴西空军控制和运行,实施军方统一管理,由民防部监管。大部分空中交通管制员是由军方委派的军人,且所有区域管制中心都由巴西空军管理。巴西空中交通管理混乱,大量航班飞行延误或取消,管制员消极怠工,频繁组织罢工。巴西机场和航路基础设施建设投资过少、设备老旧以及从业人员收入过低等,致使巴西航空业面临危机,进入艰难的境地。事后,据有关飞行员称,在巴西利亚管制区与亚马逊管制区交接区域(即空中相撞事故发生区附近),地面通信设施性能很差,经常出现与地面通信失效情况。此次空中相撞事故的发生暴露了巴西空中运输系统和机场管理系统存在的问题。

本附录参考文献

[1] 祁元福,等. 世界航空安全与事故分析:第三集[M]. 北京:中国民航出版社,1998.

[2] 道格拉斯 A 维格曼,斯科特 A 夏佩尔. 飞行事故的人失误分析[M]. 马锐,译. 北京:中国民航出版社,2006.

我国典型航空器相撞事故成因分析

(1)1958 年伊尔 14 型 632 号机在蓉陕途中撞山[1]26-28

事故经过:1958 年 4 月 5 日,成都管理处一架伊尔 14 型 632 号机执行成都—西安—北京航班任务。当天 632 机原定 11 时由成都起飞,但因西安天气预计转坏,因而提前于 10 时 03 分起飞,于 11 时 21 分飞越汉中,高度 3300m,云上飞行,过汉中后,高度上升到 3600m。11 时 45 分曾向西安站报告预计 11 时 58 分到达西安。11 时 56 分飞机报告塔台特高频不好,要求开放中频,此后即失去联络,事后发现,飞机在西安西南约 70km 处的佛坪县高坪区双庙乡四方台山猪曹沟附近,在海拔 2200 ~ 2300m 处撞山失事。机身断裂摔碎,驾驶舱起火。旅客 9 人及空勤组 5 人全部遇难。

主要原因:

①机长云上飞行时,擅自提前下降高度以致撞山。

②云上飞行没有等到进入航站空域、飞越归航台或利用无线电设备确定飞机位置,而仅根据领航计算即行下降高度。

③下降高度未报告调度并得其同意。

④气象预报准确性差,当时航线上实际锋面移动速度和高空风速度均较预报快,对算错地速有一定的影响。

教训与反思:

①山区云上或云中飞行不应提前下降高度,应注意下降气流的影响。

②机长违反飞行条令,不吸取教训(1956 年曾发生过提前下降高度造成机翼撞树事故征候),不接受群众的意见和批评。

③骄傲自满,麻痹大意,是飞行安全最危险的敌人之一。成都管理处在这次事故前,对飞行人员思想管理薄弱,教育不严。该机长长期的骄傲自满情绪,不听地面指挥,随便降低飞行高度,穿山沟飞行,竟被称为“穿山能手”,而成都管理处领导一直没有严肃地批判教育和坚决制止,迁就姑息。全体人员必须处处引以为戒。各级领导干部,对于所属人员的缺点错误,尤其是直接威胁飞机安全的,必须及时予以批评或处理。

(2)1960 年两架运-5 型飞机在四川遂宁机场空中相撞[1]79-81

1960 年 8 月 14 日,十四航校三团一大队,出动 16 架运-5 型飞机在四川遂宁机场进行本场训练。其中,311 号机与 307 号机进入机场着陆时,在距跑道 1500m、高度 150 ~ 160m 的空中相撞，两机坠落在田地里，造成两机俱毁的一等飞行事故。

事故经过：当日天气良好，于12时40分起飞，着陆方向303°，左、右双起落航线飞行。311号机组由一名助教、一名带飞学员和一名观察学员构成，于16时53分起飞去1号空域；307号机一名单飞学员于17时13分起飞作右起落航线。311号机做完课目后，由空域回场，当位于平行"T"字布，在起落航线外侧1500m左右时，311号机报告："11号请求加入航线。"指挥员回答："11号，航线上有单飞的飞机，注意警戒。"311号机未回答（十四航校有些干部怕通话干扰，规定在飞机听到地面指挥时只执行，不回答。这种规定是错误的）。当311号机接近三转弯时，指挥员又重复："航线上前后都有单飞的飞机，注意警戒。"311号机仍未回答。稍后，311号机报告："11号请求落地"。当307号机做完三转弯后，约20s，已在四转弯位置，311号机也接近四转弯。指挥员发出："11号，不准你落地，复飞！"311号机仍未回答。指挥员看到两机相距更近，即站起身来，有点发愣，几秒钟后喊道："注意！注意！"2～3s后，311号机已接近307号机，并带着右坡度，大于正常下滑角，从右后上方撞到307机身中部左上方，两机坠毁。

主要原因：

①指挥失职，对311号机加入航线没有明确的指挥方案，当发现危险征候时，指挥又不具体。在飞机多次不执行指挥口令时，既不要求飞机回答，也不及时指挥307机避让，而是惊慌失措，失去时机，造成双机相撞。

②311号机无组织无纪律，违反了《中华人民共和国飞行基本规则》"任何飞机不得从内侧超越前面的飞机"的规定。而且在本场飞机多的情况下，不注意观察，不听从指挥，任意乱飞，这也是造成此次事故的主要原因。

③组织领导不严密，对安全与进度的关系处理不好，只注意飞行赶进度，没有安全观察，以致造成严重事故。

教训与反思：

①飞行指挥一定要有预案，发现问题时，指挥一定要明确、具体、果断。当被指挥飞机不回答时，应要求飞机回答，以检查飞机无线电是否有故障。当对所指挥的飞机指挥无效时，应及时指挥其他飞机避让，以免错过指挥时机。

②加强纪律性，自觉地按规定办事。对飞行部队必须加强纪律教育，使飞行人员自觉养成令行禁止的作风。飞行人员和飞行指挥人员，一定要认真学习，熟记并执行有关飞行规定。

③飞行训练要树立"安全第一"思想，正确处理安全、质量、进度三者的关系，防止急躁情绪，确保飞行安全。

（3）1969年伊尔14型618号机在武汉—南昌下降时撞山[1]118-120

1969年11月15日，兰州管理局第八飞行大队伊尔14型618号机，执行兰州—西安—武汉—南昌包机任务，撞在南昌机场西北方向的太平山上，造成一等飞行事故。

事故经过：当日，武汉至南昌的天气为：10个层积云1000～2000m，1000m以下有少量碎云。11时41分飞机从武汉起飞，12时03分过浠水时报告：高度2400m，云中飞行，地速340km/h，高空风240°，30km/h，预达南昌12时47分。12时22分飞机和南昌塔台沟通联络并报告：高度1800m，云层能见，预达南昌12时48分，请求下降高度。塔台没有确切掌握飞机的航迹和位置，在飞机尚未飞过航线上1148m的高山时，先后指挥飞机下降高度至1500m、900m。当飞机还没有飞越航图标高508m（实际高841m）的太平山时，又错误指挥飞机下降高度至600m，此后便失去联系。后经查实，飞机于12时41分撞在距南昌机场西北方向45km的太平山上。

主要原因：

①管制指挥错误。调度室不认真了解航路天气实况，又未确切掌握飞机的位置，先后三次错误地指挥飞机下降到安全高度以下飞行。

②机组对航线地形不熟悉。飞行前没进行充分准备，飞行中在间断能见、不清楚飞机精确位置（偏离航路7km）的情况下，盲目听从指挥，下降到安全高度以下飞行，致使飞机撞山。

③机组所使用的航行地图上，太平山的高程为508m，而实际高程为841m，误差达333m，事前机组和指挥人员又都不了解，这也是造成飞机撞山原因之一。

④在飞行组织领导上，对执行这次任务的机组配备不当，是临时从4个机组中抽人组成的，并且有4名是新同志。机长虽在该航线上执行过任务，但已间断近两年之久，飞行前又未能进行充分的准备，领导也没有督促检查，使机组在航线生疏、技术力量薄弱、准备工作又不充分的情况下，执行这次任务。

教训与反思：

①认真做好飞行组织工作。对新航线和间断时间较长的航线，应选派有经验的机组，注意新老成员和技术力量的搭配。各级领导，要亲自组织飞行前的各项准备工作，并检查落实情况，做到没有准备不飞，没有把握不飞。

②飞行指挥人员和飞行人员，对机场区域和航线两侧各25km以内的地形特点及障碍物的标高，做到心中有数。对某些未经实测地区的山高，不可盲目相信。在飞行实施中，严格按飞行条例和机场使用细则的规定，实施正确的指挥与飞行。

③任何时候都要确切掌握飞机的位置，认真吸取以往事故的教训，在间断能见的情况下，要严格按仪表飞行规则飞行，禁止盲目下降。

（4）1982年民航一架三叉戟飞机与闯入跑道的水牛相撞[1]275-276

1982年1月14日，广州管理局三叉戟252号机执行广州—桂林加班任务，机上旅客100人。在桂林机场夜间着陆过程中，与闯入跑道的水牛相撞，飞机前起落架折断机头擦地，其他部位多处受损，旅客及机组人员安全，造成三等飞行事故。

事故经过：当日，252号机18时32分由广州起飞。19时02分与桂林塔台沟通联络，预计19时12分到达机场上空。机场大气实况：8个层积云，云高1200m，能见度大于10km，场压752mm汞柱，风向30°，风速2m/s。飞机保持600m高度加入长五边由南向北落地，19时14分过远台并看到跑道。19时15分飞机在“T”字灯处正常接地，在接地后的滑跑中，机组突然发现跑道上有个黑影，认为是狗，接着就听见机外一声响，飞机剧烈抖动，机头下沉。机长感到前轮接地异常，即拉杆，机头抬起后飞机又滑跑了150多米，机头再次下沉触地，此时，随机机械员判断前起落架折断，立即关断电源和关闭发动机。飞机机头下部擦着跑道在离跑道南端1095m处停住。事后调查，在距跑道南端569m处，飞机前轮（此时前轮尚未接地）撞死一头正在由西向东横穿跑道的水牛，前起落架折断。飞机撞牛后机头第一次触地时，塔台管制员发现飞机声音不对并见机身下部起火，即问："起落架怎么搞的？"由于机长忙于处理紧急情况，没有及时回答。机头第二次触地冒火后，塔台管制员判断飞机可能发生事故，即喊："你的机鼻擦地起火，灭火。"立即通知空军场站出动消防车和救护车，航站值班首长和其他领导也立即指挥客梯车和客车赶往现场抢救。事情发生后，机组沉着冷静、处理果断：飞机停住后，机组迅速组织旅客撤离。

飞机损伤情况：飞机前起落架自安装点处折断，安装点及框板严重变形，前起落架左舱门损坏，报废，右舱门损坏；机身 5 ~ 19 框下部蒙皮触地磨损，框架亦部分磨损变形；左内襟翼扭折破裂，报废；左内襟翼内侧传动螺杆折断。另外，机身、中央翼有多处蒙皮、桁条损伤。

主要原因：

①机场秩序混乱，桂林航站当晚又未派人检查跑道。

②夜间视线不良。

③在飞机着陆时水牛闯入跑道。

教训和措施：

①桂林机场管理不善、秩序混乱。周围农民经常进入机场并在机场放牛，机场管理制度受到破坏。桂林航站应积极配合当地政府和公安部门切实整顿好机场秩序，制定出维护机场秩序的规定，通过政府和公安部门作为法律条文公之于众，付诸实施，各航站的干部职工要自觉遵守并维护机场秩序，对破坏机场秩序的行为要敢抓敢管。

②严格执行规章制度，切实做好飞行的组织保障。每次夜间飞行，必须对跑道和跑道周围进行检查，并出动塔台车到起飞线指挥。

(5)1983 年民航一架三叉戟飞机与空军轰五飞机地面滑行相撞[1]300-307

1983 年 9 月 14 日，民航广州管理局三叉戟 264 号机在桂林机场（军民合用）滑行时与空军轰五型 3334 号机在联络道交叉处相撞，致使机毁人亡，造成一等飞行事故。

事故经过：1983 年 9 月 14 日，广州管理局第六飞行大队三叉戟 264 号机执行广州—桂林—北京往返航班任务。该机计划起飞时间为：广州 07 时 45 分、桂林 09 时 25 分。当日，桂林机场空军有本场训练计划，时间是 07 时—15 时 10 分，实际开飞时间是 06 时 58 分。因军民航同时飞行，按《中华人民共和国飞行基本规则》和有关规定，桂林航站于 07 时 50 分派出调度员在塔台担任副指挥员。民航塔台有一名调度员和一名见习调度员。

09 时 15 分，264 号机在桂林机场开始搭乘旅客 100 名。09 时 23 分，264 机组请求开车，塔台回答："可以开车。温度 26℃，场压 748。"与此同时，起飞线塔台民航副指挥员听到机组开车的请示后，即向空军指挥员报告："我 264 开车了，去北京的。"空军指挥员回答："好的，我的飞机在南面和东南面。"09 时 32 分，264 机组请示："264 请求滑出，"塔台调度员在观察了滑行道上无障碍物和飞机后，即向 264 发出指令："可以滑出。由北三号进入滑行道，用滑行道滑到北头，向南起飞。进跑道叫一号。"264 回答："明白。"接着塔台调度员即告诉起飞线民航副指挥员："264 滑出。"副指挥员回答"明白。"便立即报告空军指挥员："我 264 滑出了"。

264 号机开始滑行时，塔台调度员看见空军轰五 3334 号机正在跑道上由北向南着陆，滑行道上并没有飞机滑行。当 264 号机滑行进入北三号联络道 10 多米时，塔台调度员发现轰五 3334 号机在南三号联络道口 400m。根据两机当时的速度、关系位置和有关规定，塔台调度员考虑 264 号机完全可以正常滑入滑行道。因此，仍让 264 号机继续滑行。264 号在快滑到北三号联络道口前，机长发现轰五 3334 号机在南三号联络道口约 320m 处，机长判断两机有足够的距离，不影响自己进入滑行道，便继续向前正常滑行。264 号机进入北三号联络道与滑行道相交的道口后，其视线无法观察到右后方的轰五 3334 号机的动态，正常操纵飞机进入滑行道。此时，塔台调度员发现轰五 3334 号机在中间联络道口约 170m，突然加速前冲。调度员当即向 264 号机发出："264 注意飞机，264 注意飞机"的口令，话音刚落，轰五 3334 号机便撞上了 264 号机，如附图 2-1 所示。

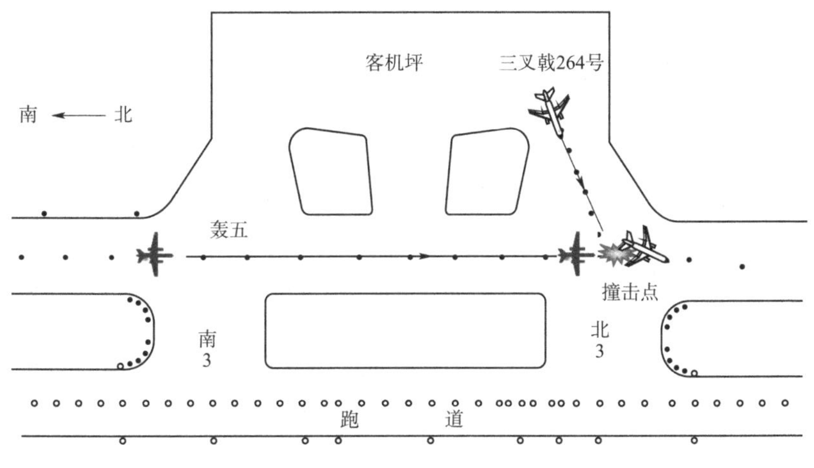

附图 2-1　桂林机场两机滑行相撞示意图

主要原因：此次事故发生原因是多方面的，空军和民航的有关空勤人员和指挥调度人员都有责任。

①轰五飞机飞行员按飞行指挥员的命令着陆、滑跑并进入滑行道后，滑行中违反了有关规定。首先，《中华人民共和国飞行基本规则》第二十七条规定：飞机"在障碍物附近滑行，速度应减到每小时十五公里以下。"对于由南向北滑行的轰五飞机来说，前方正沿北三号联络道向滑行道滑行的三叉戟飞机，目标是明显的。为避免与三叉戟飞机相撞，轰五飞行员应将滑行速度减至 15km/h 以下。但是，轰五飞行员没有这样做。其次，《中华人民共和国飞行基本规则》第二十七条还规定："两机交叉相遇，飞行员从左侧看到另一架飞机时应当停止滑行，主动避让。"轰五飞机由南向北滑行时，三叉戟飞机正是在其前方左侧，一般说，飞行员是能够看清楚的，也是有时间停滑、避让，防止与三叉戟飞机相撞的。最后，轰五飞机在距三叉戟飞机约 30m 处发现有撞上三叉戟飞机的危险时，避撞措施失当，主要是没有在制动时使飞机向右偏转。据专家计算，如果三叉戟飞机滑行速度为 6km/h，轰五飞机制动后速度仍高达 41.3km/h，由于速度高，飞行员又未采取措施向右偏转，导致两机相撞。

②三叉戟飞机飞行员也有一定的责任。三叉戟飞机从停机坪滑出，是经过批准的。三叉戟飞机在滑行至北三号联络道口前，其飞行员从右侧观察到轰五飞机还在南三号联络道口以南，约距北三号联络道口有 300 多米，因而继续滑行，这也符合规定。但是，在进入滑行

道前,三叉戟飞机飞行员判断轰五飞行员一定会按照有关规定主动避让,从而他可以赶在轰五之前进入滑行道,事实证明这样的判断是错误的。他对可能出现的意外情况(如轰五飞机忽视观察、不主动避让、处置失当或制动失效等)估计不足。特别应提到的是1983年1月20日,这位飞行员曾遇到过类似这次事故的危险征候,但并没有认真吸取教训。因此,调查组认为三叉戟飞机飞行员对这次事故也应负一定的责任。

③桂林民航站值班调度人员对这次事故负有重要责任。《中华人民共和国飞行基本规则》第二十七条规定:“飞行员开车滑行,必须经过飞行指挥员许可。”第七十三条规定:“驻在同一机场的军用飞机和民用飞机同时飞行时,必须实行统一指挥。通常由航空兵部队、航空学校派出飞行指挥员,民用航空部门派出副指挥员。”可是桂林机场执行这方面的规定是马虎的、极不严肃的。调查桂林机场这次发生的两机相撞事故,空军和民航的有关空勤人员和指挥调度人员都有责任。无论如何,民航中心塔台指挥调度人员这种“先斩后奏”的作法,违反军民航统一指挥的原则,是非常错误的。副指挥员即使向正指挥员作了“三叉戟滑出”的报告,但报告后不继续密切注意三叉戟飞机的动态,也仍然是一种失职行为,如果没有报告则是严重错误。此外,民航中心塔台视野开阔,可以观察整个机场,但当两机危险接近时,塔台调度员未能按照《中国民用航空飞行指挥工作细则》的要求,“密切注意飞机位置和滑行动向”,及早下令三叉戟飞机停止滑行。因此,调查组认为,民航值班调度人员,对这次事故负有重要责任。飞行正指挥员作为桂林机场当日飞行的统一指挥者,知道当日民航的飞行计划,也知道三叉戟飞机已经开车,就应注意询问和观察它的动态,但他因忙于指挥另一架轰五着陆,没有关照好全局。因此,从实施统一指挥原则来说,飞行正指挥员对这次事故负有领导责任。

教训与反思:

①桂林航站塔台和264机组按正常情况考虑较多,复杂情况考虑少,缺乏风险意识。这是一个极为深刻的教训。

②起飞线民航调度员虽然将264号机的开车报告了空军指挥员并取得同意,但没有注意观察飞机的滑行动态,及时提醒空军指挥员注意监控轰五3334号机的滑行动态。这是工作责任心不强的表现。

③桂林塔台调度员对《中华人民共和国飞行基本规则》中“民用飞机及其他航空器,由中国民用航空总局及其所属的民用航空管理局、航空站实施指挥”理解不深,导致先作出同意264号机机组开车和滑行,尔后才报告空军指挥台指挥员的不恰当调度,尽管这样做空军指挥员没有提出异议,但也欠严密。

④塔台录音设备技术状况不良,有些声音较小的通话没有录上。起飞线现场指挥对话没有录音设备,正副指挥员之间对话没有记录,出了事就扯不清,给事故调查带来困难。

应对措施:

①对桂林航站调度室进行一次全面的安全整顿,针对这次事故教训,从思想上、工作作风上、组织纪律上、规章制度上、工作秩序上进行认真检查,找出问题,制定出相应的改进措施。凡调度人员工作马虎,责任心不强,不按规章制度办事的,要进行严肃的批评教育,造成严重后果的要绳之以纪。切实改变工作作风和工作姿态,确保飞行安全。

②各单位的飞行、调度部门,认真组织所属人员加强对《中华人民共和国飞行基本规则》

《中国民用航空飞行条例》《中国民用航空飞行指挥工作细则》等规定的学习，并严格执行。

③军民合用机场的民航站应主动与当地空军协商统一指挥的协同措施。做到规定明确，层次清楚，职责分明。

④飞行和指挥要多考虑复杂情况，多做几手准备。在滑行过程中，切实加强对周围情况的观察，遇有相对或交叉滑行的飞机和行驶的车辆，应遵照"宁等三分，不抢一秒"的原则行事，确保安全。

(6)1987 年静海机场空域一架歼击机与过往的米-8 直升机空中相撞

1987 年 3 月 14 日，在静海机场空域发生了一起空域飞机与过往的米-8 直升机空中相撞事故。米-8 直升飞机当即坠毁于机场附近，机上 8 名人员全部遇难，歼击机毁坏，飞行员跳伞成功。

事故经过：1987 年 3 月 14 日，空军某飞行学院×团组织在静海机场昼间飞行，一名飞行教员驾驶 043 号歼击机于 10 时 52 分起飞到本场 7 号空域飞高空复杂特技。当日，一架米-8 直升机由新乡起飞经魏县、泊头预计到唐山机场降落。10 时 55 分，该直升机赶往静海机场区域，按规定航行诸元穿越该场 2 号、7 号空域飞行。11 时 10 分，043 号歼击机做完科目后报告："脱离 7 号，航向 250 度"，塔台指挥员考虑到当时起落航线上尚有 5 架飞机准备降落，即回答："回来不要快"。于是 043 号歼击机就压 45°坡度作右转盘旋飞行，约转到 40°时，于 11 时 11 分 45 秒突然感到飞机在空中剧烈地震动了一下，驾驶杆打在左腿上，在判明后油箱起火飞机已失去操纵后，随即报告并跳伞。事后查明 043 号歼击机在高度 1200m 右转弯时，后油箱处撞在米-8 的旋翼上，米-8 直升机当即坠毁于机场的 81°方位 23km 处，机上 8 名人员全部遇难。

主要原因：由于调度、指挥混乱，飞行管制员没有将米 8-直升机过航的情报直接通知到指挥员，飞行指挥员也未了解和掌握过往飞机飞行动态，而导致空中两机相撞。

①章法观念差，违章现象严重。飞行管制员和飞行指挥员在预先准备、直接准备、飞行实施中三个阶段，均没有严格按规章相互通报和了解有关情况。

②岗位职责不明确。标图员主要职责是标明各批飞机活动的位置，发现异常情况及时报告，标图员当标到空域内有两批飞机活动时却没有及时报告。

③管制工作薄弱。飞行管制员没有及时将米-8 直升机过往情况通知到指挥员，指挥员不了解和掌握过往飞机动态。

教训与反思：

①缺乏对机场空域环境、周围航路航线分布及穿越机场区域飞行情况的全面了解。静海机场地处京、津地区，机场密集，区域狭窄，飞行活动频繁。同时，静海机场还是军用飞机进出东北地区的主要通道，场内飞行与过往飞机之间的冲突严重。

②指挥班子缺乏高度的责任心。塔台班子是训练时整个机场的指挥中枢。飞机的一切活动都必须在塔台的指挥控制之内，对空实施适时、果断、准确的指挥。这就要求塔台班子人员必须有高度的政治责任心和熟练的指挥技巧，才能胜任这一繁重的指挥任务，避免航空器相撞事故发生。

③坚持行之有效的工作制度。飞行指挥员和飞行员在直接准备阶段，要了解本场起降和过往本场区域飞机的飞行情况，因此要坚持在进场前或进场后，指挥员向飞行管制室了解

当日本机场起降或过往本场区域飞机的飞行情况。

④为防止错漏，飞行管制室向塔台通报过往飞机情况，必须由领航员亲自接电话，不得由他人代接。领航员接到通报必须记载，向指挥员报告后注销。领航员向飞行指挥员报告时，应把到本场或过往本场的时间和高度换算好，以便飞行指挥员准确掌握和调配。

(7)1987 年一架执行战斗任务的歼击机与一架波音 737 空中相撞

1987 年 6 月 16 日，空军某部一架执行战斗任务的歼击机返航着陆时与一架香港飞往福州的波音 737 班机在福州机场 100～200m 高度上相撞。波音 737 机身右侧中部碰伤，后安全落地，歼击机当即坠毁，飞行员牺牲，性质十分严重，教训极为深刻。

事故经过：当日，空军某部共四架战斗机奉命起飞执行任务。13 时 15 分，指挥员即接到两架民航班机来本场着陆的预报，13 时 53 分，战斗机完成任务返航。此时，该指挥员预感到战斗机与民航班机有矛盾，便与民航指挥员协商，让民航班机避让战斗机，民航管制员未同意。13 时 59 分，战斗机在预定位置解散作直线穿云下降（当日复杂气象），指挥员发现战斗机直线着陆与将要到达机场上空的两架民航班机有冲突，即指挥战斗机保持高度 2000m 通场避让（民航班机高度 1400m）。一、二、三号机均先后报告了“高度 2000 米通过”。14 时 06 分 40 秒，四号机请示直接着陆，指挥员让其等待。14 时 07 分 42 秒，四号机又报告：“970 通过远距，襟翼全放”，指挥员未回答（此时民航班机在四号机前约 2300m，一号机通场后在起落航线三转弯处）。四号机再次报告“970 襟翼全放着陆”，指挥员答：“你看到那个大的了吧？不能落地啊。”指挥员又讲：“980（说错机号，实为 970）不能落地，有个大的正在四转弯。”14 时 08 分 05 秒，指挥员看到波音后上方有一架战斗机放了起落架，与波音机很快接近，以为是一号机，即指挥：“980 加油门通过！980 加油门通过！”一号机答：“我正在通过。”14 时 08 分 12 秒，指挥员问“你没有看到那个大的？”一号机答；“没有，没有”，14 时 08 分 22 秒，四号机与波音 737 相撞。附图 2-2 描述了四号机与波音 737 相撞的瞬间五架飞机的相对位置。

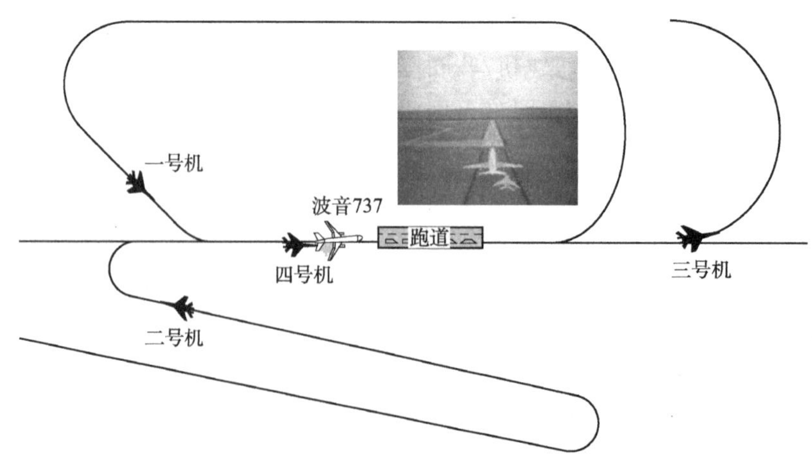

附图 2-2　4 架歼击机与波音 737 位置关系

主要原因：是由于飞行指挥员没有尽到指挥员的职责，指挥严重失误造成的，是一次极为严重的人为责任事故。

①思想麻痹为这次事故埋下了隐患。当日，该机场只有值班的 4 架战斗机，无训练飞行，指挥员认为不会有飞行矛盾，无指挥预案。后来接到两架民航班机来本场着陆的通报，当时空中也只有 6 架飞机，雷达标图掌握位置，情况并不复杂。但指挥员并没有全面掌握飞行动态，尤其是没有掌握战斗机完成任务返航解散后四号机的位置。从编队解散到相撞的 9min 内，指挥员始终没有询问四号机的高度、位置，没有叫其代号，四号机有两次报告，指挥员没有回答。

飞机位置关系如附图 2-2 所示。

波音 737：正在着陆。

一号机(980)：通场后加入航线，按指挥正在作第二次通场。

二号机(971)：因全罗盘指示不稳，穿云下降右偏，出云后看见机场，回转通场。

三号机(965)：通场后至一转弯位置，准备加入航线。

四号机(970)：未通场，作直线着陆。

②优柔寡断是导致这次事故的关键。首先，由于在以前训练飞行中，指挥员因调配问题已与民航发生过几起矛盾，上级也批评过。这次民航不避让，自己不好勉强，实际上，当时处于既想让民航避让，又不敢让民航避让的矛盾心理，最后勉强地指挥战斗机避让。其次，从 14 时 06 分 40 秒四号机请示“直接着陆”到 14 时 08 分 22 秒，发生两机相撞，这 1 分 42 秒的时间里，指挥员缺乏及时、明确的命令式的口令，有些口令含糊不清，特别是最后搞错指挥对象，叫错代号，指挥失效。当发现指挥四号机无反应时(不能完全排除四号机电台接收机不好的可能)，没有果断指挥民航机主动避让，未能履行正指挥员的职责，真正做到统一指挥。

③组织不严密，失去了弥补的机会。指挥员既是指挥者又是组织者，如何发挥塔台班子每个成员的作用是指挥员的重要职责之一。该部队规定，复杂气象战斗飞行时(当日无训练飞行)，着陆雷达必须在飞机返航解散前开机做好准备。但是，当日塔台值班参谋在飞机起飞后的近一个小时内，忘记通知领航参谋进场，忘记让着陆雷达开机，指挥员也一直未检查提醒，直到飞机已经解散，师指挥所询问时方想起通知，但为时已晚。等着陆雷达开好机，领航参谋赶到时，事故已经发生。如果着陆雷达按时做好准备，领航参谋按规定时间到场，就可以发现一、二、三号机均按指挥高度 2000m 通场，唯独四号机继续下降高度作直线着陆，此时若及时提醒指挥员，事故是完全有可能避免的。

教训与反思：

①认真做好调配预案。飞行调配是塔台指挥员的一项重要职责，也是一项重要的指挥艺术。“凡事预则立，不预则废”，根据飞行日计划和过往运输机飞行预报及各项勤务保障等情况，预想可能出现的矛盾和冲突，周密做好调配预案，对做好防相撞具有重要意义。

②充分发挥助手的作用。调配预案制定后，要通过机关了解勤务保障情况，特别是气象、通信、雷达保障情况。根据实际情况向有关值班人员交代任务，提出要求，并认真听取他们的建议和意见，发挥他们的积极性和主动性。必要时，指挥员要组织他们研究协同，特别是当本场飞行与大型运输机有矛盾时，要与民航指挥员和飞行管制值班员进行认真协同，统一指挥。飞行实施中注意检查有关人员履行职责的情况。

③努力提高指挥的应变能力。心理学认为，人在紧张时思维效率一般低于正常值，一些

不良的心理品质会直接影响指挥员对突发信息的感知和处理。心理品质既有先天的因素，更要靠实际的培养和锻炼。飞行过程中的空中情况千变万化，各种突发因素随时都可能出现，调配预案在飞行实施中也不会一成不变，指挥员不能只满足于正常情况下的调配，只有提高在复杂情况下的应变能力，才能获得指挥调配的过硬本领。

(8)1992 年南方航空公司波音 737 在桂林撞山[2]

1992 年 11 月 24 日，中国南方航空公司波音 737-300 型 B-2523 号飞机执行广州至桂林航班任务。在桂林地区阳朔县土岭镇白屯桥村撞山失事，造成了一场震撼全国的空难，机上旅客 133 人、机组 8 人全部遇难。

事故经过：该机 07 时 17 分从广州起飞，航线飞行高度 7000m，07 时 41 分进入桂林管制区，07 时 42 分飞机报告预达桂林时间 07 时 55 分，07 时 46 分飞机报告高度 4500m，07 时 49 分报告高度 3000m，07 时 50 分报告高度 2400m，距桂林机场 25n mile，07 时 50 分 45 秒飞机请求高度 2100m 通场加入三边，塔台许可。07 时 50 分 49 秒飞机回答“明白”，此后便失去联系，最终查明撞山失事。

主要原因：

①飞机从下降改为平飞之后，右发自动油门出现故障，导致左、右发动机推力不一致，导致飞机空中姿态改变。

②在右发自动油门故障后的一分多钟，发动机推力、飞机姿态变化都比较大，而机组没有及时采取措施，贻误了时机。

③在飞机右坡度已经 46°时，飞行员情急之中，在尚未辩明飞机姿态的情况下，却突然向右操纵驾驶盘。因此，加速了飞机向右滚转。当飞机呈倒飞状态时，又拉杆，致使飞机反而以更大的坡度及大速度、大俯冲角的姿态向山上撞去，导致了一场机毁人亡的严重事故。

教训与反思：

①为认真吸取教训，防止同类事故再次发生，除加强飞机检修，彻底排除故障外，飞行中一旦遇到自动油门故障，飞行员应关闭自动油门，而改用人工操纵。

②每次飞行，飞行员要集中精力，不能做与飞行无关的事情，要随时注意仪表和飞机姿态的变化。不可过分依赖自动驾驶，一旦发生特殊情况，要沉着、冷静、准确地进行处理。搞好机组内部的合理分工，加强协作配合，防止顾此失彼，精力分散。

③每名飞行员对现代化的新机型、现代化的电子设备，不仅要做到会操纵、会使用，还要弄懂弄通其工作原理及特性，技术上要做到精益求精，不断提高特殊情况处置能力。

(9)1993 年一架 MD-82 型飞机在乌鲁木齐机场撞高压线坠毁[3]

1993 年 11 月 13 日，中国北方航空公司 MD-82 型 B-2141 号飞机执行沈阳—北京—乌鲁木齐航班任务，在乌鲁木齐机场进近过程中撞高压线。飞机坠地后烧毁，机上旅客 92 人，其中 8 人遇难。机组 10 人，其中 4 人遇难。

事故经过：该机当天 08 时 11 分由沈阳起飞，09 时 50 分在北京降落，做正常过站后，于 11 时 06 分从北京起飞，航线飞行正常。14 时 33 分与乌鲁木齐空中交通管制部门建立联系，并报告高度 7000m 下降，预计 14 时 37 分飞越阜康导航台，14 时 55 分落地。14 时 35 分地面通知飞机降落条件为：场压 947hPa，高度表拨正值 1024hPa。地面静风，向西落地。飞机回答收到。14 时 46 分 27 秒飞机报告高度 3300m 飞越阜康，14 时 47 分 55 秒飞机报告云顶高3000m,云中有轻度结冰,14时51分29秒飞机报告已经建立盲降,高度600m。地面指挥其按盲降进近,飞越远距导航台时呼叫。14时51分37秒地面告诉飞机:本场能见度1.5km,刚才有一团雾压过来了,在跑道头,雾可能比较浓一点。飞机回答明白。14时56分22秒地面问飞机飞越远台没有,飞机没有回答,飞机于14时53分30秒撞高压线后坠地。

主要原因:由于左座调错了高度表,把修正海压当作场压,也没有按盲降指引飞行,而是盲目下降高度。加之当时天气接近标准,低空具有结冰条件(浓雾,温度-3℃),使机组目视条件变差,发现高度低后复飞时机已晚,而且机组又听不懂近地告警系统的语音(英语),导致事故发生。

教训与反思:

①航空理论水平低,左座飞行员对场压和修正海压的关系概念搞不清,为此,机组讨论了2min,虽然机长当时进行了纠正,但左座并未搞明白,结果还是将高度表调到修正海压。这一问题说明,在飞行员放单飞方面标准不高,要求不严。

②机组英语水平低,听不懂告警信号。当飞机低于下滑道飞行时,机组对于下滑道警告(PULL UP)听不懂是什么意思,以致贻误了复飞、拉升的机会。

③机组配合不好,右座教员未起到应有的作用。当左座对调高度表产生疑问时,右座教员虽然予以纠正,但未检查左座是否已调到场压,当飞机脱离盲降下滑道出现近地警告之后,自动油门又断开,这时,机组没有重新进入盲降,用了接近1min时间去接自动油门,影响精力。当发现飞机高度低时,虽然按了高度保持按钮,但没有加大油门,以致飞机失速。并且,机组也未读着陆检查单。这些问题都说明,飞行教员没有起到应有的作用,今后在选拔教员时应严格掌握标准。

④管制用语不规范,不简练。当时,管制员向机组提供降落条件是:场压947hPa,高度表拨正值1024hPa。“高度表拨正值”是一个统称,并不代表某一具体的高度表拨正值,这种不规范的管制用语,容易造成飞行员思想上的混乱。

⑤为了放行等待出港的飞机,管制员占用了较多时间向该机组询问天气,影响机组精力。

反思措施:

①切实加强航空理论学习。由于高度概念不清而导致严重事故,是非常低级的差错。各航空公司要把加强飞行人员航空理论再教育作为一项重要工作来抓,使机组人员熟练掌握驾驶技术的同时,具备丰富扎实的理论基础,以提高对现代化设备的操作使用和处置特殊情况的能力。

②熟练掌握设备使用方法和工作原理。机组听不懂警告信号而贻误时机是酿成一等事故的重要原因。各飞行单位要很好地接受这次事故教训,加强飞行人员对设备使用方面的学习和训练,不仅要会使用,还要懂得其工作原理,该掌握的必须掌握,防止类似问题出现。加强机组协作配合,应采取有力措施,在落实上狠下功夫。要加强对飞行教员和责任机长的培养。真正做到高标准、严要求,把飞行教员、机长的培养检查真正落到实处。

③飞机起降阶段是飞行员精力最集中的阶段,管制员在实施管制时,尽量不问或少问与飞行无关的事情,以免分散飞行员的精力。

本附录参考文献

[1] 中国民用航空局. 民用航空飞行事故汇编(一~四)[G]. 北京:中国民用航空局,2008.
[2] 中国民用航空局. 民用航空飞行事故汇编(五~六)[G]. 北京:中国民用航空局,2008.
[3] 中国民用航空局. 民用航空飞行事故汇编(七)[G]. 北京:中国民用航空局,2008.

附录三

我国航空器相撞事故与事故征候简表

1949—2005年间我国运输飞行CFIT事故简表 附表3-1

序号	事故日期（年-月-日）	机型	飞行阶段	事故等级	类型	直接责任	死亡人数（人）	事故原因简述
1	1955-05-04	C-46	着陆	二等	撞地	机组	0	机长驾驶操作错误，冲出跑道，猛烈撞地
2	1955-12-28	立2	着陆	二等	撞地	机组	0	未按正常下滑角下滑，正、负驾驶配合不好，机长处置和操作错误，飞机偏出跑道，撞地
3	1958-04-05	伊尔14	航线	一等	撞山	机组	14	机长云上飞行时，擅自提前下降高度；气象预报准确性差
4	1958-07-11	伊尔14	着陆	二等	撞地	管制	0	调度人员违反飞行条令和飞行指挥工作细则；机长麻痹大意，操作错误；气象预报不准
5	1959-10-11	伊尔14	着陆	二等	撞地	管制	0	指挥调度错误，有措施不落实；机组存侥幸心理，采取措施不得力
6	1968-12-05	伊尔14	着陆	一等	撞地	管制	5	塔台指挥员，天气变坏没有提醒机组注意，后又错误指挥；飞行检查员违反纪律，不注意高度，加之又调错高度表
7	1969-11-15	伊尔14	航线	一等	撞山	管制	9	管制指挥错误；机组对航线不熟悉；航行图错误
8	1970-11-14	伊尔14	进近	一等	撞山	机组	7	机组未按穿云程序规定，过早下降高度；组织指挥不力，责任心不强
9	1973-01-14	伊尔14	进近	一等	撞山	机组	29	飞行员和领航员仪表领航技术差，穿云降落经验不足；气象资料不准

续上表

序号	事故日期(年-月-日)	机型	飞行阶段	事故等级	类型	直接责任	死亡人数(人)	事故原因简述
10	1977-02-27	伊尔18	进近	一等	撞高压线、撞树	管制	25	值班领导和调度员违反规定接受飞机;机组仪表技术不熟练,处置不当,操纵错误
11	1985-01-18	安24	进近	一等	撞山	机组	38	机组忽视了仪表,丢掉飞机姿态,操作动作粗鲁;没有严格执行飞行手册关于复杂气象规定;没有果断复飞;飞行指挥不主动
12	1992-11-24	波音737	进近	一等	撞山	故障	141	右发自动油门故障,因推力不平衡飞机右滚转;机组发现不及时,后又处置错误,飞机撞山
13	1993-11-13	MD-82	进近	一等	撞高压线、撞地	机组	12	机组航空理论水平低;告警信号听不懂;机组配合不好;管制用语不规范,不简练
14	1997-05-08	波音737	着陆	一等	撞地	机组	35	夜间飞行遇到大雨,机组在看不清楚地面的情况下违反规定,盲目下降;由于判断高度不准,致使飞机没有保持正确的接地姿态,造成重着陆跳跃
15	1999-06-09	波音737	着陆	重大	撞地	机组	0	机组未按规定调整高度表气压值;着陆时机组未做检查,没有执行标准喊话;机组精力分配不当
16	2000-06-22	运-7	进近	一等	撞地	机组	38	机组未执行预先准备的归航计划,且低于安全高度飞行,当遇到复杂天气情况时,没有处置余地
17	2002-04-15	波音767	进近	一等	撞山	天气	129	机场天气条件恶劣;机组对本次飞行盘旋进近的飞机类别不清,盘旋进近时处置不当;管制员转频指令不规范且难以辨听;没有利用雷达监控飞机,当雷达出现最低安全高度告警时,未向机组提供安全警告

1949—2005 年间我国通用飞行 CFIT 事故简表　　附表 3-2

序号	事故日期（年-月-日）	机型机号	飞行阶段	事故等级	类型	直接责任	事故原因简述
1	1957-11-14	伊尔 14	着陆	二等	撞地	机组	执行航测任务，机长不服从指挥，操作错误；不按指示高度飞行，擅自降低高度；机组不团结，动作不协调；飞行指挥差错
2	1960-07-29	运-5	作业	一等	撞地	机组	飞行学员操纵做飘飞动作，上升、下滑角度大，撞地失事
3	1961-08-31	运-5	着陆	一等	撞山	机组	机组缺乏仪表飞行经验，忘记穿云程序和最低安全高度
4	1961-09-26	运-5	下降	一等	撞山	管制	调度指挥错误；机组违反目视飞行不准进云的规定，盲目下降高度
5	1964-09-01	运-5	作业	一等	撞高压线	机组	机组不按规定进行视察作业，擅自飞往其他地方进行作业
6	1966-04-26	运-5	作业	一等	撞树	机组	飞行前没有认真研究地形，高度过低
7	1966-07-27	运-5	作业	二等	撞地	机组	机长操纵错误，机组协同配合不好；不按规定的高度、速度、坡度转弯
8	1967-03-20	运-5	作业（训练）	一等	撞高压线	机组	机场起落航线和超低空飞行训练，造成偏航；地形不熟
9	1967-07-01	运-5	作业	二等	撞山	机组	机组判断高度错误，过早减速收油门
10	1967-10-22	运-5	作业	一等	撞山	机组	由于地图标高与山高误差较大，没有做好准备
11	1968-09-10	运-5	着陆	一等	撞山	机组	导航台未打开，登记表指示不准，飞机偏航，位置不清，盲目下降高度
12	1970-08-19	运-5	下降	一等	撞山	管制	管制人员责任心不强，严重违反规章，不掌握飞行动态，盲目下达指令；机组违反规定，准备不充分
13	1970-10-07	运-5	作业	二等	撞山	机组	机组准备不好，对地形了解不够，指挥错误，处置不当
14	1972-05-03	运-5	作业	二等	撞山	机组	机组违反作业规定，判断错误，处置不当
15	1972-06-20	运-5	作业（训练）	二等	撞树	机组	机组飞行高度低，操作错误，准备不充分，精力分配不合理
16	1972-06-26	运-5	航线	一等	撞山	机组	机组违反进出作业区规定，盲目下降高度

续上表

序号	事故日期（年-月-日）	机型机号	飞行阶段	事故等级	类型	直接责任	事故原因简述
17	1973-09-30	运-5	作业	一等	撞山	机组	机长技术差，不按预定方法转弯，又对情况处置不当
18	1975-03-30	运-5	作业	二等	撞山	机组	机组违反作业规定，判断错误，进入高度过低
19	1975-07-25	运-5	航线	一等	坠水	恶劣天气	雷暴、能见度低；机组思想麻痹，处置不当；放行把关不严，组织指挥不当
20	1975-09-18	运-5	作业	一等	撞山	机组	机组违反山区作业规定，飞行准备不足，转弯过早、高度低，阳光照射，判断错误，来不及处置
21	1976-02-25	运-5	作业	一等	撞山	机组	机组违反专业飞行规定，不及时返航，盲目绕飞，高度过低，转弯过早
22	1977-06-17	运-5	作业	一等	撞山	机组	机组准备不充分，天气标准不够，飞机迷航，处置不当，云中撞山
23	1977-07-09	运-5	起飞	二等	撞树	机组	飞行准备不充分，飞行高度过低，速度太小，处置不当
24	1980-04-17	直-5	着陆	三等	撞地	机组	左、右座配合不好，接地过程中撞木柴垛
25	1980-04-23	运-5	下降	一等	撞山	机组	飞行准备不充分发，遇坏天气处置不当，空域返航盲目改变航线，云中撞山
26	1981-04-21	BO-105直升机	起飞	一等	坠海	机组	机组低于规定的天气标准起飞；下大雨，视线差，飞行员产生错觉
27	1981-06-23	运-5	作业	二等	撞山	机组	作业中误入口袋形山谷，撞山
28	1984-07-20	运-5	起飞	二等	撞山	机组	机组思想麻痹，关键时刻精力不集中，互相不配合
29	1985-09-09	贝尔412	着陆	一等	撞障碍物	机组	在海上平台降落过程中，旋翼触障碍物，坠毁
30	1985-10-08	海豚型直升机	作业	一等	坠海	机组	飞行员夜间飞行技术差；管制员违反规定，错误同意放飞
31	1985-11-08	运-5	着陆	三等	撞地	机组	飞行学员违反纪律，操纵错误，地面指挥失当
32	1986-06-27	运-5	作业	二等	撞障碍物	机组	思想麻痹，违章作业，飞机撞堤埂
33	1987-08-30	运-5	起飞	一等	撞障碍物	机组	发动机停车，迫降撞障碍物
34	1988-05-30	运-5	航线	一等	撞山	机组	航线上盲目下降高度，企图保持目视飞行，撞山

续上表

序号	事故日期（年-月-日）	机型机号	飞行阶段	事故等级	类型	直接责任	事故原因简述
35	1989-05-22	超美洲豹	航线	一等	撞山	机组	擅自改变航线和高度，撞山
36	1990-07-31	运-5	航线	一等	撞山	机组	航路天气不好，机组云下飞行，低于规定安全高度，飞机撞山
37	1990-07-31	运-5	作业	一等	撞高压线	机组	作业飞行时发现高压线晚，飞机撞高压线坠毁
38	1992-08-11	米 8	航线	一等	撞山	机组	飞机云中低于安全高度飞行，并向左偏离航线撞山
39	1996-04-09	S-76	航线	一等	撞山	机组	机组违反目视飞行规定，在不具备目视飞行的情况下，机组未按仪表高度层飞行，低于安全高度撞山
40	1996-06-21	运-12	着陆	一等	撞山	机组	机组违反规定，在不具备目视飞行的情况下不按照登记表程序飞行，在半能见的天气条件下进近着陆过程中，盲目下降高度，造成飞机撞山失事
41	1996-08-31	滑翔机	作业	一等	撞山	机组	飞行员对前方山的距离观察判断错误，飞机与山距离太近，错过盘旋上升的时机，造成飞机撞山失事
42	1998-03-18	S-76	下降	一等	撞山	机组	机组在穿云过程中，偏离预定航迹，造成飞机撞山失事
43	1999-06-19	运-11	作业	二等	撞高压线	机组	由于机组思想麻痹，违章飞行，准备不细，观察不够，造成飞机撞高压线
44	2000-05-22	贝尔	作业	一等	坠江	机组	直升机以大速度、小下滑角作超低空飞行中，飞行员精力不集中，注意力分配不当，忽视了飞行高度的控制，造成直升机撞击水面
45	2000-06-15	海燕	作业	一等	撞地	机组	飞行员作业经验不足，在标准转弯后半段处于顺风，偏在作业线下方，突然增大转弯坡度，失速造成飞机撞地
46	2000-06-30	运-5	作业	一等	撞地	机组	由于机组未执行预先准备的归航计划，且低于安全高度飞行，当遇到复杂天气情况时，没有处置余地，造成飞机撞地
47	2000-08-20	米 8	作业	二等	撞地	机组	直升机满载，发动机剩余功率不大，在接近山顶时，忽遇下降气流，机组处置晚，旋翼打到一建筑物顶部。飞机撞地

续上表

序号	事故日期(年-月-日)	机型机号	飞行阶段	事故等级	类型	直接责任	事故原因简述
48	2002-06-11	运-5	下降	一等	撞地	机组	机组违反操作程序,在未发现作业区信号员的情况下,观察不周,偏离作业区,草率下降高度
49	2002-09-02	塞斯纳	下降	一等	撞山	机组	机组违反飞行程序,偏离规定航线,误入山区云中飞行,又未采取果断措施,撞山起火
50	2003-07-25	运-11	作业	二等	撞地	机组	机组严重违章造成的可控飞行撞地
51	2004-07-25	N-5A	作业	二等	撞地	机组	飞行员操纵失误,注意力分配不当,在转弯过程中集中精力寻找信号员,忽视了飞行状态

1949—2010 年间我国发生的双机空中相撞事故 附表 3-3

序号	事故日期(年份)	机型	事故单位	飞行性质	飞行阶段	事故等级	死亡人数	事故原因简述
1	1960	运-5 运-5	十四航校	训练	起落航线	一等 两机毁坏	两批分别为3人、1人	飞行指挥失职,没有明确的指挥方案;飞行员无组织无纪律,违反规定;组织领导不严密,对安全与进度的关系处理不好
2	1982	歼击机 安26型	空军	转场	机场区域	歼击机坠毁 安26型受伤	两批分别为1人、0人	不详
3	1987	歼击机 直升机	空军	空域过往	机场区域	歼击机坠毁 直升机坠毁	两批分别为0人、8人	飞行指挥员、管制员章法观念差,违章现象严重,没有直接通报有关飞行情报;岗位职责不明确
4	1987	歼击机 波音737	军民	任务 航班	起落航线	歼击机坠毁 波音737受伤	两批分别为1人、0人	飞行指挥员没有尽到指挥员的职责,指挥严重失误造成

2000—2009 年间我国典型小飞机与大飞机冲突事故征候 附表 3-4

序号	类型	事故日期(年-月)	机型	飞行性质	飞行阶段		性质	事故原因简述
					小飞机	大飞机		
1	飞行冲突	2002-03	强击机 波音737(军)	训练 任务	机场空域	进近	两机最小高度差260m,侧向间隔4.5km;强击机偏出空域最大距离15km	强击机飞行员对空域位置不够熟悉,在临时调整飞行空域后,准备不充分,安全意识比较淡薄;塔台指挥员对空中飞行动态掌握不准,提醒不够及时,指挥不力

续上表

序号	类型	事故日期（年-月）	机型	飞行性质	飞行阶段		性　质	事故原因简述
					小飞机	大飞机		
2	飞行冲突	2003-03	教练机 民航 SC357	任务 航班	爬升	爬升	SC357 班机TCAS告警；两机侧向间隔 6km，高度差仅 50m	没有军民航飞行管制协议；塔台指挥员对空中飞行动态掌握不准，发现飞行冲突不及时，指挥调配不正确，指挥口令不准确、不果断，向飞行员通报空中情况不具体；飞行员没有完全执行指挥员的指令
3	飞行冲突	2003-05	强击机 波音 737（民）	训练 航班	机场 空域	巡航	两机最小水平间隔 9.3km，高度差 180m	军航指挥员调配避让不及时，留的余地较小；民航空中管制员不了解军航空域训练飞行特点，临时改变飞行指挥协议，给军航飞行调配造成被动；军民航双方协调不好
4	飞行冲突	2005-07	运八（军） 道尼尔（民）	任务 航班	下降	巡航	道尼尔 TCAS 告警，两机最小纵向间隔约 4km，高度差约 180m	运八机组安全观念淡薄，未按指挥口令保持飞行数据，表现了严重的随意性；机组协同不力，相互提醒把关不够；机组人员注意力分配不当，没有及时掌握飞机状态
5	飞行冲突	2006-02	歼击机 波音 737（民）	训练 航班	机场 空域	进近	波音 TCAS 告警，两机高度差 90m，侧向间隔 3km	军机飞行员飞行不认真，态度不严肃，不按规定避让民航班机，导致冲突发生；飞行指挥员指挥不力
6	飞行冲突	2006-02	歼击机 CRJ（民）	训练 航班	机场 空域	进近	民航 CRJ 班机 TCAS 告警，两机高度差约 30m，侧向间隔约 6km	军机飞行员飞行准备不充分，对偏出空域预想预防不足，在飞行中精力分配不当，未能严格保持空域位置；塔台指挥员防相撞意识不强，指挥调配水平不高，未及时提醒飞行员保持空域位置，对可能发生的飞行冲突缺乏警觉性和预见性

续上表

序号	类型	事故日期(年-月)	机型	飞行性质	飞行阶段		性　质	事故原因简述
					小飞机	大飞机		
7	飞行冲突	2006-11	歼教机 QTR 航班	试飞 航班	爬升	巡航	两机水平间隔9km(规定飞行间隔标准为10km),造成飞行冲突	飞行指挥员安全意识不强,违章指挥,对问题的发生负有直接责任;飞行员准备不充分,对穿越航路规定不熟悉;塔台领航值班员、管制值班员及有关人员安全警觉性不高,未及时向指挥员提供空中动态信息和处置建议,也对问题的发生负有责任
8		2007-08	歼击机 运侦八	试飞 任务	爬升	巡航	两机最小侧向间隔4.7km,高度差107m	塔台指挥班子思想麻痹,精力分配不当,协调配合不到位;领航员、管制员提醒不及时,指挥员指挥有漏洞,多个环节层层脱扣,给飞行安全带来严重隐患
9		2009-08	歼击机 空客321	训练 航班	机场空域	爬升	最近点横向间隔2.8km,高度差140m	指挥员防相撞意识差,对空中动态掌握不准;飞行员误听口令,教员把关不及时;塔台班子作用发挥不好
10		1999-01	歼教机 运七(军)	训练 专机	爬升	巡航	歼教机从运七正前方穿越,高度差、水平间隔较小	飞行指挥员、飞行员警惕性不高,安全观念淡薄,执行规定不严格。飞行员在飞行诸元保持不好,上升时机过早,没有按规定穿越航路;飞行指挥员对空中动态掌握不准,没有及时提醒
11		2001-09	歼击机 山西航空公司804	场外飞行 航班	机场空域	巡航	歼击机在未经请示的情况下擅自改变高度,穿越班机航线,两机距离40km	军机飞行员章法观念不强,防相撞意识淡薄,飞行随意性大,请示报告制度不落实;飞行指挥员和有关保障人员履行职责不到位,飞行指挥员没有发现和纠正飞行员擅自改变航行诸元的问题

续上表

序号	类型	事故日期（年-月）	机型	飞行性质	飞行阶段		性　质	事故原因简述
					小飞机	大飞机		
12	飞行冲突	2003-04	歼教机 新华航空公司7126	航线飞行 航班	机场 空域	爬升	7126航班由包头飞往北京，起飞后左转上升出航。当海拔高度3900m时，机组报告发现一架战斗机同高度从左侧快速接近，距离大约35n mile	机场飞行管制室对民航包头机场进近程序研究不细，未能发现民航进离场航线与部队训练航线之间存在重大安全隐患，飞行管制室值班员落实规章制度不严，没有将本场训练计划及时通报民航
13	飞行冲突	2003-04	歼击机 民航5815	攻击训练 航班	机场 空域	巡航	歼击机未经请示擅自下降高度穿越航线，造成与5815航班飞行冲突，并与其未发现的5638航班发生危险接近，两机最小间隔2～3km，高度差60m	军航飞行员准备不充分，误将民航班机当作目标机，安全观念淡薄，违反穿越H17航线的高度规定，擅自下降高度；在指挥引导实施中，指挥机构和塔台领航值班员掌握空中动态不准，没有起到有效的指挥、监控作用
14	飞行冲突	2003-05	歼击机 波音757	训练 航班	爬升	巡航	该批歼击机穿越J325航线时与民航波音757飞机最小间隔2～3km，高度差80～100m	当飞机遇云请示上升高度时，领航值班员在没有了解空中飞行动态的情况下，盲目同意小飞机上升高度，负有主要责任；航管值班员在小飞机进入二次雷达盲区时，与领航值班员协调配合不够；气象值班员对及线天气变化的预报不准确，致使飞行员空中遇云，造成临时申请上升高度，负有一定责任
15	飞行冲突	2004-05	歼击机编队 多架班机	训练 航班	机场 空域	进近	多架班机TCAS告警和紧急避让，其中一架歼击机与民航班机最近间隔为同高度对头相距10km，侧向间隔4km	飞行指挥员违反本场仪表进近程序和高度规定，造成多架飞机偏离正常航线，当航管人员多次提醒时，飞行指挥员、飞行员没有引起足够重视和采取有效措施加以改正

续上表

序号	类型	事故日期(年-月)	机型	飞行性质	飞行阶段		性　质	事故原因简述
					小飞机	大飞机		
16	飞行冲突	2005-02	歼击机编队 南方航空公司 3359	转场 航班	爬升	下降	一批歼击机与民航班机相距11km、高度差120m;另一批歼击机与民航班机侧向间隔100m、高度差30m	飞行员地面准备不充分,计算不准确,对机场区域民航飞行情况研究不深不细,对穿越航路可能与民航发生的冲突估计不足,对天气变化对空中编队的影响及穿云上升能否到达预定高度没有引起足够重视,安全措施不落实;飞行指挥员指挥预案做得不细,在穿越航路前未能及时询问飞行员当时飞行高度,穿越航路发生险情时未能及时指挥空中飞机避让,塔台综合指挥交通发挥不好,各值班员未能认真履行职责
17	飞行冲突	2006-08	歼击机 多架民航班机	试飞 航班	下降	巡航	歼击机偏出空域达17km,造成3架民航班机紧急避让,与民航班机最小水平距离8km,高度差280m	飞行员对本机场区域内的民航班机航线走向和有关规定心中无数,空中位置保持不好,严重偏离试飞空域;飞行员特殊情况处置准备不细,当发现无线电故障后,没有迅速将二次雷达代码转换为“7600”,更没有立即路上飞行,返场着陆
18	飞行冲突	2008-02	歼击机 海南航空公司 7493	训练 航班	机场 空域	巡航	两机高度同为5270m,最小间隔2.2km,造成民航飞机TCAS告警	飞行员在搜索发现目标中,将民航班机误码判为目标机。未经请示,盲目下降高度跟踪,管制值班员发现后没有及时通报塔台,领航值班员没有发现歼击机下降高度,造成歼击机与民航班机发生严重飞行冲突

专业名词缩写中英文对照表

缩　略　语	英 语 全 称	代 表 内 容
ACAS	Airborne Collision Avoidance System	机载防撞系统
ADF	Automatic Direction Finder	自动定向仪
ADS	Automatic Dependent Surveillance	自动相关监视
ADS-B	Automatic Dependent Surveillance Brostcast	广播式自动相关监视
AFCS	Automatic Flight Control System	自动飞行控制系统
AFTN	Aeronautical Fixed Telecommunication Network	固定航空电信网
AI	Attitude Indicator	姿态指示器
AILS	Airborne Information for Lateral Spacing	机载横向间隔信息系统
ALoS	Acceptable Level of Safety	能够接受的安全水平
ASD	Airborne Situation Display	空中状态显示窗口
ASDE	Airport Surface Detection Equipment	机场地面探测设备
AMASS	Airport Movement Area Safety System	机场活动区安全系统
ASM	Airspace Management	空域管理
A-SMGCS	Surface Movement Guide and Control System	高级地面活动引导及控制系统
ATC	Air Traffic Control	空中交通管制
ATFM	Air Traffic Flow Management	空中交通流量管理
ATIS	Automatic Terminal Information Service	自动航站情报服务
ATM	Air Traffic Management	空中交通管理
ATS	Air Traffic Service	空中交通服务
BAC	Bureau of Air Commerce	(美国)航空商务局
CAA	Civil Aviation Authority	(英国)民航局
CDU	Control Display Unit	控制显示单元
CFIT	Controlled Flight Into Terrain	可控飞行撞地
CNS	Communication Navigation Surveillance	通信导航监视
CNS/ATM	Communication Navigation Surveillance/Air Traffic Management	现代空中交通管理系统

续上表

缩　略　语	英 语 全 称	代 表 内 容
CRM	Crew Resource Management	机组资源管理
DAIW	Danger Area Interference Warning	危险区或限制区非法侵入告警
DGPS	Differential Global Positioning System	差分全球定位系统
DME	Distance Measuring Equipment	测距仪
DVI	Direct Voice Input	直接语音输入控制
EADI	Electronic Attitude Director Indicator	电子姿态指引指示器
ECAM	Electronic Centralized Aircraft Monitor	电子中央飞行监控系统
EFIS	Electronic Flight Indicator System	电子飞行仪表系统
EGPWS	Enhanced Ground Proximity Warning System	增强式近地告警系统
EICAS	Engine In-light Condition Monitoring System	机组告警系统
FAA	Federal Aviation Administration	美国联邦航空局
FCC	Flight Control Computer	飞行控制计算机
FMA	Flight Mode Annunciator	飞行状态指示牌
FMC	Flight Management Computer	飞行管理计算机
FMS	Flight Management System	飞行管理系统
GPS	Global Positioning System	全球定位系统
GPWS	Ground Proximity Warning System	近地告警系统
HF	High Frequency	高频
HFACS	Human Factors Analysis and　Classification System	人为因素分析与分类系统
HUD	Head-up Display	平视显示器
ICAO	International Civil Aeronautics Organization	国际民用航空组织
IFALPA	International Federation of Air Line Pilot Association	航空公司飞行员协会国际联盟
IFR	Intrument Flight Rules	仪表飞行规则
IFTCA	International Federation of Air Traffic Controllers Association	国际航协
ILS	Intrumentation Landing System	仪表着陆系统
IMC	Intrument Meteorological Condition	仪表飞行气象条件
INSAG	International Nuclear Safety Group	国际核安全咨询组
JAA	Joint Aviation Authorities	欧洲联合航空局
KSA	Knowledge,Skill and Attitude	知识、技能、态度
LAN	Local Area Network	局域网
LOSA	Line Operations Safety Audit	航线运行安全审计
MDS	Multistatic Dependent Surveillance System	多点相关监视系统
MEL	Minimum Equipment List	最低设备清单

续上表

缩 略 语	英 语 全 称	代 表 内 容
MLS	Microwave Landing System	微波着陆系统
MM	Mental Model	心智模型
MNPS	Minimum Navigation Performance Specification	最低导航性能规范
MP	Mental Picture	心理图式
MSAW	Minimum Safe Altitude Warning	最低安全高度告警
NAR SPG	North Atlantic Region System Programming Group	北大西洋系统规划组
ND	Navigation Display	导航显示器
NDB	Non-Directional Beacon	无向信标
NTSB	National Transportation Safety Board	美国国家运输安全委员会
NTZ	No Transgression Zone	禁止穿越地带
OBS	Omni-Bearing Selection	全方位选择仪
PF	Pilot Flying	主控飞行员
PFD	Pilot Flight Display	主飞行显示器
PNF	Pilot No Flying	监控飞行员
PRM	Precision Runway Monitor	精密跑道监视
QFE	Query Field Elevation	场面气压
QNE	Query Normal Elevation	标准大气压
QNH	Query Normal Height	修正海平面气压
RA	Resolution Advisory	决断信息
RASRAM	Reduced Aircraft Separation Risk Assessment Model	缩小航空器间隔风险评估模型
RDP	Radar Data Processing	雷达数据处理
RGCSP	Review of the General Concept of Separation Panel	间隔总概念审查专家组
RNAV	Area Navigation	区域导航
RTCA	Radio Technical Commission for Aeronautics	美国航空无线电技术委员会
SA	Situation Awareness	情景意识
SHEL	Software-Hardware-Enrironment-Liveware	软件—硬件—环境—人
SICASP	Second surveillance radar improvements & collision avoidance system	二次雷达改进和防撞系统专家
SMS	Safety Management System	安全管理体系
SMM	ICAO Safty Management Manual	安全管理手册
SMR	Surface Movement Radar	场面活动监视雷达
SOP	Standard Operating Procedure	驾驶舱标准程序
SSR	Secondary Surveillance Radar	二次雷达
STCA	Short Term Conflict Alert	短期冲突告警

续上表

缩　略　语	英 语 全 称	代 表 内 容
TA	Traffic Advisory	交通警戒信息
TCAS	Traffic Collision Avoidance System	空中交通告警与防撞系统
TLS	Target Level of Safety	安全目标等级
TOR	Tolerability of Risk	风险容忍度
UTTEM	University of Texas Threat and Error Management	得克萨斯大学威胁和差错管理
VFR	Visual Flight Rules	目视飞行规则
VHF	Very High Frequency	甚高频
VMC	Visual Meteorological Conditions	目视飞行气象条件
VOR	Very-high-frequency Omnidirectional Range	甚高频全向信标
WAN	Wide Area Network	广域网